普通高等教育"十二五"规划教材

燃气安全技术与管理

主　编　谭洪艳　于　革　郭继平

副主编　李宝利　唐初阳　周卫红

　　　　王婷婷　吕宏杰　韩　爽

北京

冶金工业出版社

2024

内 容 提 要

本书以燃气的基本性质为基础，以燃气安全措施为途径，以保障燃气安全输配为目的，全面系统地介绍了燃气安全技术和管理的相关知识。主要内容包括燃气泄漏及其预防，可燃混合气体的爆炸与防护措施，防雷、防静电措施，燃气场站消防，燃气安全管理，燃气安全检查、检修与抢修等。本书紧密结合专业技术的发展，吸收了燃气安全技术发展的最新成果，遵循了相关规范，在注重基础知识的同时，增强了实用性。

本书可作为燃气专业、安全专业的本科生教材使用，也可以作为燃气工程设计、科研、施工和运行管理人员的培训教材和参考书。

图书在版编目（CIP）数据

燃气安全技术与管理/谭洪艳，于革，郭继平主编. —北京：冶金工业出版社，2013.3（2024.1 重印）
普通高等教育"十二五"规划教材
ISBN 978-7-5024-6207-9

Ⅰ.①燃… Ⅱ.①谭… ②于… ③郭… Ⅲ.①城市燃气—安全技术—高等学校—教材 ②城市燃气—安全管理—高等学校—教材
Ⅳ.①TU996.9

中国版本图书馆 CIP 数据核字（2013）第 038756 号

燃气安全技术与管理

出版发行	冶金工业出版社	电　话	(010)64027926
地　址	北京市东城区嵩祝院北巷 39 号	邮　编	100009
网　址	www.mip1953.com	电子信箱	service@ mip1953.com

责任编辑　谢冠伦　高　娜　美术编辑　彭子赫　版式设计　孙跃红
责任校对　卿文春　责任印制　禹　蕊
北京虎彩文化传播有限公司印刷
2013 年 3 月第 1 版，2024 年 1 月第 6 次印刷
710mm×1000mm 1/16；15.75 印张；305 千字；241 页
定价 35.00 元

投稿电话　(010)64027932　投稿信箱　tougao@cnmip.com.cn
营销中心电话　(010)64044283
冶金工业出版社天猫旗舰店　yjgycbs.tmall.com
（本书如有印装质量问题，本社营销中心负责退换）

前　言

近年来，随着国家政策的扶持，西气东输工程的不断建设，天然气市场需求及进口能力的快速增长，我国进入了大规模利用天然气的时期。随着燃气基础设施的不断兴建，燃气用户的不断增多，工业和城镇居民对安全、稳定、合理地使用城镇燃气提出了更高的要求。严格制定和遵守燃气安全生产管理制度，采用合理的安全技术措施，不断提高从业人员的技术水平，是解决这一问题的关键。目前，适用于燃气安全技术类课程的教材较少，从本科教学和企业员工培训的实际需要出发，我们组织编写了《燃气安全技术与管理》一书。

本书具有以下特点：

（1）内容系统全面，理论基础扎实。本书从保障燃气设施安全运营出发，系统全面地介绍了燃气安全技术和管理的相关知识。在编写过程中，我们参考了大量相关领域的专业书籍，对于有争议的问题，通过查阅文献资料、征询专家意见，进行一一解决。

（2）学术实用并举，注重实际问题。本书根据本科教学和企业培训的特点，由浅入深，从燃气安全的基本知识、燃气安全措施的合理实施到相关规章制度的建设等方面进行了针对性阐述，对燃气现场常见、多发的问题给出了规范、合理的解决办法，为燃气安全生产提供了规范性的指导方案。

（3）紧跟技术前沿，反映科技动态。在编写过程中，整理和掌握相关领域的前沿信息和最新动态，在经过甄别和讨论后，我们将适于推广的新技术、新成果引入本书。

本书第1章由于革、郭继平编写；第2章由李宝利、唐初阳编写；第3章由王婷婷编写；第4章由周卫红、吕宏杰编写；第5章由谭洪艳编写；第6章由谭洪艳、韩爽编写。全书由谭洪艳、于革和郭继平统稿，由建设部沈阳煤气热力研究设计院王运阁教授级高工和港华燃气集团刘延智教授级高工主审。沈阳燃气集团有限公司王宏伟教授级高工、鞍山市燃气总公司赵宇飞教授级高工为本书编写提出了许多宝贵意见，在此一并表示衷心的感谢！

　　由于编者水平所限，书中不妥之处，恳请专家及广大读者批评指正。

编　者

2012 年 12 月

目　录

1 燃气泄漏及其预防

【本章摘要】

本章介绍了泄漏的定义、燃气泄漏的分类和不同相态的燃气泄漏量的计算方法；分析了燃气泄漏产生的原因及其危害性；提出了预防燃气泄漏的措施；介绍了燃气泄漏的检测方法和堵漏技术，并给出了带气焊接堵漏的案例；对于在使用过程中发生的燃气泄漏和中毒等突发事件，提出了相应的应急处理措施。

【关键词】

燃气泄漏，泄漏量，危害，预防措施，泄漏检测，堵漏技术，带压堵漏，燃气中毒，防护，应急处理。

【章节重点】

本章应重点掌握燃气泄漏的分类和不同相态的燃气泄漏量的计算，掌握燃气泄漏和燃气中毒的应急处理措施，理解燃气中有关成分的毒理及危害、燃气泄漏检测方法和发生泄漏后的堵漏方法。

在燃气的生产、储存、运输和使用过程中常常伴随着泄漏危险，这给燃气企业的生产和人们的日常生活带来了隐患和危害。泄漏的后果使人们开始进行认真思考，总结以往的经验教训，更好地运用科学手段和先进技术趋利避害，推动泄漏预防、预测和堵漏技术的发展。

1.1 燃气的泄漏

1.1.1 泄漏的定义

在生产工艺系统中，密闭的设备和管道等内外两侧存在压力差，内部的介质在限制流动的部位通过孔、毛细管、裂纹等缺陷渗出、漏出或允许流动部位超过允许量的一种现象，称为泄漏。

燃气泄漏是燃气供应系统中最典型的事故，燃气火灾和爆炸绝大部分情况下都是由燃气泄漏引起的。即使不造成大量人员伤亡事故，燃气泄漏也会导致资源的浪费和环境的污染。

1.1.2　燃气泄漏的分类

燃气泄漏的形式和发生的部位多种多样，原因比较复杂。就燃气泄漏现象来说，按其性质有不同的分类。

1.1.2.1　按泄漏的流体分类

在燃气的生产、储存、运输和使用过程中，经常有液态和气态的相互转化，因此，泄漏可以分为气体泄漏、液体泄漏和气液两相泄漏。

1.1.2.2　按泄漏部位分类

燃气泄漏按泄漏部位可分为本体泄漏和密封泄漏。本体泄漏是设备本身产生泄漏，如管道、阀体、罐壳体等；密封泄漏则是指密封件的泄漏，如法兰、螺纹等静密封处以及泵、压缩机等设备动密封处的泄漏。

1.1.2.3　按泄漏的模式分类

燃气泄漏按照泄漏的模式可以分为穿孔泄漏、开裂泄漏和渗透泄漏。

（1）穿孔泄漏。穿孔泄漏是指管道及设备由于腐蚀等原因形成小孔，燃气从小孔泄漏出来，一般为长时间的持续泄漏。常见的穿孔直径为 10mm 以下。

（2）开裂泄漏。开裂泄漏属于大面积泄漏，开裂泄漏的泄漏口面积通常为管道截面积的 20% ~ 100%。开裂泄漏的原因通常是由于外力干扰或超压破裂，开裂泄漏通常会导致管道或设备中的压力明显降低。

（3）渗透泄漏。渗透泄漏的泄漏量一般比较小，但是发生的范围大，而且是持续泄漏。燃气管道与设备以及设备之间的非焊接形式的连接处、燃气设备中的密封元件等经常都会发生少量或微量的渗透泄漏。燃气管道的腐蚀穿孔（但防腐层未破裂）、燃气透过防腐层的少量泄漏也可看作渗透泄漏。

1.1.2.4　按泄漏介质流向分类

泄漏按泄漏介质流向分为向外泄漏和内部泄漏两种情形。管道锈蚀穿孔导致的泄漏，称为向外泄漏；阀门关闭后阀座处仍有的泄漏，称为内部泄漏。

1.1.2.5　按泄漏发生频率分类

泄漏按发生频率有突发性、经常性和渐进性之分，其中突发性泄漏危险性最大。

1.1.2.6　按泄漏量分类

根据泄漏量的大小，泄漏可分为渗漏和喷漏两种。

1.1.3　泄漏量的计算

1.1.3.1　液体泄漏

液体泄漏的质量流量 q_{ml} 可用流体力学的伯努利方程计算：

$$q_{\mathrm{ml}} = C_{\mathrm{dl}}A\rho\sqrt{\frac{2(p - p_0)}{\rho} + 2gh} \tag{1-1}$$

式中　q_{ml}——液体泄漏的质量流量，kg/s；

　　　A——泄漏面积，m^2；

　　　C_{dl}——液体泄漏系数，与流体的雷诺数有关，对于完全紊流液体，该系数为 0.60~0.64，推荐使用 0.61，对于不明流体状况时取 1；

　　　g——重力加速度，9.8m/s^2；

　　　h——泄漏口之上液位高度，m；

　　　p——容器内介质压力，Pa；

　　　p_0——环境压力，Pa；

　　　ρ——液体的密度，kg/m^3。

1.1.3.2　气体泄漏

气态燃气的泄漏量也可以从伯努利方程推导得到，燃气泄漏的质量流量与其流动状态有关。

当 $\dfrac{p_0}{p} \leqslant \left(\dfrac{2}{k+1}\right)^{\frac{k}{k-1}}$ 时，气体流动属于音速流动，燃气泄漏的质量流量 q_{mg} 为：

$$q_{\mathrm{mg}} = C_{\mathrm{dg}}Ap\sqrt{\frac{kM}{RT}\left(\frac{2}{k+1}\right)^{\frac{k+1}{k-1}}} \tag{1-2}$$

式中　C_{dg}——气体泄漏系数，与泄漏口的形状有关，泄漏口为圆形时取 1.00，三角形时取 0.95，长方形时取 0.90，由内腐蚀形成的渐缩小孔取 0.90~1.00，由外腐蚀或外力冲击所形成的渐扩孔，取 0.60~0.90；

　　　k——气体绝热指数（也称比热比），双原子气体取 1.4，多原子气体取 1.29，单原子气体取 1.66；

　　　M——燃气的摩尔质量，kg/mol；

　　　R——气体常数，8.3145J/(mol·K)；

　　　T——气体的温度，K。

当 $\dfrac{p_0}{p} > \left(\dfrac{2}{k+1}\right)^{\frac{k}{k-1}}$ 时，气体流动属于亚音速流动，燃气泄漏的质量流量为：

$$q_{\mathrm{mg}} = C_{\mathrm{dg}}Ap\sqrt{\frac{kM}{RT}\left(\frac{k}{k-1}\right)\left(\frac{p}{p_0}\right)^{\frac{2}{k}}\left[1 - \left(\frac{p}{p_0}\right)^{\frac{k-1}{k}}\right]} \tag{1-3}$$

1.1.3.3　两相流泄漏

均匀两相流泄漏的质量流量可按式（1-4）~式（1-6）计算：

$$q_m = C_d A \sqrt{2\rho_m (p_m - p_C)} \tag{1-4}$$

$$\rho_m = \cfrac{1}{\cfrac{F_V}{\rho_g} + \cfrac{1 - F_V}{\rho_l}} \tag{1-5}$$

$$F_V = \min\left[1, \frac{c_p (T - T_b)}{\Delta H_V}\right] \tag{1-6}$$

式中　C_d——两相流泄漏系数；

　　　A——泄漏口面积，m^2；

　　　p_m——两相混合物在容器内的压力，Pa；

　　　p_C——临界压力，一般假设为 $0.55p_m$，Pa；

　　　ρ_m——两相混合物的平均密度，kg/m^3；

　　　ρ_g——液体蒸气的密度，kg/m^3；

　　　ρ_l——液体的密度，kg/m^3；

　　　F_V——闪蒸率，即蒸发的液体占液体总量的比例；

　　　c_p——两相混合物的比定压热容，$J/(kg \cdot K)$；

　　　T——液体的储存温度，K；

　　　T_b——液体在常压下的沸点，K；

　　ΔH_V——液体的蒸发热（即液体的质量焓），J/kg。

当 $F_V \ll 1$ 时，可认为泄漏的液体不会发生闪蒸，此时泄漏量按式（1-1）计算；泄漏出来的液体会在地面上蔓延，遇到防液堤而聚集形成液池。

当 $F_V < 1$ 时，泄漏量按两相流模型式（1-4）计算。

当 $F_V = 1$ 时，泄漏出来的液体发生完全闪蒸，此时应按照气体泄漏式（1-3）处理。

值得注意的是，以上计算公式都是计算介质从管道或设备直接泄漏到大气中的，对于埋地管道或埋地设备，燃气从管道或设备泄漏后经过土壤渗透并泄漏到大气中时，应按照渗透泄漏来处理，由于土壤渗透性的差异很大，计算比较复杂。即便如此，上述公式仍可以用于燃气泄漏量的估算，但计算结果偏大。

1.2　燃气泄漏的原因与危害

1.2.1　燃气泄漏产生的原因

燃气泄漏产生的原因很多，情况复杂，其主要原因归纳起来主要有几个方面。

1.2.1.1 人为因素

首先，泄漏事故与管理不善直接相关，互为因果。由于市场经济的激烈竞争，为了降低成本，追求高额利润，人们往往急功近利，存在侥幸心理，从而忽视安全生产，如制度不全，管理人员未履行管理职责，员工未经专门技术培训而盲目上岗作业，设备更新不及时，安全保护设施不齐全，设备未及时维修保养，不按规定进行巡检、定检，发现问题不及时处理等。其次，不遵守安全操作规程、违章作业、技术不熟练和操作失误也是造成泄漏的原因之一。员工安全教育不及时，工作不认真、想当然，思想上麻痹大意，劳动纪律松懈等人为疏忽造成泄漏也不少见。另外，燃气设施若遭人为破坏，往往会导致灾难性的后果，所以，燃气企业必须切实加强安全保卫工作，防止人为破坏。

1.2.1.2 设备、材料失效

设备、材料的失效是产生泄漏的直接原因。在燃气工程中，这类泄漏的例子屡见不鲜。究其原因主要有以下几方面：（1）材料本身质量问题（如压力容器、钢管焊缝中的气孔、夹渣、未焊透、裂纹等焊接缺陷）；（2）制造工艺问题（如设备制造过程中的焊接、铸造、机械加工或装配工艺不合理等造成的质量问题）；（3）设备、材料的破坏（如设备、材料在使用过程中的腐蚀穿孔、疲劳老化、应力集中等破坏现象）；（4）压力、温度造成装置的破坏（如装置中的内压、温度过高导致的破坏或温度过低发生冻裂现象）；（5）外力破坏（野蛮施工的大型机动设备的碾压、撞击等人为破坏及发生地震、洪水等自然灾害造成的管道断裂）等。

1.2.1.3 密封失效

密封是预防泄漏的元件，也是最容易出现泄漏的薄弱环节。密封失效的主要原因是设计不合理，材料质量差，安装不正确，密封结构和形式不能满足工况条件要求，密封件老化、腐蚀、变质、磨损等。

1.2.2 燃气泄漏的危害

毋庸置疑，泄漏会造成危害。特别是燃气的泄漏，可能导致的危害性更是巨大的。在燃气行业中，每年因燃气泄漏引发的安全事故不胜枚举，造成人员伤亡和财产损失的教训极为深刻。燃气泄漏的危害性，可以归纳为三个方面：

（1）物料和能量损失。泄漏首先是流失了有用的物料和能量，增加了能源的浪费和消耗。其次，还会降低生产装置和机器设备的产出率和运转效率，严重的泄漏还会导致生产装置和管网设施无法正常运行，被迫停产、停气、抢修，造成严重的经济损失，发生安全事故的可能性也随之增大。

（2）环境污染。燃气泄漏也是导致生产、生活环境恶化，造成环境污染的重要因素。因为燃气一旦泄漏到环境中是无法回收的，污染的空气、水或土壤对人体健康造成危害，甚至会危及人的生命安全。

（3）引发事故和灾害。泄漏是导致燃气生产、储存、运输和使用过程发生火灾、爆炸事故的主要原因。一是因为燃气是易燃易爆的危险物质；二是因为空气（助燃物）无处不在；三是因为燃气生产、储存、运输和使用各个环节经常接触到火源。因此，一旦燃气泄漏与空气混合浓度达到爆炸极限值，一遇火种即会发生爆燃事故。

1.3　预防泄漏的措施

分析泄漏产生的原因，制定切实可行的预防措施，是保证燃气安全管理的有效途径。在治理燃气泄漏这一课题上，要坚持"预防为主，综合治理"的方针，要引进风险管理技术等现代化安全管理手段进行预测、预防，定量检测结构中的缺陷，依靠安全评价理论和方法，分析并作出评定，然后确定缺陷是否危害结构安全，对缺陷的形成、扩展和结构的失效过程以及失效后果等作出定量判断，并采取切实可行的防治措施。目前，预防燃气泄漏的措施也是多方面的。

1.3.1　加强管理、提高防范意识

事实上，燃气泄漏往往能从管理上找到原因。因此，在燃气的生产、储存、运输和使用过程中，要从管理上下工夫，制订并运用科学的安全技术措施，对预防泄漏十分有效。

工业发达国家特别重视泄漏的预测和预防工作，其提出并采用适用性评价技术和风险管理技术，不仅提高了结构材料失效预测预报水平，而且避免了不必要的经济损失。为了有效地减少或防止泄漏事故的发生，需要制定合理的生产工艺流程、安全操作规程、设备维修保养制度、巡回检查制度等管理制度；强化劳动纪律和岗位责任的落实；加强员工安全技术培训教育，提高技术素质和安全防范意识，掌握泄漏产生的原因、条件及治理方法。

1.3.2　设计可靠、工艺先进

燃气在我国已得到广泛的利用，燃气输配技术有了很大的发展，新技术、新工艺、新材料的不断涌现为防止或减少燃气泄漏提供了可靠的技术基础。在燃气工程设计时要从各个方面充分考虑。

1.3.2.1 工艺过程合理

可靠性理论证明，工艺过程环节越多，其可靠性越差。反之，工艺过程环节越少，可靠性则越好。在燃气工程中，采用先进技术压缩工艺过程，尽量减少工艺设备，或选用危害性小的原材料和工艺步骤，简化工艺装置，是提高生产装置可靠性、安全性的一项关键措施。

1.3.2.2 正确选择生产设备和材料

正确选择生产设备和材料是决定设计成败的关键。燃气工程所采用的设备、材料要与其使用的温度、压力、腐蚀性及介质的理化特性相适应，同时要采取合理的防腐蚀、防磨损、防泄漏等保护措施。当选择使用新材料时，要先经过充分的试验和论证后，方可采用。

1.3.2.3 正确选择密封装置

在燃气输配过程中，常常碰到静密封和动密封问题。静密封主要有垫密封、密封胶密封和直接接触密封三大类。根据工作压力，静密封又可分为中低压静密封和高压静密封。中低压静密封常用材质较软、宽度较宽的垫密封，高压静密封则用材质较硬接触宽度很窄的金属垫片。动密封可以分为旋转密封和往复密封两种基本类型。按密封件与其做相对运动的零部件是否接触，可分为接触式密封和非接触式密封；按密封件和接触位置，又可分为圆周密封和端面密封，端面密封又称为机械密封。动密封中的离心密封和螺旋密封，是借助机器运转时给介质以动力实现密封，故有时也称为动力密封。因此，密封材料、结构和形式设计要合理，如动密封可采用先进的机械密封、柔性石墨密封技术；在高温、高压和强腐蚀环境中，静密封宜采用聚四氟乙烯材料或金属缠绕垫圈等进行密封。

1.3.2.4 设计留有余地或降额使用

为提高设计的可靠性，应考虑提高设防标准。如在强腐蚀环境中，钢管壁厚在设计时要有一定的腐蚀裕量。

在燃气工程中，生产设施最大额定值的降额使用也是提高可靠性的重要措施。设计的各项技术指标中的最大额定值在任何情况下都不能超过。如工作压力参数，即使是瞬间的超过也是不允许的。

1.3.2.5 装置结构形式要合理

装置结构形式是设计的核心内容，为了达到安全可靠的目的，装置结构形式应尽量做到简单化、减量化。例如，储存燃气球罐的底部接管应尽量少而小，底部进、出口阀门还要加设遥控切断阀，并设置在防护堤外，一旦发生泄漏，不必到罐底人工切断第一道阀门。

1.3.2.6 方便使用和维修

设计时应考虑装配、检查、维修操作的方便，同时也要有利于处理应急事故及堵漏。装置上的阀门尽可能设置在一起，高处阀门应设置平台以便操作。法兰连接的螺栓应便于安装和拆卸。

1.3.3 安全防护设施齐全

燃气工程中，安全防护装置有安全附件、防爆泄压装置、检测报警监控装置以及安全隔离装置等。

安全附件包括安全阀、压力表、温度计、液位计等。当出现超压、超温、超液位等异常情况时，安全附件是保证燃气系统安全运行的重要装置。因此，安全附件要定期检查，以保证灵敏可靠和齐全有效。

当出现超高压等异常情况时，防爆泄压是预防爆炸事故的最后一道屏障，如果这一道屏障失去作用，事故将不可避免地发生。在燃气工程中，防爆泄压装置有爆破片、紧急切断阀、拉断保护阀、放空排放装置及其他辅助保护装置等。爆破片用于有突然超压和爆炸危险的设备爆炸时的泄压；紧急切断阀用于发生紧急事件时，紧急切断事发点上游的气源，以减少泄漏量并最终达到中止燃气泄漏的目的；拉断保护阀用于装卸物料时，当充装软管突然受到强外力作用有被拉断的危险时，拉断保护阀先断开并自动切断气源，以保护充装软管免受拉断，防止燃气外泄；放空排放装置用于紧急情况下排放物料；其他辅助保护装置，如为防止杂质进入密封面产生泄漏，可在阀门和密封处设置过滤器、排污阀、防尘罩、隔膜等。

泄漏治理重在预测和预防，它离不开先进的技术和装备作为支持。在燃气行业，生产装置或系统中应优先考虑装备先进的自动化监测和检测仪器和设备，如在燃气储罐上设置流量、压力、温度、液位传感器；在充装设备上设置超限报警器和自动切断阀；在防爆区域设置燃气泄漏浓度报警器、静电接地保护报警器等。通过自动监测设备将现场采集的数据传送到中控室，由计算机统一管理，以达到现场监督和远程控制的目的。

自动喷淋的洒水装置既可以形成水幕、水雾将系统隔离，也可以控制燃气扩散方向，稀释并降低燃气与空气的混合浓度，从而降低火灾或爆炸的风险。

安全隔离装置包括隔离带、隔离墙和防火堤等。如液化石油气储罐区，一般都会设置防泄漏扩散防护堤，一旦发生泄漏，可以将外泄的液化石油气控制在罐区之内，以便及时采取喷淋驱散或稀释措施，消除事故隐患。

1.3.4 规范操作

规范操作是防止泄漏十分重要的措施。防止出现操作失误和违章作业，准确调节正常生产中的各种参数，如压力、温度、流量、液位等，减少或杜绝人为操作所致的泄漏事故。

1.3.5 加强检查和维护

运行中的燃气设施要定期进行检查和维修保养，发现泄漏要及时进行处理以保证系统处于良好的工作状态。要通过预防性的检查、维修，更换零部件、密封填料，紧固松弛的法兰螺栓等方法消除泄漏；对于已老化的、技术落后的、泄漏事件频发的设备，则应进行更新换代，从根本上解决泄漏问题。

1.4 泄漏检测方法

及时发现泄漏是预防、治理泄漏的前提，特别是燃气生产作业区域和使用场所，泄漏检测更显得重要和必要。传统上，人们凭借长期现场工作积累的经验，依靠自身的感觉器官，用"眼看、耳听、鼻闻、手摸"等原始方法查找泄漏。随着现代电子技术和计算机的迅速发展和普及，泄漏检测技术正在向仪器检测、监测方向发展，高灵敏度的自动化检测仪器已逐步取代人的感官和经验。

目前，国内外普遍采用的泄漏检测方法有视觉检漏法、声音检漏法、嗅觉检漏法和示踪剂检漏法。

1.4.1 视觉检漏法

通过视觉来检测泄漏，常用的光学仪器有内窥镜、红外线检测仪和摄像机等。

1.4.1.1 内窥镜

工业内窥镜与医用胃镜的结构原理相同，它一般由光导纤维制成，是一种精密的光学仪器。内窥镜在物镜一端有光源，另一端是目镜，使用时把物镜端伸入到要观察的地方，启动光源，调节目镜焦距，就能清晰地看到内部图像，从而发现有无泄漏，并且可以准确地判断产生泄漏的原因。内窥镜主要用于管道、容器内壁的检测。常用的内窥镜有三种：硬管镜（清晰度较高，但不能弯曲且探测的长度有限）、光纤镜（可以弯曲、拐弯，但清晰度不高）和电子镜（既能弯曲，又能保证高清晰度）。

利用伸入管道、容器内部的摄像头和计算机，可直观地探测到内部缺陷和泄漏情况。

1.4.1.2 红外线检测仪

自然界的一切物体都有辐射红外线的特性，温度不同的材料辐射红外线强弱也不相同。红外线探测设备就是利用这一自然现象，探测和判别被检测目标的温度高低与热场分布，对运行中的管道、设备进行测温和检测泄漏。特别是热成像技术，即使在夜间无光的情况下，也能得到物体的热分布图像，根据被测物体各部位的温度差异，结合设备结构和管道的分布，可以诊断设备、管道运行状况，有无故障或故障发生部位、损伤程度及引起事故的原因。

由于管道、设备内的燃气一般跟周围环境有显著的温差，故可以通过红外热像仪检测管道、设备周围温度的变化来判断泄漏。海底敷设的燃气管道若出现泄漏点，就可以使用热像仪来检测。在美国等工业发达国家多使用直升机巡线，机载红外热成像仪器低空飞行检测管线安全运行状况，每天能检测几百公里的管道。

红外线检测技术常用的设备有红外测温仪、红外热像仪和红外热电视。其中红外热像仪多用于燃气泄漏检测。

1.4.2　声音检漏法

发生泄漏时，流体喷出管道、设备与器壁摩擦，穿过漏点时形成湍流，与空气、土壤等撞击都会发生泄漏声波。尤其是在窄缝泄漏的过程中，由于流体在横截面上流速的差异产生压力脉动而形成声源。采用高灵敏的声波换能器能够捕捉到泄漏声，并将接收到的信号转变成电信号，经放大、滤波处理后，换成人耳能够听得到的声音，同时在仪表上显示，就可以发现泄漏点。燃气工程中常用的声音检漏方法主要有超声波检漏、声脉冲快速检漏和声发射检漏。

1.4.2.1　超声波检漏

超声波检漏仪是根据超声波原理设计而成的，其接收频率一般为 20 ~ 100kHz，能在 15m 以外发现压力为 35kPa 的管道或容器上 0.25mm 的漏孔。探头部分外接类似卫星接收天线的抛物面聚声盘，可以提高接收的灵敏性和方向性。外接塑料软管可用于检测弯曲的管道。

在停产检修的工艺系统中，内外没有压差的情况下，可在系统内部放置一个超声源，使之充满强烈的超声，因超声波可以从缝隙处泄漏出来，用超声检漏仪探头对受检设备进行扫描，就可以找到裂纹或穿孔点。

1.4.2.2　声脉冲快速检漏

燃气管道内传播的声波，一旦遇到管壁畸变（如漏孔、裂缝等缺陷）会产生反射回波。缺陷越大，回波信号也越大，回波的存在是声脉冲检测的依据。因此，在管道的一端安装一个声脉冲发送、接收装置，根据发送和接收回波的时间差，就可以计算出管道缺陷的位置。如 EEC – 16/XB 智能声脉冲检漏仪既可以检测黑色金属、有色金属管道的泄漏，也可以检测非金属管道的泄漏。

1.4.2.3　声发射检漏

由材料力学可知，固体材料在外力的作用下发生变形或断裂时，其内部晶格的错位、晶界滑移或内部裂纹产生都会释放出声波，这种现象称为声发射。

声发射（acoustic emission，简称AE）检测技术就是利用容器在高压作用下缺陷扩展时所发出的声音信号进行内部缺陷检测，它是一种先进并且很有发展潜力的检漏技术。在燃气输配过程中，对在运行工况下的压力管道、容器可进行无损检测，不必停产，可节省大量的人力物力，缩短检测周期，经济效益十分显著。

1.4.3 嗅觉检漏法

嗅觉检漏法在燃气工程中应用非常广泛。近年来，以电子技术为基础的气体传感器得到迅速的发展和普及，各式各样的可燃气体检测仪和报警器层出不穷，如便携式燃气检测仪、手推式燃气管道检漏仪、固定式可燃气体检测报警器以及家用燃气检测仪等，这些可燃气体检测仪和报警器的基本原理是利用探测器检测周围的气体，通过气体传感器或电子气敏元件得出电信号，经处理器模拟运算给出气体混合参数，当燃气逸出与空气混合达到一定的浓度时，检测仪、报警器就会发出声光报警信号。可燃气体检测仪和报警器种类很多，按安装形式可分为固定式和移动式两种（其中移动式又有便携式和手推式之分）；按传感器的检测原理可分为：火焰电离式、催化燃烧式、半导体气敏式、红外线吸收式、热线型和电化学式等类型。在我国燃气行业中，常用的传感器是催化燃烧式和半导体气敏式。

特别指出，在使用检测仪器时，要正确地理解仪器上的读数。目前，世界上所有的可燃气体检测、报警仪所给出的气体浓度，都是以爆炸下限浓度的百分数而直接显示的数值。但人们往往将仪器上的读数（如9%）误认为是可燃气体在空气中的浓度，如此必然严重影响应急抢险指挥。

1.4.4 示踪剂检漏法

由于天然气、液化石油气等燃气一般都无色无味，泄漏时很难察觉。为快捷地发现泄漏和安全起见，通常在燃气中添加一种易于检测的化学物质，称为示踪剂（加臭剂）。我国现行国家规范《城镇燃气设计规范》（GB 50028）明确规定，燃气在进入社区之前必须加入臭味剂。加入的臭味剂多采用硫化物，如硫醇、二甲醚或四氢噻吩（THT）等，其中四氢噻吩是全世界公认最好的加臭剂，加臭后的燃气如发生泄漏较易察觉。

1.5 堵 漏 技 术

现代泄漏治理技术有了较大进步和发展，各种堵漏的设备、工具和方法很多，但从整体上来说技术水平还不高，效果也不够理想。特别是运行过程中燃气泄漏的治理，由于泄漏部位和运行压力、温度等条件的限制，在运行工况条件下堵漏，依然是泄漏治理领域的难题。事实上，每当发生燃气泄漏时，人们往往离不开"夹具"、"卡子"，甚至是"木楔子"等传统工具和方法，以下介绍几种常用的堵漏方法。

1.5.1　不带压堵漏

顾名思义，不带压堵漏就是将系统中介质的压力降至常压，或进行置换、隔离后进行的堵漏技术。不带压堵漏最常见的方法是动火焊接或粘接。

1.5.1.1　动火焊接堵漏

在燃气工程中，动火焊接修补漏点，必须预先制定施工方案，办理动火作业许可证，并落实基本安全技术措施。

停工检修的燃气管道与设备，在动火焊接之前，必须与运行系统进行可靠的隔离。所谓隔离，仅靠关闭阀门是不行的，因为阀门经过长期的介质冲刷、腐蚀、结垢或杂质积存，很可能发生内漏。正确的隔离方法是将与检修设备相连的管道拆开，然后在管道一侧的法兰上安装盲板。如果无可拆部分或拆卸十分困难，则应在与检修设备相连的管道法兰接头之间插入盲板。若动火时间很短，低压系统可用水封隔离，但必须派专人现场监护。

检修完工后，系统恢复运行前应及时将盲板抽除。抽盲板属于危险作业，必须严格按施工方案的要求进行。盲板应进行编号，逐个检查，否则将发生泄漏，影响装置的开工和正常运行，严重情况还会导致设备损坏事故。

装置检修前，应对系统内部介质进行置换。燃气装置中置换的介质，通常采用惰性气体（如氮气）或水。系统置换后，若需要进入装置内部作业，还必须严格遵守《限制空间作业规程》的有关安全技术规定，以免发生意外。

为确保检修施工安全，焊补作业前半小时，应从管道、容器中及动火作业环境周围的不同地点进行气体取样分析，检测可燃气体混合浓度合格后方可动火作业。有条件的，在动火作业过程中，还要用仪器进行现场监测。如果动火中断半小时以上，应重新作气体分析。

从理论上说，只要空气中可燃气体浓度低于爆炸浓度下限，就不会发生爆炸事故，但考虑到取样分析的代表性，仪表的准确度和分析误差，应留有足够的安全裕度。我国燃气行业要求的安全燃气浓度一般低于爆炸下限值的20%。如果需进入容器内部操作，除保证可燃气体浓度合格外，还应保证容器内部含氧量不小于18%。

1.5.1.2　粘接堵漏

使用粘结剂来进行连接的工艺称为粘接。粘接技术在泄漏治理中正发挥越来越重要的作用。有的粘接工艺方法能达到较高的强度，且已部分地取代传统的连接工艺方法如焊接、铆接、压接、过盈连接等，特别是对非金属材料管道（如

PE 塑料管道）的堵漏修补，优势十分明显。对于钢质材料的粘接修补始终还存在强度偏低的问题，因此粘接不宜用于高、中压燃气装置的泄漏治理。

粘接材料主要是指胶粘剂，俗称"胶"。胶粘剂种类繁多，组分各异，按化学成分可以分为有机和无机两大类。目前使用的胶粘剂以有机胶粘剂为主，如合成树脂型、合成橡胶型、丙烯酸酯类和热熔胶等。

胶粘剂可根据设备压力、温度、结构状况和母材类型等情况来选用。堵漏常用的胶粘剂有环氧树脂类、酚醛树脂类和丙烯酸酯类等。这些胶粘剂一般呈胶泥状，使用时不流淌，不滴溅，便于施工。

粘接作为一种堵漏工艺具有以下优点：适应范围广，能粘接各种金属、非金属材料，而且能粘接两种不同的材料；粘接过程不需要高温，不用动火，粘接的部位没有热影响区或变形问题；胶粘剂具有耐化学腐蚀、绝缘等性能；工艺简单，方便现场操作，成本低，安全可靠。

粘接的缺点是：不能耐高温，一般结构胶只能在 150℃ 以下长期工作；抗冲击性能差，抗弯、抗剥离强度低，耐压强度较低；耐老化性能差，影响长期使用。由于以上缺点，粘接工艺用于高、中压燃气设施堵漏受到一定限制。但是粘接工艺在堵漏领域仍占有重要的地位，而且发展潜力很大，一些过去不能适应的环境现在已能从容应对。所以，粘接工艺将是燃气工程堵漏技术的发展趋势。

粘接施工前，应先将处理部位表面锈物、垢物除净锉光，然后用丙酮清洗；再按胶粘剂说明书要求的比例将各组分混合均匀；将配好的胶泥涂覆在管道或设备泄漏部位；最后覆盖上加强物（玻璃纤维布、塑料等）；待固化后，再进行试压，试验合格后，方可投入使用。

粘接法一般不能直接带压堵漏。因为胶粘剂都有一个从流体到固体的固化过程，在没有固化时，胶本身还没有强度，此时涂胶，马上就会被漏出的气体冲走或冲出缝隙，即使固化了，也会有裂缝，达不到止漏的目的。

1.5.2 带压堵漏

带压堵漏是指在不停产、不降温、不降压（或带气降压）的条件下完成堵漏。采用这种技术可以迅速地消除管道或设备上出现的泄漏，特别是应对突发事件时，对防止安全事故的发生具有非常重要的意义。

带压堵漏方法虽然很多，但从整体上来说，技术还不够成熟，实际操作往往还离不开传统的"夹具"。目前常用的带压堵漏方法主要有夹具、夹具注胶和带压焊接等。

1.5.2.1 夹具堵漏

夹具是最原始的消除低压泄漏的专用工具，俗称"卡子或管箍"。一般由钢管夹、密封垫（如铅板、石棉橡胶板等）和紧固螺栓组成。

常用的夹具是对开的两半圆状物，使用时，先将夹具扣在穿孔处附近，插上密封垫后再上螺栓，以用力能使卡子左右移动为宜，然后将卡子慢慢移至穿孔部位，上紧螺栓固定。在紧固螺栓操作时，可用铜锤敲击夹具外表面，以便使密封垫嵌入泄漏点内。选择密封垫的厚度要适中，同时还要认真考虑漏点的位置及介质的压力、温度等因素。

1.5.2.2　夹具注胶堵漏

夹具注胶堵漏实际上是机械夹具与密封技术复合发展的一种技术，它是通过密封胶、高压注射枪与手动油泵和夹具组合完成的。

国内常用的密封胶有几十种，但各自性能不同。由于密封胶直接与泄漏介质接触，所以应根据不同的温度、压力和介质选择不同种类的密封胶。密封胶按受热特性可分为热固化型和非热固化型两大类。由于燃气泄漏往往使温度急剧下降，尤其是冬季漏点处会结霜上冻，所以用于燃气泄漏的密封胶应选用非热固化型，且要求的使用温度通常在 $-20℃$ 左右或更低。

高压注射枪用来将密封胶注射入密封夹具内部空腔。它由胶料腔、活塞杆、液压缸、连接螺母四部分组成，工作过程分为注射和自动复位两个阶段。

手动油泵的作用是产生高压油，推动高压注射枪的活塞，使密封胶射入密封空腔，以达到堵漏的目的。

夹具的作用是包住由高压注射枪射进的密封胶，使之保持足够的压力，防止燃气外漏，夹具的设计制作取决于泄漏处的尺寸和形状，具体要求如下：夹具要具有足够的强度和刚度，在螺栓拧紧时不允许有明显的变形，避免因强度过低而造成在注胶压力下夹具变形，从而导致堵漏失败；夹具制作精确度要高，尽量减少配合间隙，以防密封胶滋出，同时要保持夹具内腔通畅。注胶孔应多而匀，一般为 4~10 个，这样就可以在连接注射枪时躲开障碍物，并可观察胶的填充情况；应考虑选材和加工方便，尽量减少加工工序；夹具要向标准化靠拢，如标准法兰、弯头、三通等。

进行堵漏操作的人员必须经过专业技术培训，持证上岗。堵漏操作方法需要经过以下操作步骤：堵漏前，堵漏人员应先到现场了解泄漏介质的性质、系统的温度和压力参数，选择合适的密封胶和夹具；安装夹具要注意注胶孔的位置，应便于操作；安装时还要注意夹具与泄漏体的间隙，间隙越小越好，一般来说间隙不宜大于 0.5mm，否则应通过加垫措施予以消除间隙；夹具上每个注胶孔应预先安装好注射接头，接头上的旋塞阀应全开，泄漏点附近要有注射接头，以利于泄漏物引流、卸压；在注射接头上安装高压注射枪，枪内装上密封胶，将注射枪和油泵连接起来，即可进行注胶操作；注射时，先从远离泄漏点背面开始（此时所有注胶孔应打开卸压），将胶往漏处赶。如果有两个漏点，则从其中间开始。

1.5.2.3 带压焊接堵漏

事实上，发生泄漏的部位往往作业空间狭小，而且可能是在高压、低温场合，夹具安装很困难。甚至有些泄漏部位结构复杂，几何形状不规整，如罐体接出管道根部位置，夹具无法安装，这时可以考虑采用带压焊接堵漏方法。

A 短管引压焊接堵漏

泄漏缺陷中较多的一类情况是管道的压力表、其他出管根部断裂或焊缝出现的砂眼、裂缝所造成的泄漏，这种泄漏状态往往表现为介质向外直喷，垂直方向喷射压力较大而水平方向相应较小。根据这个特点，可在原来的断段外加焊一段直径稍大的短管，再在焊接好的短管上装上阀门，以达到切断泄漏的目的。短管上应预先焊好以主管道外径为贴合面的马鞍形加强圈，以使焊接引压更为可靠和容易。阀门以闸板阀为最理想，便于更好地引压。这种方法处理时间短、操作简单，适用于中、高压管道的泄漏事故。

B 螺母焊接堵漏

对一些压力较低、泄漏点较小的管道因点腐蚀造成泄漏的部位，可采用螺母焊接堵漏的方法，即在管道表面漏点处焊上规格合适的螺母，然后拧上螺栓，最后再焊死，达到堵漏的目的。这种方法用料简单、影响面小，且无其他车工、管工、钳工交叉作业。

C 挤压焊接堵漏

挤压焊接堵漏适用于压力在 0.6MPa 以下及壁厚在 6mm 以上的碳素钢管及压力容器。由于城镇燃气具有易燃、易爆的特点，现场不能动焊，如果泄漏量不大，内部介质压力不高，泄漏处管道又具有一定壁厚的情况，用挤压焊接堵漏的方法。用铜质防爆榔头、凿子，将漏点周围金属材料锤钉，挤进漏缝，用冲击力使管材金属塑性变形，再辅以粘接、堆焊，以达到堵漏的目的。这种方法较为实用。

D 直接焊接堵漏

对于有些泄漏量不大、压力较低、管道有一定的金属厚度或位置又不容许加辅助手段的泄漏点，可采用直接焊接的方法，它主要是通过与挤压法交替使用，边堆焊、边挤压，逐渐缩小漏点，最终达到堵漏的目的。

E 带压焊接堵漏的技术措施

带压焊接堵漏在操作时应充分考虑现场具体的技术与环境条件，如系统中温度、压力、燃气介质、管材、现场施工条件等因素，并采取相应的、有针对性的安全技术措施：焊接堵漏用的管材、板材应与原管道母材相匹配，焊接材料与原有管道材料相对应；在带压焊接堵漏时，考虑到泄漏介质在焊接过程中对焊条的敏感作用，打底焊条可采用易操作、焊条性能较好的材料，而中间层及盖面焊条则必须按规范要求选用；在直接焊接过程中，可加大焊接电流，使电弧喷和作用大于介质泄漏压力，再辅之以挤压，逐层焊接收口，从而消除泄漏。

　　F　带压焊接注意事项

　　燃气泄漏可能造成漏点周围形成易燃易爆或有毒的空间环境，稍有不慎，便会导致人身伤亡和财产事故的发生。因此，必须在带压焊接施工前制定周密的实施方案，包括详细的安全技术措施，并在施工中严格执行。除此之外，还要注意以下事项：在处理管道泄漏焊接前，要事先进行测厚，掌握泄漏点附近管壁厚度，以确保作业过程中的安全；在高、中压管道泄漏焊接时，应采用小电流，而且电焊的方向应偏向新增短管的加强板，避免在泄漏的管壁产生过大的熔深；高温运行的管道补焊，其熔深必然会增加，需要进一步控制焊接电流，一般可比正常小10%左右。焊接堵漏施焊时，严禁焊透主管。

　　下列情况不能采用带压焊接堵漏作业：

　　(1) 毒性极大的燃气泄漏，必须考虑操作人员的安全问题。

　　(2) 管道、设备等受压元件器壁因裂纹而产生的泄漏，因为消除泄漏并不能保证裂纹不再扩展。

　　(3) 管道腐蚀、冲刷减薄状况不清的泄漏点，如果仅按表面泄漏状况来处理，则可能出现此堵彼又漏的状况，并且容易把泄漏部位管壁压瘪，造成加剧泄漏的事故。如管壁厚度减到计算值以下时，堵漏可作为短期运行的临时应急措施处理，但必须采取保证安全的其他措施。

　　(4) 泄漏点泄漏特别严重，带压堵漏非常困难，特别在压力高、介质易燃易爆或腐蚀、毒性都比较大的情况下。

　　(5) 堵漏现场安全措施不符合企业或常规安全规定。

　　带压堵漏工作既然是一项不停产状态下的设备维修技术，在作业过程中必须遵循严格的安全操作规程，其操作人员必须经过系统的专门培训。

　　应用带压堵漏技术的单位必须严格带压堵漏的管理。带压堵漏工作必须有组织有领导地进行，应配备必要的检测仪器及完善的堵漏设备和工具，必须设技术负责人，负责组织堵漏作业的现场操作、夹具设计及安全措施的制定工作。专业技术人员和施工操作人员要到泄漏现场详细调查和勘测，提出具体施工方案，制定有效的操作要求和防护措施，报主管部门审批后，才能进行施工。在施工中使用单位安全部门应派人进行现场监督。

　　带压焊接堵漏方法只是一种临时性的应急措施，许多泄漏故障还需通过其他手段或必要的停车检修来处理。即使采取了带压焊接堵漏，在系统或装置大修或停气检修时，应将堵漏部分用新管加以更新，以确保下一个检修周期的安全运行。

1.5.2.4 带压气焊接堵漏案例

A 概述

2000 年 8 月，某燃气储配站站外埋地高压输气管道发生燃气泄漏事件。当天，巡线工在例行安全巡线时，使用便携式燃气检漏仪和手推移动式燃气检漏仪进行检测，检漏仪显示燃气浓度均高于仪表设定的下限值，并伴有声光报警。经查询该埋地燃气管道的设计工艺参数如下：

输送介质：液态液化石油气；

工作压力：1.77MPa；

管道规格与材质：D219×8，20 号无缝钢管；

区段管道长度：3500m；

埋设深度：−1.15m；

使用年限：12 年。

B 应急处理措施

初步确定泄漏点位置后，燃气公司立即启动应急预案。首先，对漏点周围进行警示隔离，派人进行警戒，并书面报告城管部门，办理开挖申请。同时，对输气管道进行扫线，以清除管内的液相介质。扫线后，关闭漏点区段管道上、下游阀门，关闭后的阀门上锁，挂牌警示严禁操作。组织抢修队对怀疑漏点位置进行人工开挖，施工现场按应急预案配齐安全防护和消防灭火器材，做好安全防范措施。当挖至 −0.70m 左右时，发现有冻土，并听到"咝咝"泄漏声，挖开蜂窝状冻土块，发现管道底部有一处黄豆粒大小的穿孔。

C 泄漏原因分析

管道输送介质是高压液态液化石油气，因管线上设置了多个控制阀门，燃气介质在管道内高速流动，流经阀门处会产生湍流现象，从而导致管道产生频率高、振幅弱的振动波。当管道外壁接触到尖硬物，长期的振动使管道防腐绝缘层受损，加之当地重盐分土壤的侵蚀，因此发生管道穿孔泄漏。

D 堵漏方法的选择

根据泄漏的燃气介质、压力、管道泄漏部位以及生产情况和现场的环境条件，制定切实可行的堵漏施工方法，是堵漏成功的关键。

该输气管道受生产运行条件的限制，停产抢修时间不宜超过 36h，否则会造成较大的经济损失。如果采用保守的氮气置换或灌水浸泡置换，再进行焊接堵漏，施工周期长，很难满足生产的需要，故选择带压（带气）焊接堵漏。

考虑到穿孔泄漏位置位于管道底部，带气焊接堵漏时，点燃的火焰呈垂直向下喷射，特别是管内燃气压力大时，喷出的火焰很长，作业人员根本无法靠近操作，而且施工危险性较大。综合以上因素，决定采取降压带气焊接堵漏方法进行抢修。

E　带气焊接堵漏施工方案

a　施工前的准备工作

先对管道系统进行降压处理；划定安全作业区域，设置抢修警示标志和隔离线，在漏气点100m周边加派人员警戒；制定施工方案，经公司主管安全技术的领导审批；规定施焊作业时间，并将安全注意事项通知周边单位或住户；在漏点处开挖工作坑，工作坑尽可能地挖大一些并以人能蹲下，便于操作为宜；用测厚仪检测缺陷管漏点周围壁厚；预制一块与缺陷管道母材材质、壁厚相一致且与管道贴合相宜的加强补丁板，并在加强补丁板凸面一侧焊一条小钢筋作把手，便于操作。

b　安全技术措施

在气、液相管道跨接处（跨接管阀门的液相一侧）安装一微压计，并使缺陷管道内保持约400Pa的燃气压力，使用点火器（棒）点燃漏点处的燃气。在漏点附近（约3m开外）安置一台防爆型排风扇，并向漏点处送风。使用燃气检测仪在漏点周围检测燃气泄漏浓度，并确认检测合格。施焊人员应穿着防火服、防火手套和防火鞋，并穿戴自给式呼吸器。现场备齐焊接设备和工器具、燃气检测仪、消防灭火器材、救护器材、通信设备、抢险车辆等设备。指派3名安全监护人员进行现场监护。施焊前，堵漏施工负责人应对全体堵漏施焊作业人员进行安全技术交底，说明安全注意事项，妥善安排应急救援措施。施工现场除泄漏点允许动火外，禁止其他一切火种介入。

c　施焊方法

施焊人员从上风向逼近漏点，使用角向磨光机清除漏点周围的污垢物，清除面要大于加强补丁板周边10mm。左手持加强补丁板贴合在漏点处，右手握焊钳迅速将加强补丁板点焊固定；施焊时，焊条偏向加强补丁板，以防止将管壁焊透穿孔；当焊完四周打底角焊缝时，火焰自然熄灭，这时应按焊接规范要求完成角焊缝中间层和罩面层。

焊接堵漏完成后，先微开跨接管上的阀门，使管内燃气气相压力上升至0.1MPa，进行试漏检查。若未发现泄漏，可让管内燃气气相压力继续上升，同时进行检查试漏，直至达到系统压力时，保压半小时无泄漏为合格。

d　堵漏抢修组织

焊接堵漏抢修组织设总指挥、安全技术总监和施工负责人各1人，持压力容器焊接上岗证且经带气焊接作业技术培训合格的焊工2人、管工2人，并安排安全监护、救护、警戒及其他辅助人员若干人。

e　消防安全器材

现场配备推车式灭火器2台，4~8kg的手提式灭火器不少于4个，防火防毒面具、工作服多套，防爆照明灯不少于2盏，防爆对讲机不少于3台，消防水枪2只等。

f 其他

施工前的准备工作、施焊堵漏过程的操作以及堵漏后检测试验结果，都应做好现场记录，包括文字和影像记录；管道堵漏试验合格后，及时做好管道防腐工作并及时回填土；回填隐蔽后，在堵漏点管道上方设特殊标记，以便在下一个周期停产检修时更新该管道。

1.6　燃气中毒与防护

1.6.1　燃气中毒的危害及其预防

1.6.1.1　燃气中毒的危害

人工燃气组分中的有毒成分主要有一氧化碳和硫化氢等。一氧化碳是无色、无味气体，易与血液中血红蛋白结合形成碳氧血红蛋白，其对血红蛋白的亲和力远远大于氧对血红蛋白的亲和力（两者相差约 240 倍），而碳氧血红蛋白解离速度很慢，相当于氧合血红蛋白解离速度的 1/3600 左右，这样使体内的血红蛋白失去了与氧结合的能力。当吸入的一氧化碳与血红蛋白结合形成稳定的碳氧血红蛋白时，使血红蛋白丧失携氧能力，从而引起重要器官与组织缺氧，出现中枢神经系统、循环系统等中毒症状，引发急性中毒事故。

含硫天然气中毒主要是由于燃气中含有高浓度的硫化氢而引起。硫化氢是具有刺激性和窒息性的无色气体。低浓度接触仅有呼吸道及眼的局部刺激作用，高浓度时全身作用较明显，表现为中枢神经系统症状和窒息症状。硫化氢具有臭鸡蛋气味，但极高浓度很快引起嗅觉疲劳而不觉其味。当空气中硫化氢浓度达到 $20mg/m^3$ 时，就可引起暂时的轻度中毒，出现恶心、头晕、头痛、疲倦、胸部压迫感及眼、鼻、咽喉黏膜的刺激症状；硫化氢浓度达 $60mg/m^3$ 以上，即发生剧烈中毒症状，出现抽搐、昏迷甚至呼吸中枢麻痹而死亡。

不含硫天然气失控泄漏至室内，也可引起中毒。不含硫燃气含硫化氢量很少（$0 \sim 7.16mg/m^3$），本身毒性微不足道。但是，空气中可燃气体浓度含量增高到 10% 以上时，氧的含量就相对减少，使人出现虚弱、眩晕等脑缺氧症状；当空气中含氧量减少到只有 12% 时，则呼吸紧迫，面色发青，进而可失去知觉，甚至死亡。

此外，在通风不畅的室内燃烧燃气也可发生中毒。例如，因关着门窗，通宵点燃燃气炉取暖睡觉而导致中毒，甚至死亡；有的家庭在狭小的厕所内安装燃气热水器，由于缺乏足够的通风条件，在洗澡过程中发生中毒，甚至死亡。其中毒的原因是缺乏通风，因燃气燃烧而导致室内（厕所内）严重缺氧。此类缺氧的发生，一方面是由于燃气在室内燃烧耗氧而又得不到对流空气的补充；另一方面，燃气燃烧过程中产生大量的二氧化碳和水蒸气，使氧的相对含量减少，导致窒息。另外，在氧气不足的条件下，燃气燃烧不完全，产生一定量的一氧化碳，该气体也具有毒性，使机体缺氧加重，最终导致窒息。

1.6.1.2 燃气中毒的临床表现及分类

急性燃气中毒可按其严重性而分为轻度、中度、重度及极重度中毒。

A 轻度中毒

轻度中毒主要为眼及上呼吸道刺激症状。表现为眼内刺痛、畏光、流泪、异物感、流涕、鼻及咽喉灼热发痒、胸闷、头昏、乏力、恶心等。检查可见眼结膜充血，如迅速将中毒者移至空气新鲜处，即使不加任何治疗，上述症状也会逐渐消失。一般无并发症发生，不需住院治疗。

B 中度中毒

除上述轻度中毒症状外，中度中毒还出现中枢神经系统症状。表现为呛咳、胸闷、胸痛、视物模糊，有剧烈头痛、头晕、感觉头部膨胀，头重脚轻之感，并很快意识模糊，陷入暂时性昏迷状态。检查可见面色灰白或发绀，鼻咽部黏膜充血，眼球结膜充血，肺部可出现干或湿啰音。呼吸浅快，脉搏快而细，心音低钝，起初血压可正常或偏高，但脉压差小，继而下降。

C 重度中毒

重度中毒以中枢神经系统症状为主，表现为吸入燃气后不知不觉地倒地，呼吸困难、呕吐、抽搐和昏迷，最后可因呼吸麻痹而死亡。中毒者苏醒时极度烦躁，有时需 4~5 人才能将其强行按在床上。昏迷或抽搐时间较久者可能并发中毒性肺炎，肺水肿或脑水肿。检查可见血压下降，心音微弱，呼吸浅快，紫绀，肺部湿啰音。各种生理反射减弱或消失，并可能伴有颅脑外伤。

D 极重度中毒

极重度中毒主要表现为短时间吸入燃气后，迅即猝死或长时间昏迷（大于72h）。病人吸入燃气后，可在数秒钟内倒地，有的中毒者甚至仅吸入一两口燃气后即深昏迷，突然呼吸心跳停止，死亡率极高。检查可见深昏迷，全身肌肉痉挛或强直，皮肤湿冷，紫绀。瞳孔散大或缩小，两侧可不等大，各种反射消失。呼吸暂停或不规则，满肺湿啰音，心音弱钝，血压明显下降，即使经抢救而幸存者，也可能在近期内（半年）遗留神经系统功能失常。

E 急性燃气中毒并发症

急性燃气中毒并发症主要有急性燃气中毒并发中毒性脑病、急性燃气中毒并发肺炎、急性燃气中毒并发肺水肿、急性燃气中毒并发中毒性肾病、急性燃气中毒并发心肌损害、心包炎以及急性燃气中毒并发脑外伤等。

1.6.1.3 燃气中毒的预防

A 燃气中毒事故的预防

为了做好防毒工作,保护工人的健康和生命,除在组织和法律的保证之外,必须提高燃气安全使用的认识,完善防毒设备,加强职业安全与卫生的教育和训练,制定严格的防毒制度和具体措施。

a 教育和训练

为了使全体工作人员自觉地认识到防毒的重要性,严格遵守防毒制度,了解并会应用各种防毒设备,必须对全体人员进行防毒的教育和训练。基本内容和要求如下:详细说明有毒气体的物理化学特性及其各种浓度对人体的影响,从而自觉认识到生产过程中遇到有毒气体的严重性;了解风向和充分通风的重要性,正确应用风向标,熟悉紧急情况下作业人员的撤离路线;正确使用防毒面具。训练前必须了解各种防毒设备的特点,会选择和使用各种型号防毒面具,尤其要懂得过滤式防毒面具的限制性,无论何时工作人员接近疑有危害人身健康或危及生命浓度的有毒气体井口、装置、罐区或管道,甚至在校核有毒气体浓度或抢救中毒者时,都应在开始接近前戴上防毒面具;要进行佩戴防毒面具的实际操作训练,佩戴防毒面具作短时间的操作演习;会使用、保管和维修防护用的供氧设备(配套的供氧装置,急救氧气瓶,软管线等)、轻便袖珍硫化氢探测仪、易燃气体指示计、二氧化硫探测仪、复苏器、紧急警报系统等设备。

懂得如何救护中毒者,当有人中毒时应采取以下措施:救护者进入染毒区时,首先应佩戴好防毒面具,系上安全带和安全绳,安全绳的另一端由非毒区负责人员握住;迅速将中毒者转移至处于上风的非染毒区;如果病员呼吸停止,立刻进行人工呼吸,一直进行到恢复呼吸为止。在可能的条件下,最好是尽快使用复苏器,同时给予呼吸中枢兴奋剂;病人开始呼吸时,要持续供给氧气。

若事先未得到警报,突然逸出毒气时,全体人员应首先屏住呼吸,迅速佩戴防毒面具,到指定的临时地点待令行动,不能惊慌乱跑进入毒气易于积聚的低凹地区和下风地带。

b 防护设备

在燃气施工作业现场,一旦有毒气体浓度超标,将威胁施工作业人员的安全,引起人员中毒甚至死亡,因此,防止中毒安全设备的配备尤其重要。气体检测仪和防护器具的功能是否正常关系到作业者的生命安全,作业者应了解其结构、原理、性能和使用方法及注意事项。例如便携式气体检测仪,这类检测仪是根据控制电位电解法原理设计的,具有声光报警、浓度显示和远距离探测的功能。如腰带式电子检测器,具有体积小、质量轻、反应快、灵敏度高等优点。它有两个报警值,当有毒气体浓度达到第一有毒气体浓度将由液晶数字屏显示出来,在夜间可利用照明功能照明,强噪条件下可通过耳机监听声音报警。使用时应注意，超限时停用、防碰击、注意调校和检查电池电压。现场需 24h 连续监测有毒气体浓度时，应采用固定式气体检测仪，这种检测仪主机一般多装于中心控制室。检测仪探头置于现场燃气易泄漏或聚集的区域，一旦探头接触有毒气体，它将通过连接线传到中心控制室，显示有毒气体浓度，并有声光报警。该检测器在使用中应随时校核，按说明书要求正确操作和维护保养。探头一般安装在离可能泄漏燃气地点处 1m 范围内，这样探头的实际反应速度比较快。否则，有可能出现探头处气体浓度不超标，而泄漏点处局部气体已经超标，主机却不能报警的现象。探头不要置放于能被化学或高湿度（如蒸气污染）的地方或者置放于有烟雾的地方，主机一般安放到有人坚守的值班室内，不得随意拆动以免破坏防爆结构。每月校准一次零点，保护好防爆部件的隔爆面不得损伤，经常或定期清洗探头的防雨罩，用压缩空气吹扫防虫网防止堵塞，在通电情况下严禁拆卸探头，在更换保险管时要关闭电源。

当环境空气中的有害气体浓度超标时，工作人员必须佩戴便携式正压式空气呼吸器。正压式空气呼吸器能给工作人员提供一个安全呼吸的环境，其有效供气时间应大于 30min。正压式空气呼吸器对于一个工作环境潜在有毒气体的工作人员是必不可少的，所以掌握空气呼吸器的正确使用方法是非常重要的。双密封的面罩呼吸器可以应对任何大气状况。下面以 C900 系列便携式正压空气呼吸器为例介绍呼吸器的应用。

C900 系列便携式正压空气呼吸器的主要结构如图 1-1 所示，C900 系列便携式正压空气呼吸器包括 5 个部分：储存压缩空气的气瓶、支承气瓶和减压阀的背托架、安装在背托架上的减压阀、面罩和安装于面罩上的供气阀。

面罩包括用来罩住脸部的面框组件和用来固定面框的头部束带等。面框组件包括面窗、面窗密封圈、口鼻罩和传声器组件，口鼻罩上有两个吸气阀，束带可调节面罩与脸部之间保持良好密封。使用时面框组件与脸部、额头贴合良好，既不会使佩戴者的脸部、额头感到压迫疼痛，又能使脸部的眼、鼻、口与周围环境大气有效地完全隔绝。面罩上的传声器能为佩戴者提供有效的通讯。

使用前完全打开气瓶阀，检查压力表上的读数，其值应在 28 ~ 30MPa 之间。再关闭气瓶阀，然后打开强制供气阀（按下供气阀上黄色按钮），缓慢释放管路气体同时观察压力表的变化，压力下降到 (5 ± 0.5) MPa 时，报警哨必须开始报警。

使用时气瓶背在身后，身体前倾、拉紧肩带、固定腰带、系牢胸带。打开气瓶阀至少一圈以上。将面罩上的脖带套在脖子上，面罩跨在胸前。一只手托住面罩将面罩口鼻罩与脸部完全贴合，另一只手将头带后拉罩住头部，不要让头发或其他物体压在面罩的密合框上，然后收紧头带。用手掌封住进气口吸气，如果感到无法呼吸且面罩充分贴合则说明面罩密封良好。将供气阀推进面罩供气口，听

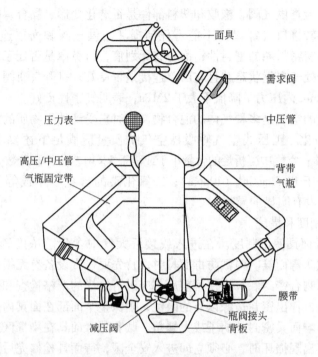

图 1-1　C900 系列便携式正压空气呼吸器的主要结构

到"咔嗒"的声音，同时快速接口的两侧按键同时复位则表示已正确连接，此时即可正常呼吸。

在使用过程中，应随时观察压力表的指示数值，当压力下降到（5±0.5）MPa 时，报警器发出报警声响，使用者应及时撤离现场。

使用完后，按下供气阀快速接口两侧的按钮，使面罩与供气阀脱离。卸下面罩、打开腰带扣、松开肩带卸下呼吸器。关闭气瓶阀，打开强制供气阀放空管路空气。每次使用后，经消毒、清洗、检查、维修后空气呼吸器方可装入包箱内。

正压式空气呼吸器应存放在清洁、通风、干燥的阴凉处并且人员能迅速取用的安全位置。呼吸器应有专人保管，所有空气呼吸器应至少每月检查一次，以保证其维持正常的状态。月度检查记录（包括检查日期和发现的问题）应至少保留 12 个月。

检查应包括以下内容：打开气瓶阀，检查压力表上的读数是否在 28~30MPa之间。同时检查气瓶有无损坏、固定气瓶的瓶箍卡扣是否扣紧。打开气瓶阀，让管路系统充满气体，再关闭气瓶阀。然后打开强制供气阀（按下供气阀上黄色按钮），缓慢释放管路气体，同时观察压力表的变化，压力下降到（5±0.5）MPa 时，报警哨是否报警。检查肩带、腰带是否处于自然状态并且与背托架连接是否牢固。检查供气阀，橡胶和塑料部件是否老化变形、黏合、被切割或其他不良情况，旋转接口（螺口）不能有任何损坏。供气阀和面罩连接是否良好。检查面罩、面窗密封圈的密封性；面窗有无划痕；口鼻罩是否处于良好状态；脖带、头带是否处于自然状态并且与面罩连接是否良好。打开气瓶阀，关闭，观察压力表，在1min内压力下降值不大于2MPa，表明气密性良好。

我们呼吸的空气是多种气体的混合物，有时它受到外界物质的污染，因此必须进行空气净化。正压式空气呼吸器空气的质量应满足下述要求：氧气含量19.5% ~23.5%；空气中凝析烃的含量小于或等于5×10^{-6}（体积分数）；一氧化碳的含量小于或等于12.5mg/m³（10ppm）；二氧化碳的含量小于或等于1960mg/m³（1000ppm）；没有明显的异味。

c　防毒制度和措施

（1）防毒面具使用制度。在进入或接近大气中含危险浓度燃气的场所时，必须事先佩戴防毒面具。佩戴防毒面具时，首先要检查设备有无损坏或故障，面部是否与面罩吻合密封。每次使用前后都应进行这样的严格检查和试验。不允许工作人员戴镜框伸出密封边缘以外的眼镜；确保整个面部在面具内；工作人员不能留有可能影响面具密封的胡子或大鬓角。戴着防毒面具在染毒区工作者，一旦怀疑防毒面具出现损坏时，必须立即进入安全区，待面具检修后再返回染毒区工作。经测试表明环境中氧气含量不足以维持生命时，必须使用能保证供氧的氧气呼吸器或空气呼吸器，不能用钻机或修井机的压缩空气作为呼吸气。有明显的呼吸道疾病和鼓膜穿孔者，不宜使用防毒面具，因前者难以忍受，并使呼吸道疾病恶化；毒气可经后者穿孔的耳膜进入人体内。

（2）防毒面具的检查和保养制度。防毒面具每月定期检查一次，以保证处于完好状态。要保存检查记录，不能使用的要加上"不能使用"的标记，从备用库中移出。防毒面具必须有专人负责保管。每次使用防毒面具后，应进行清洗、消毒。应保证每个工作人员都有一套完好备用的防毒面具。

B　燃气应用（主要指民用）中的防毒措施

民用的和多数工业用的燃气是不含硫燃气或含硫燃气经净化处理后的不含硫燃气，它和普通居民关系密切。当其大量泄漏于缺乏通风条件的室内时，可导致窒息性中毒。另外，在缺乏通风条件的室内燃烧燃气，也可引起中毒。此两种情况下的中毒多发生于夜间入睡之后。其防毒措施如下：

经常检查燃气阀门和管线接头处是否失控、松动，发现故障后，及时修理或更换。每天入睡前必须检查室内气阀门是否关闭、关严，防止无意中打开阀门而漏气中毒。一般燃着的燃气燃具，忘关气阀门者较少，常见而危险的是燃着的气炉因其他原因而熄灭之后，误认为已关上气阀门，如开水溢出将火淋熄；气炉小火稍遇风吹，产生脱火而熄灭；供气单位突然断气而火灭（事先未得到停气通知）等。供气单位必须"先通知、后停气"，防止"忽停忽送"，特别要严防夜间突然送气，使忘关气阀门的用户发生中毒事故。在一切使用燃气的室内，要经常保持良好的通风状态，以排出可能泄漏的气体。在室内燃烧燃气时，更应注意通风，绝对禁止关着门窗通宵燃烧燃气炉取暖睡觉。不可在缺乏通风条件的厕所内使用燃气热水器（平衡式燃气热水器除外），以防止在洗澡过程中发生缺氧窒息中毒。安全的办法是将热水器安装在厕所或洗澡间外面通风处。

1.6.2　燃气泄漏应急处理

燃气泄漏事故应急处理的基础是应急预案的制定与演练，如果没有充分的应急措施与准备，发生事故时必将手忙脚乱，不知所措。因此，制定一套有效的应急处理措施，不仅能够使行动达到所预期的目的，保证应急行动的有效性，而且可以避免和减少应急人员的自身伤害，将损失减到最低限度。

1.6.2.1　可控制泄漏的应急处理

迅速找到并切断、封堵有毒气源、火源等危险源，防止蔓延、扩散。如一时不能切断气源，则不容许熄灭正在燃烧的泄漏燃气。遇到容器或者管道时，应喷水降温、冷却，降低容器、管道内的压力和温度。将泄漏区人员迅速撤离至上风处，并立即进行隔离。应根据泄漏现场的实际情况确定隔离区域的范围，严格限制出入。通常情况下，少量泄漏时隔离150m，大量泄漏时隔离300m。消除所有点火源，谨慎动用电气装置、电气线路，严禁使用易产生火花的电气设备和工具。应急处理人员佩戴自给正压式呼吸器，穿防静电工作服，从上风处进入现场，确保自身安全时才能进行切断泄漏源或堵漏操作。采取合理的局部排风和全面通风，加速燃气的排散，控制和降低空气中燃气浓度。喷雾状水稀释、溶解，禁止用水直接冲击泄漏物或泄漏源。如果安全，可考虑引燃泄漏物以减少有毒燃气扩散。

1.6.2.2　不可控泄漏的应急处理

发现不可控燃气泄漏则应立即实施应急救援程序。当大量燃气泄漏时，迅速报告，立即进入戒备状态。人员要佩戴好便携式燃气检测仪和正压呼吸器，对生产和装置采取紧急措施。值班人员紧急撤向安全区域并清点人数，查清是否有人滞留在危险区；通知周围人员撤离，附近道路实行交通管制，现场和附近设置警示标志。向上级汇报情况，按上级指令统一行动。

1.6.3　燃气中毒应急处理

1.6.3.1　硫化氢中毒应急处理

当有人发生硫化氢中毒时，救援者应佩戴专业防护面具实施救援，禁止不具备条件的盲目施救，避免出现更多的伤亡。迅速拨打119、110、120等电话求援，寻求专业救护。

抢救人员必须做好自我保护和呼应互救，穿戴全身防火、防毒的服装，佩戴过滤式防毒面具或氧气呼吸器，佩戴化学安全防护眼镜，佩戴化学防护手套等，确保施救抢险人员和现场的安全。

中毒者不要盲目奔跑，大声呼叫，防止毒气吸入和烟气呛入。要借用敲打声响，挥动光、色等物达到求救的目的。

救护人员迅速将中毒者移离现场，脱去污染衣物，对呼吸、心跳停止者，立即进行胸外心脏按压及人工呼吸（忌用口对口人工呼吸，万不得已时与病人间隔数层水湿的纱布人工呼吸）。

中毒者应尽早吸氧，有条件的地方及早用高压氧治疗。凡有昏迷者，宜立即送高压氧舱治疗。

硫化氢中毒时，有的人可能出现眼部受损症状。虽然眼部受损不及中毒本身对中毒者生命威胁大，但如果处理不当或延时过久，也可能造成严重后果。具体处理方法如下：脱离染毒区后，立即对眼部进行彻底清洗，可就近取自来水，有条件用生理盐水则更好。将面部浸入水盆中，反复眨眼，利于刺激性物质的清除。

待病人生命体征平稳后，再送入医院住院治疗。必须强调就地现场抢救的极端重要性，切忌盲目转送或过多地搬运病人，以防贻误抢救时机，造成死亡或恶化病情。

1.6.3.2　非含硫燃气中毒事故应急处理

非含硫燃气中毒一般是窒息或燃气燃烧不完全产生一氧化碳所致，因此事故发生后可按以下步骤处理：首先救护人员穿戴好防毒服装，打开门窗通风，或将中毒人员移至通风良好处，解开上衣衣扣，保持呼吸道通畅。对于中毒者，除维持呼吸功能外，即使不再给其他任何药物，只要给予吸氧，也会使其恢复。有呼吸停止者不要轻易放弃，立即抢救，施行人工呼吸。有心脏骤停者，应立即进行胸外按压。

1.6.3.3　燃气中毒现场急救方法

A　人工呼吸方法

人工呼吸有多种方法，如口对口（鼻）呼吸法、俯卧压背法、仰卧压胸法和举臂压胸法，其中以口对口人工呼吸最为有效。它的优点是换气量大，比其他人工呼吸法多几倍，简单易学，便于和胸外心脏挤压配合，不易疲劳，无禁忌。

（1）口对口呼吸法。跪或蹲在中毒者一侧，一手托脖，一手捏紧鼻孔，深吸一口气再对中毒者的口吹气，然后松口，靠中毒者胸腔回缩呼气，再吸气，再吹气，反复进行。吹气用2s，中毒者呼气用3s，一般以抢救者的自然速度即可。

口对口人工呼吸注意事项:

1) 观察中毒者胸腹部,若随着吹气扩张,松气后回缩,则证明有效;否则,可能是由于吹气时没捏住鼻孔或口没盖严漏气。

2) 吹气量以感到中毒者抵拒力时停止为适度。如果吹气量过大或吹气过猛或中毒者肺部已经胀满还用力吹,空气会进入胃,可能打嗝或听见咕噜响声,心口窝、肚脐部、左肋缘下鼓胀起来;松口时胃内容物可能逆流出来。这时应将中毒者脸转向侧,将口腔擦拭干净,以免异物进入气管。用两个手指轻压喉结,通过有弹性的气管将食道压瘪,有利于预防空气进入胃内。

3) 吹气顺利,表明呼吸道畅通。如果吹不进气,表明呼吸道被异物堵住,可从背后搂住中毒者胸部或腹部,两臂用力收缩,用压出的气流将气管中异物冲出,使中毒者头朝下效果更好些。

4) 若中毒者口不能张开,抢救者口小盖不严漏气,中毒者口有外伤等,无法进行口对口吹气时,可用手托住中毒者下巴,使之嘴唇紧闭,对鼻子吹气。

5) 当中毒者有微弱呼吸时,吹气应在中毒者自行吸气开始时进行。

6) 对意识丧失或停止呼吸者,应立即口对口吹气4次,同时(或吹气4次后)摸颈动脉,如无搏动,应立即进行胸外心脏挤压。摸颈动脉宜用食指和中指紧贴喉结处气管向下平压,用手指腹部平稳而大面积地挤压以查找颈动脉,手指不可竖起。摸颈动脉宜在脖子中下段,不要靠近下颌角,因颈总动脉在下颌角内侧,颈内动脉起始膨大处有颈动脉窦,按压此处有可能发生危险。

7) 应通知医生到现场急救,可根据呼吸衰竭、循环衰竭情况进行药物急救或针灸相关穴位。中毒者苏醒后,应用输氧或其他人工呼吸方法进行。

(2) 其他人工呼吸法。

1) 采用苏生器法。利用苏生器中的自动肺,自动地交替将氧气输入中毒者肺内,然后将肺内的二氧化碳气体抽出,适用于呼吸麻痹、窒息和呼吸功能丧失、半丧失人员的急救。

2) 俯卧压背法。此法对有心跳而没有呼吸,不需要同时做人工心跳的情况,是一种较好的人工呼吸法。中毒者取俯卧位,头偏向一侧,舌头凭借重力略向外坠,不至于堵塞呼吸道,使空气能较畅通地出入,中毒者一臂枕于头下,一臂向外伸开,使胸部舒展,救护者面向中毒者头侧,两腿屈膝跪在中毒者大腿两旁。救护者俯身向前,用力向下并稍向前推压,当救护者的肩膀向下移动到与中毒者肩膀成一垂直面时,就不再用力。救护者向下向前推压过程中,将中毒者肺内的空气压出,造成呼气;然后救护者双手放松(但手不必离开背部),身体随之向后回到原来位置,这时外部空气进入中毒者肺内,造成吸气。如此反复有节律地一压一松，每分钟 16～18 次。

3）仰卧压胸法。由于中毒者为仰卧，舌头随重力后坠容易堵塞呼吸道，因此一定要把舌头拉出固定住，如能托起下颌，则效果更好。中毒者取仰卧位，救护者面向中毒者头侧，屈膝跪在大腿两旁，两手分别放在中毒者的乳房处，然后俯身下压，两手向下向前做推压动作。当救护者与中毒者的肩膀接近同一垂直面时，推压停止，完成呼气动作。然后救护者双手放松，身体回到原来位置，形成吸气。如此反复有节律地一压一松，每分钟 16～18 次。应注意用力要适度，以免过大、过猛造成骨折，孕妇和胸部、背有严重创伤者不宜采用此法。

B　胸外心脏挤压

胸外心脏挤压需要先确定按压点，在胸骨下部 1/3 处，即为心口窝上方尖状软骨上二指横处，也就是心脏的部位。然后两手扣住用掌跟向下按压，压下 3～4cm 即可放松，反复进行，每秒 1 次。

应配合人工呼吸连续挤压，直到复苏。复苏的征兆有：恢复呼吸，瞳孔回缩，手脚晃动，瞬目反射，咽唾液，面红，肌张力恢复等。如果出现上述征兆，但仍无脉搏，表明发生心室纤维性颤动，必须继续进行胸外心脏挤压。

配合人工呼吸法的做法是：一人抢救时，先吹气 2 次，再按压 15 次。两人一起抢救时，每按压 5 次吹气 1 次；吹气时不可按压。

胸外心脏挤压注意事项：

（1）只能按压胸骨下部（这里弹性大），不要按压胸骨上部或下部肋骨以免造成骨折，也不要按压腹部以免伤害内脏。

（2）按压时双臂伸直，双手相互重叠，借助于身体前倾重力用掌跟适度用力向下按压，使胸骨下段与其连接的肋软骨下陷 2～3cm。按压速度应根据脉搏而定，一般成人每分钟 60～65 次，儿童每分钟 70～75 次。

（3）为增强抢救效果，可将中毒者双腿抬高，以利于下肢静脉血液流回心脏。

（4）抢救应坚持到中毒者复苏，或医生诊断已无抢救价值才可以放弃。

思 考 题

1. 不同相态的燃气泄漏量如何计算？
2. 预防燃气泄漏的措施有哪些？
3. 燃气泄漏的检测方法是什么？
4. 发现燃气泄漏后，应如何进行应急处理？

5. 燃气泄漏后导致人员中毒应该如何处置？

参 考 文 献

［1］戴路. 燃气供应与安全管理［M］. 北京：中国建筑工业出版社，2008.

［2］彭世尼. 燃气安全技术［M］. 重庆：重庆大学出版社，2005.

［3］冯肇瑞，杨有启. 化工安全技术手册［M］. 北京：化学工业出版社，1993.

［4］李刚，王世泽，郭新江. 天然气常见事故预防与处理［M］. 北京：中国石化出版社，2008.

［5］白世武. 城市燃气实用手册［M］. 北京：石油工业出版社，2008.

［6］郭揆常. 液化天然气（LNG）应用与安全［M］. 北京：中国石化出版社，2008.

［7］敬加强，梁光川，蒋宏业. 液化天然气技术问答［M］. 北京：中国建筑工业出版社，2007.

2　可燃混合气体的爆炸与防护措施

╶┼╴╶┼╴╶┼╴╶┼╴╶┼╴╶┼╴╶┼╴╶┼╴╶┼╴╶┼╴╶┼╴╶┼╴╶┼╴╶┼╴

【本章摘要】

本章介绍了可燃混合气体燃烧的基本概念和爆炸的基本知识；阐述了可燃混合气体的爆炸特征，计算了爆炸效应及其破坏作用；根据爆炸的基本知识和特征，说明了火灾爆炸的成因及预防措施，阐述了不同情况下适宜采用的防火防爆措施，介绍了爆炸泄压技术和火焰隔离技术。

【关键词】

着火，点火，燃烧速度，爆炸，爆炸极限，爆燃，爆轰，爆炸力，冲击波，TNT 当量，火灾，火源，防火防爆，爆炸泄压，火焰隔离。

【章节重点】

本章应重点掌握可燃混合气体爆炸的特征，爆炸、爆燃、爆轰与正常火焰燃烧的区别，爆炸破坏效应及其破坏力计算，冲击波影响范围的计算，火灾爆炸的成因及其预防措施和防火防爆安全装置。

╶┼╴╶┼╴╶┼╴╶┼╴╶┼╴╶┼╴╶┼╴╶┼╴╶┼╴╶┼╴╶┼╴╶┼╴╶┼╴╶┼╴

2.1　可燃混合气体燃烧与爆炸的基础知识

2.1.1　可燃混合气体燃烧的基础知识

气体燃料中的可燃成分（H_2、CO、C_mH_n 和 H_2S 等）在一定条件下与氧发生激烈的氧化反应，并产生大量的光和热的物理化学反应过程称为燃气燃烧。燃烧必须具备的条件是：燃气中的可燃成分和（空气中的）氧气需按一定比例呈分子状态混合；参与反应的分子在碰撞时必须具有破坏旧分子和生成新分子所需的能量；具有完成反应所必需的时间。

2.1.1.1　可燃气体的着火

燃气和空气的混合物由稳定的氧化反应转变为不稳定的氧化反应而引起燃烧的一瞬间，称为着火。燃气和空气的混合物在受热等外界条件下，分子共价键发生均裂而形成的具有不成对电子的原子或基团被称为自由基。在一定条件下，由于自由基浓度迅速增加而引起反应加速从而使反应由稳定的氧化反应转变为不稳定的氧化反应的过程，称为支链着火。一般工程上遇到的着火是由于系统中热量的积聚，使温度急剧上升而引起的，这种着火称为热力着火。

燃气与空气混合物的热力着火，不仅与燃气的物理化学性质有关，而且还与系统中的热力条件有关。当燃气与空气的混合物在容器中进行化学反应时，分析其发生的热平衡现象，可以了解热力着火条件。假设容器内壁面温度为 T_0，容器内的反应物温度为 T，反应物的浓度为 C_A、C_B，对应的反应级数为 a、b。则单位时间内容器中由于化学反应产生的热量 Q_1 为：

$$Q_1 = WHV = k_0 e^{-\frac{E}{RT}} C_A^a C_B^b HV \tag{2-1}$$

式中　W——化学反应速度，mol/(L·s)；

　　　H——燃气的热值，kJ/mol；

　　　k_0——反应速度常数；

　　　R——通用气体常数；

　　　E——每摩尔气体所具有的能量，kJ/mol；

　　　V——容器的体积，L。

在着火前，由于温度不高，反应速度很小，可以认为反应物浓度没有变化。

单位时间内燃气与空气的混合物通过容器向外散失的热量 Q_2 为：

$$Q_2 = \alpha F(T - T_0) \tag{2-2}$$

式中　α——由混合物向内壁的散热系数；

　　　F——容器的表面积，m²；

　　　T——混合物的温度，K；

　　　T_0——容器内壁温度，K。

由于容器中温度变化不大，可以近似地认为 α 是常数。

如图 2-1 所示，L 曲线为发热曲线，M 曲线为散热曲线。散热曲线的斜率取决于散热条件，它与横坐标的交点是容器内壁温度 T_0。当系统温度较低时，散热曲线和发热曲线有 2 个交点：1和 2。此两交点显然都符合发热量等于散热量的条件，亦即处于平衡状态，但情况却有所不同。

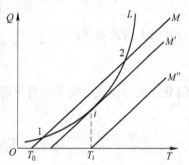

图 2-1　可燃混合气体的
热力着火过程

在交点 2 处，假设由于偶然的原因使温度下降一些，则化学反应发生的热量就小于散失的热量，系统温度将不断下降。假设温度偶尔升高，则发热大于散热量，温度将不断升高。可见，任何温度的微小波动都会使反应离开平衡状态，因而交点 2 实际上是不稳定的平衡点。

在交点 1 处，假设温度偶然降低，则化学反应发生的热量将大于散失的热量，温度将回升到原处。假设温度偶尔升高，则散热量将大于发热量，使温度又降回到原处。因此交点 1 是稳定的平衡点，在该点混合物的温度很低，化学反应速度也很慢，是缓慢的氧化状态。

随着系统内热量的积聚，温度逐渐升高，M 曲线从左向右移动，到达 M' 位置时与 L 曲线相切，切点 i 称为着火点，相对于该点的温度 T_i 称为着火温度。i 点是稳定状态的极限位置，若容器内壁温度比 T_0 再升高一点，曲线 M' 就移到 M'' 的位置，曲线 L 和 M'' 就没有交点。这时发热量总是大于散热量，温度不断升高，反应不断加速，化学反应就从稳定的、缓慢的氧化反应转变成为不稳定、激烈的燃烧。

根据以上分析可知，着火点是一个极限状态，超过这个状态便有热量积聚，使稳定的氧化反应转变为不稳定的氧化反应。着火点与系统所处的热力状况有关，即使是同一种燃气，着火温度也不是一个物理常数。

从图2-2可以看到，当可燃混合物的发热曲线不变时，如果散热加强，直线 M 斜率将增大，着火点温度将由 T_i 升高至 T_i'。

由于着火点是发热曲线与散热曲线的相切点，它必然符合以下关系：

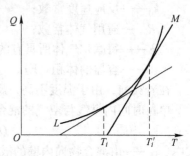

图 2-2　着火点与散热条件的关系

$$\begin{cases} Q_1 = Q_2 \\ \dfrac{\mathrm{d}Q_1}{\mathrm{d}T} = \dfrac{\mathrm{d}Q_2}{\mathrm{d}T} \end{cases}$$

令 $A = k_0 C_A^a C_B^b HV$，$B = \alpha F$，则有：

$$\begin{cases} Ae^{\frac{E}{RT}} = B(T - T_0) \\ \dfrac{AE}{RT^2} e^{-\frac{E}{RT}} = B \end{cases}$$

合并以上两式可得：

$$T^2 - \frac{E}{R}T + \frac{E}{R}T_0 = 0 \tag{2-3}$$

解此二次方程就得到相当于切点 i 的着火温度：

$$T = T_i = \frac{1 - \sqrt{1 - \dfrac{4RT_0}{E}}}{2\dfrac{R}{E}} \tag{2-4}$$

式（2-4）中根号前只取负号，因为取正号时所得着火温度将在10000K以上，实际上是不可能达到的。

将式（2-4）展开成级数，得：

$$T_i = \frac{2\left(\dfrac{RT_0}{E}\right)^1 + 2\left(\dfrac{RT_0}{E}\right)^2 + 4\left(\dfrac{RT_0}{E}\right)^3 + \cdots}{2\dfrac{R}{E}}$$

式中，$\dfrac{RT_0}{E}$ 值很小，将其大于二次方的各项略去（误差不超过 1/100）可得：

$$T_i = T_0 + \frac{R}{E}T_0^2 \tag{2-5}$$

式（2-5）确定了使可燃混合物着火的条件，并用数量关系表达出来。也就是说，可燃混合物只需从 T_0 加热，使其温度上升 $\Delta T = \dfrac{RT_0^2}{E}$，就能着火。

着火温度取决于可燃气体在空气中的浓度、混合程度、压力、燃烧室热力条件和有无催化剂作用等因素。

图 2-3 是一些燃气-空气混合物的着火温度。从图 2-3（a）中可以看出，氢的着火温度随着混合物中氢含量的增加而上升；一氧化碳的最低着火温度出现于混合物中一氧化碳含量为 20% 的时候。从图 2-3（b）中可以看到几种碳氢化合物的着火温度，除了甲烷以外，其余几种的着火温度都是随着它们在混合物中的含量增加而降低的。工程上用的着火温度应由实验确定，表 2-1 为一些燃气的最低着火温度和着火浓度范围。

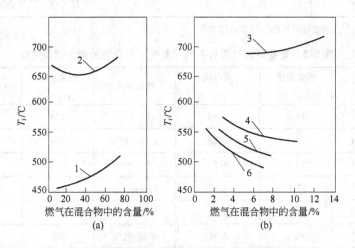

图 2-3　着火温度和可燃混合物组成的关系

（a）氢和一氧化碳；（b）碳氢化合物

1—氢；2—一氧化碳；3—甲烷；4—乙烷；5—丙烷；6—丁烷

2.1.1.2　燃烧速度

燃烧速度也称为正常火焰传播速度，它反映了单位时间内在焰面上消耗的可燃气体的量，常用来表示燃气燃烧的快慢。它指火焰从垂直于燃烧火焰面方向向未燃气体方向的传播速度。实际上，燃烧速度的影响因素很多，目前尚不能用精确的理论公式来计算火焰传播速度。常见的各种可燃气体的最大燃烧速度见表 2-2。

表 2-1　某些燃气的最低着火温度和着火浓度范围

气体名称	最低着火温度/℃	燃气着火的浓度范围/%	
		下　限	上　限
氢	400	4.0	75.9
一氧化碳	605	12.5	74.2
甲烷	540	4.6	14.6
乙烷	515	2.9	13
丙烷	450	2.1	9.5
乙炔	330	2.5	80.0
丁烯	385	1.6	10.0
硫化氢	270	4.3	45.5
高炉煤气	700~800	4.6	68.0
焦炉煤气	650~750	6.0	30.0
发生炉煤气	700~800	20.7	73.7
天然气	530	4.5	13.5

注：燃气着火的浓度范围的条件是常压20℃。

表 2-2　某些可燃气体与空气（氧气）混合物的最大燃烧速度

燃气种类	燃烧速度 /cm·s^{-1}	混合比 /%	燃气种类	燃烧速度 /cm·s^{-1}	混合比 /%
甲烷-空气	33.8	9.96	氢-空气	270	43.0
乙烷-空气	40.1	6.28	乙炔-空气	163	10.2
丙烷-空气	39.0	4.54	苯-空气	40.7	3.34
丁烷-空气	37.9	3.52	二硫化碳-空气	57.0	2.65
戊烷-空气	38.5	2.92	甲醇-空气	55.0	12.3
己烷-空气	38.5	2.51	甲烷-氧气	330	33.0
乙烯-空气	38.6	2.26	丙烷-氧气	360	15.1
一氧化碳-空气	45.0	51.0	一氧化碳-氧气	108	77.0
丙烯-空气	68.3	7.4	氢-氧气	890	70.0

　　应该将燃烧速度与可见火焰速度加以区分。可见火焰速度是未燃气体的流动速度与燃烧速度的和。已燃烧的气体因高温而使其体积膨胀，故可见火焰速度大都是呈加速状态的。同时，由于未燃气体的流动速度是变化的，所以可见火焰速度不是定值。在管道或风洞中，可见火焰速度很大，其值在每秒数米到每秒数百米之间，当火焰进一步加速而转为爆轰时，速度可高达 1800~2000m/s。

2.1.1.3 燃气的点火

当一微小热源放入可燃混合物中时，则贴近热源周围的一层混合物被迅速加热，并开始燃烧产生火焰，然后向混合物中其余冷的部分传播，使可燃混合物逐步着火燃烧，这种现象称为强制点火，简称点火。能够引起可燃物燃烧的热源称为点火源，主要的点火源有：明火、电火花、火星、灼热体、聚集的阳光、化学反应热及生物热。

导致可燃混合气体点燃的电火花，常见的有静电、压电陶瓷、电脉冲及电气机械造成的火花。通常电脉冲、压电陶瓷用于燃气燃烧器的点火，而爆炸的发生经常是由静电以及电气机械造成的火花引起的。

电火花能点燃可燃混合气体，是因为两极间的可燃混合气体得到了电火花的能量而使其发生化学反应。此时存在着点火所必需的能量界限，该能量称为最小点火能。最小点火能的大小随可燃混合气体的种类、组成、压力以及温度等因素的变化而变化。图2-4和表2-3所示为一些主要的可燃混合气体在常温、常压下的最小点火能。

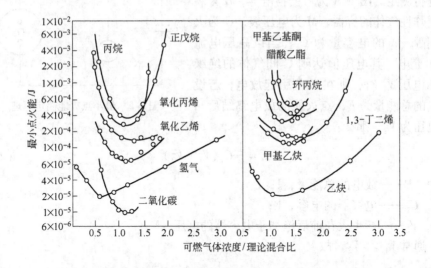

图2-4 可燃气体浓度与最小点火能的关系

表2-3 某些可燃混合气体的最小点火能

级 别	气体种类	分子式	体积分数/%	最小点火能/J
10⁻⁵J 级	氢气	H_2	29.5	1.9×10^{-5}
	乙炔	C_2H_2	7.73	1.9×10^{-5}
	乙烯	C_2H_4	6.25	9.6×10^{-5}

续表2-3

级　别	气体种类	分子式	体积分数/%	最小点火能/J
	丙炔	C_3H_4	4.79	1.52×10^{-4}
	1，3-丁二烯	C_4H_6	3.67	1.7×10^{-4}
	甲烷	CH_4	8.50	2.8×10^{-4}
	丙烯	C_3H_6	4.44	2.82×10^{-4}
10^{-4}J级	乙烷	C_2H_6	6.00	3.1×10^{-4}
	丙烷	C_3H_8	4.02	3.1×10^{-4}
	正丁烷	C_4H_{10}	3.42	3.8×10^{-4}
	苯	C_6H_6	2.71	5.5×10^{-4}
	氨	NH_3	21.80	7.7×10^{-4}
10^{-3}J级	异辛烷	C_8H_{18}	1.65	1.35×10^{-3}

最小点火能可通过图2-5所示的测定原理进行测定。图中 A 为可变蓄电池，B 为装有爆炸性气体的容器，M 为电压表，G 为火花间隙。A 的电容量为 C_1，当以高压电流向 A 充电，其电压值达到 G 间气体的绝缘破坏电压 V_1 时，则在 G 间引起放电，若设放电的总能量为 E，点火能的放电终结后 A 的电压为 V_2，那么：

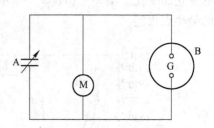

图2-5　最小点火能测定原理

$$E = \frac{1}{2}C_1(V_1^2 - V_2^2) \tag{2-6}$$

式中　E——放电的总能量，J；

　　　C_1——电容器的电容，F；

　V_1，V_2——产生火花前后施加于电容器的电压，V。

通常 $V_1 >> V_2$，故

$$E = \frac{1}{2}C_1V_1^2 \tag{2-7}$$

在测定时，使 A 的容量连续变化，依次递减或递增，便可找到引起 B 点着火的临界值，此时的 E 值便是最小点火能。图2-6是最小点火能的测试装置。

2.1.2　可燃混合气体爆炸的基础知识

2.1.2.1　爆炸的含义

爆炸是物质的一种急剧的物理、化学变化，在变化过程中伴有物质所含能量的快速释放，变为对物质本身、变化产物或者周围介质的压缩能或运动能。爆炸

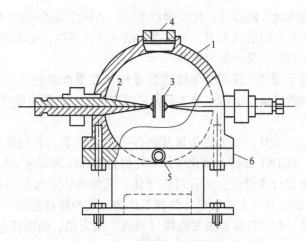

图 2-6　气体最小点火能的测试装置
1—球形容器；2—电板；3—极板；4—观察窗；5—进气口；6—底座

时物质系统压力急剧升高。一般来说爆炸具有两方面特征。

（1）爆炸的内部特征。物质系统爆炸时大量能量在有限体积内突然释放或急骤转化，并在极短时间内在有限体积中积聚，造成高温、高压，导致邻近介质压力骤然升高和随后的复杂运动。

（2）爆炸的外部特征。爆炸介质在压力作用下，表现出不寻常的移动或机械破坏效应，以及介质受震动而产生的声响效应。

一般将爆炸过程分为两个阶段：一是某种形式的能量以一定的方式转变为单物质或产物的压缩能；二是物质由压缩状态膨胀，在膨胀过程中做机械功，进而引起附近介质的变形、破坏和移动。

2.1.2.2　爆炸的分类

A　按照爆炸的性质不同分类

a　物理性爆炸

物理性爆炸是由物理变化（温度、体积和压力等）引起的，在爆炸的前后，爆炸物质的性质及化学成分均不改变，发生变化的仅仅是该介质的状态参数（如温度、压力、体积），如液化石油气、压缩天然气超压引起的储气钢瓶爆炸。可燃气体引起的物理爆炸，往往伴随化学爆炸，危害巨大。

b　化学性爆炸

化学性爆炸是由于物质发生急速的化学反应，产生高温、高压而引起的爆炸。在化学爆炸中的物质，无论是可燃物质与空气的混合物，还是爆炸性物质（如炸药），都是一种相对不稳定的系统，在外界一定强度的能量作用下，能产生剧烈的放热反应，产生高温、高压和冲击波，从而引起强烈的破坏作用，如可燃气体、可燃液体蒸气的爆炸。化学爆炸前后物质的性质和成分均发生了根本的变化，这种爆炸能直接造成火灾，具有很大的火灾危害性。化学爆炸按爆炸时所发生的化学变化的形式又可分为 4 类：

（1）简单分解爆炸。简单分解爆炸的爆炸物在爆炸时并不一定发生燃烧反应，爆炸所需的能量是由于爆炸物本身分解时产生的。这类物质受震动即可引起爆炸，较为危险。

（2）复杂分解爆炸。这类物质爆炸时伴有燃烧现象，燃烧所需的氧是由本身分解产生的，如 TNT 炸药、硝化棉及烟花爆竹爆炸就属于这类爆炸。

（3）爆炸性混合物爆炸。所有可燃气体、可燃液体蒸气和可燃粉尘与空气（或氧气）组成的混合物发生的爆炸均属于此类。此种爆炸需要一定条件，如爆炸性物质的含量、氧气含量和激发能源（明火、电火花、静电放电等）。虽然爆炸性混合物爆炸的破坏力小于简单分解爆炸和复杂分解爆炸，但是由于石油化工企业产生爆炸性混合物的机会多，且不易察觉，因此，其实际危害大于其他类型的爆炸。

（4）分解爆炸性气体的爆炸。分解爆炸性气体分解时产生相当数量的热量，当物质的分解热为 80kJ/mol 以上时，在激发能源的作用下，火焰就能迅速地传播开来，其爆炸是相当激烈的。在一定压力下容易引起该种物质的分解爆炸，当压力降到某个数值时，火焰便不能传播，这个压力称为分解爆炸的临界压力。如乙炔分解爆炸的临界压力为 0.137MPa，在此压力下储存装瓶是安全的，但是若有强大的点火能源，即使在常压下也具有爆炸危险。

燃气爆炸是指短时间内发生在有限空间中，燃气化学能转化为热能形成高温高压气体膨胀，对周围物体产生压力和破坏的机械作用。燃气的爆炸属于爆炸性混合物爆炸，是可燃气体和助燃气体以适当的浓度混合，由于燃烧或爆轰波的传播而引起的。这种爆炸的过程极快，例如 $30MJ/m^3$ 的燃气与空气混合后，在 0.2s 的时间内即可完全燃烧。

B　按爆炸的瞬时燃烧速度分类

a　轻爆

物质爆炸时的燃烧速度为每秒数米，爆炸时无多大破坏力，声响也不大。如无烟火药在空气中的快速燃烧，可燃气体混合物在接近爆炸浓度上限或下限时的爆炸即属于此类。

b　爆炸

物质爆炸时的燃烧速度为每秒十几米至数百米，爆炸时能在爆炸点引起压力激增，有较大的破坏力，并伴有震耳的声响。可燃混合气体在多数情况下的爆炸，以及被压火药遇火源引起的爆炸即属于此类。高于正常燃烧速度而低于声速传播的爆炸称为爆燃。

c 爆轰

物质爆轰的燃烧速度为 1000 ~ 7000m/s。爆轰时的特点是突然引起极高压力，并产生超声速的冲击波。由于在极短时间内发生的燃烧产物急剧膨胀，像活塞一样挤压其周围气体，反应所产生的能量有一部分传给被压缩的气体层，于是形成的冲击波由它本身的能量所支持，迅速传播并能远离爆轰的发源地而独立存在，同时可引起该处的其他爆炸性气体混合物或炸药发生爆炸，从而发生一种"殉爆"现象。

2.1.2.3 可燃混合气体的爆炸极限

可燃气体和空气的混合物遇明火而引起爆炸时的可燃气体浓度范围称为爆炸极限。在这种混合物中，可燃气体的含量减少到使燃烧不能进行，即不能形成爆炸混合物时的含量，称为可燃气体的爆炸下限；而当可燃气体含量增加到某一程度，由于缺氧而无法燃烧，以至于不能形成爆炸混合物时的含量，称为爆炸上限。某些可燃气体的爆炸极限列于表 2-4 中。

表 2-4　某些可燃气体的爆炸极限（常压，20℃）

气体名称	甲烷	乙烷	乙烯	丙烷	丙烯	正丁烷	异丁烷	正戊烷	一氧化碳	氢气	硫化氢
爆炸下限/%	5.0	2.9	2.7	2.1	2.0	1.5	1.8	1.4	12.5	4.0	4.3
爆炸上限/%	15.0	13.0	34.0	9.5	11.7	8.5	8.5	8.3	74.2	75.9	45.5

A 不含氧及惰性气体燃气的爆炸极限

不含氧及惰性气体燃气的爆炸极限可按式（2-8）计算：

$$L = \frac{1}{\dfrac{\varphi_1}{L_1} + \dfrac{\varphi_2}{L_2} + \cdots + \dfrac{\varphi_n}{L_n}} \tag{2-8}$$

式中　　　　　　L——混合气体的爆炸极限；

L_1, L_2, $\cdots$, L_n——混合气体中各可燃气体的爆炸极限；

φ_1, φ_2, $\cdots$, φ_n——混合气体各可燃气体的体积分数。

B 含惰性气体的可燃混合气体的爆炸极限

当混合气体中含有惰性气体时，可将某一惰性气体成分与某一可燃气体组合起来视为混合气体中的一部分，其体积分数为二者之和，其爆炸极限可由图 2-7 和图 2-8 查得。按式（2-9）计算这种燃气的爆炸极限：

$$L = \frac{1}{\left(\dfrac{\varphi_1'}{L_1'} + \dfrac{\varphi_2'}{L_2'} + \cdots + \dfrac{\varphi_n'}{L_n'}\right) + \left(\dfrac{\varphi_1}{L_1} + \dfrac{\varphi_2}{L_2} + \cdots + \dfrac{\varphi_n}{L_n}\right)} \tag{2-9}$$

式中　　　　　L——含有惰性气体的混合气体的爆炸极限；

φ_1', φ_2', $\cdots$, φ_n'——由某一可燃气体成分与某一惰性气体成分组成的混合组

分在混合气体中的体积分数；

L'_1，L'_2，$\cdots$，L'_n——由某一可燃气体成分与某一惰性气体成分组成的混合组分在该混合比时的爆炸极限；

φ_1，φ_2，$\cdots$，φ_n——未与惰性气体组合的可燃气体成分在混合气体中的体积分数；

L_1，L_2，$\cdots$，L_n——未与惰性气体组合的可燃气体成分的爆炸极限。

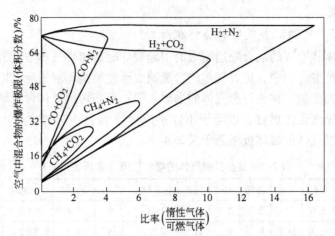

图 2-7　用氮气或二氧化碳和氢气、一氧化碳、甲烷混合时的爆炸极限

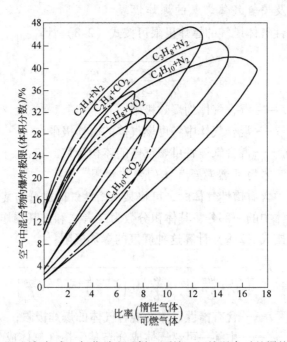

图 2-8　用氮气或二氧化碳和乙烯、丙烷、丁烷混合时的爆炸极限

对于含有惰性气体的混合气体，也可以不采用上述组合法计算爆炸极限，而采用公式修正法，修正公式为：

$$L = L^c \frac{1 + \dfrac{\varphi_N}{1 - \varphi_N}}{1 + L^c \dfrac{\varphi_N}{1 - \varphi_N}} \tag{2-10}$$

式中　L——含有惰性气体的燃气爆炸极限；

　　　L^c——该燃气的可燃基（扣除了惰性气体含量后，重新调整计算出的各燃气体积分数）的爆炸极限；

　　　φ_N——含有惰性气体的燃气中，惰性气体的体积分数。

C　含氧气的混合气体爆炸极限

当混合气体中含有氧气时，则可认为混入了空气。因此，应先扣除氧含量以及按空气的氧氮比例求得的氮含量，并重新调整混合气体中各组分的体积分数得到该混合气体的无空气基组成，再按式（2-9）计算该混合气体的无空气基爆炸极限。

对于这种含有氧气（可折算出相应的空气）的混合气体，也可以将它看为一个整体，则相应有其在空气中的爆炸极限值。一般将其称为该混合气体的整体爆炸极限，其表达式为：

$$L^T = \frac{L^{nA}}{1 - \varphi_{Air}} \tag{2-11}$$

式中　L^T——包含有空气的混合气体的整体爆炸极限；

　　　L^{nA}——该混合气体的无空气基爆炸极限；

　　　φ_{Air}——空气在该混合气体中的体积分数。

D　爆炸极限的影响因素

a　初始温度的影响

混合气体的初始温度越高，爆炸下限越低，上限越高，爆炸极限范围扩大。因为系统温度升高，分子热力学能（内能）增加，使原来不燃的混合物成为可燃、可爆系统，所以系统温度升高，爆炸危险性增加，如二甲醚在20℃、40℃、60℃时的爆炸极限分别为4.0%～16.1%、4.1%～16.5%、4.2%～20.0%。

b　氧含量的影响

混合物中氧含量增加，一般对爆炸下限影响不大，因为在下限浓度时，氧气对于燃气是过量的。由于在上限浓度时含氧量相对不足，所以增加氧含量会使氮气含量降低，散热损失减少，爆炸上限提高。

c　惰性介质及杂质的影响

如果在爆炸混合物中加入不燃烧的惰性气体，随着惰性气体所占分数的增加，爆炸极限范围则缩小，惰性气体的含量提高到一定浓度时，使混合物不能爆炸。一般情况下，惰性气体对混合物上限的影响较之对下限的影响更为显著。因为惰性气体浓度加大，可燃成分必然相对减少，将导致爆炸上限明显下降。

水等杂质的存在对气体反应影响很大，如干燥的氢氧混合物在 1000℃ 下不会自行爆炸，而少量硫化氢的加入会大大降低氢氧混合物的燃点而促使其爆炸。

d　初始压力的影响

混合物的初始压力对爆炸极限有很明显的影响，其爆炸极限的变化也较为复杂。一般来说，压力增大，爆炸极限范围也扩大，尤其是爆炸上限显著提高。这是因为系统压力增高，使分子间距减小，提高分子有效碰撞几率，使燃烧反应更加容易进行。压力降低，则爆炸极限范围缩小。当压力降到某值时，则爆炸上限与爆炸下限重合，此时对应的压力称为爆炸的临界压力。若压力降至临界压力以下，系统便不会成为爆炸系统。但也有例外，如一氧化碳-空气系统，压力越高，爆炸范围越窄。表 2-5 为压力对甲烷爆炸极限的影响。

表 2-5　压力对甲烷爆炸极限的影响

初始压力 /kgf·cm^{-2}	爆炸下限 /%	爆炸上限 /%	初始压力 /kgf·cm^{-2}	爆炸下限 /%	爆炸上限 /%
1	5.6	14.3	50	5.4	29.4
10	5.9	17.2	125	5.7	45.7

e　容器的影响

充装容器的材质、尺寸等对物质爆炸极限均有影响。实验证明，容器管径越小，爆炸极限范围越小。当直径减小到一定程度时，火焰即不能传播，这一间距称为最大灭火间距，也称临界直径。这是因为火焰经过管道时，被其表面冷却。管道尺寸越小，则单位体积火焰所对应的固体冷却表面积就越大，传出热量也越多。当通道直径小到一定值时，火焰便会熄灭，阻火器就是用此原理制成的。关于材料的影响，例如氢和氟在玻璃器皿中混合，即使处于液态空气温度下的黑暗中也会发生爆炸，而在银质器皿中，则需达到常温才能发生反应。

f　点火源

点火源的性质对爆炸极限有很大的影响。如果点火源的强度高，热表面的面积就大，点火源与混合物的接触时间长，就会使爆炸极限扩大，其爆炸危险性也随之增加。如火花的能量、热表面的面积、火源与混合物的接触时间等，对爆炸极限均有影响。如甲烷在 100V 电压、1A 电流火花作用下，无论在何种比例下均不爆炸；当电流增加到 2A 时，其爆炸极限为 5.9% ~13.6%；电流增加到 3A

时，其爆炸极限为 5.85% ~ 14.8%。

2.1.2.4 可燃混合气体的爆炸形态

气体的燃烧形态可分为预混燃烧和扩散燃烧。预混的可燃气体在空气中着火时，因为燃烧气体能自由地膨胀，火焰传播速度较慢，几乎不产生压力和爆炸声响，此情况可称为缓燃；而当燃烧速度很快时，将可能产生压力波和爆炸声，形成爆燃。在密闭容器内的可燃混合气体一旦着火，火焰便在整个容器中迅速传播，使整个容器中充满高压气体，内部压力在短时间内急剧上升，形成爆炸。当其内部压力超过初始压力的 10 倍时，会产生爆轰。爆燃和爆轰的本质区别在于：爆燃为亚声速流动，而爆轰为超声速流动。下面说明爆炸的形态变化：

一根装有可燃混合气体的管，一端或两端敞开。在敞开端点火时就能传播燃烧波，此波保持一定速度且不加速到爆轰波。这属于正常的火焰传播，也就是燃烧。

假如在密封端点燃可燃混合气体，那么就形成燃烧波，而该燃烧波能加速变成爆轰波。燃烧波加速产生爆轰波的机理为：可燃混合气体开始点燃时形成燃烧波，燃气缓燃所产生的燃烧产物的比容为未燃气的 5 ~ 15 倍，而这些已燃气相当于一个燃气活塞，通过产生的压缩波，给予火焰前面未燃燃气一个沿管流向下游的速度。由于每个前面的压缩波必然能稍稍加热未燃混合气体，因此声速增加，而随后的这些波就追上最初的波，使火焰传播速度进一步增加，于是也就进一步提高了未燃混合气体的运动速度，使未燃气体从层流运动过渡到紊流运动状态。而紊流火焰传播速度远远大于层流火焰传播速度，进一步提高了未燃气加速度和压缩波速度，因此就可以形成激波。若该波足够强，以至于依靠本身的能量就能点燃可燃混合气体，则激波后的反应将连续向前传递压缩波，此波能阻止激波峰的衰减并得到稳定的爆轰波。

爆轰波峰中的火焰状态与提供维持爆轰波所需能量的其他火焰状态相似。主要区别是爆轰波的波峰通过压缩（不通过热-热、热-质扩散）引起化学反应，并且本身能自动维持下去。另外，这种火焰能在高度压缩并已预热的气体中燃烧，而且燃烧速度极快。激波能直接引发爆轰，而明火、电火花等点火源不能引起爆轰。另外，当一个平面激波穿过一些可爆的未燃气层时，由于压缩作用，它会连续不断地引起化学反应，而在该激波后面的火焰区就像前面一样连续传递压缩波。

爆轰现象是在可燃气体处于某种组分范围内出现的，这一现象发生的时间极短，引起的压力极高，传播速度高达 2000 ~ 3000m/s。表 2-6 为一些气体爆轰浓度范围。

表 2-6　混合气体爆轰浓度范围

混合气体		爆轰浓度范围	
可燃气体	空气或氧气	下限/%	上限/%
氢气	空气	18.3	59.0
氢气	氧气	15.0	50.0
一氧化碳	氧气	38.0	90.0
乙炔	空气	50.0	81.0
乙炔	氧气	92.0	
丙烷	氧气	37.0	55.0
乙醚	空气	4.5	48.0
乙醚	氧气	24.0	82.0

　　爆轰现象不仅在混合气体中发生，只要分解热为正数，在纯物质系统中也能发生，如在臭氧、一氧化二氮及高压乙炔等物质中都能发生爆轰现象。

2.2　可燃混合气体的爆炸效应及破坏作用

　　可燃混合气体爆炸后产生的影响，因爆炸的形态和爆炸所处的环境条件不同而不同。不同的环境条件导致爆炸所放出的能量也不相同。爆炸时伴随而来的冲击波、噪声、火灾等现象，都会造成物体的破坏，碎片飞散及烧灼等有害影响。

2.2.1　可燃混合气体的爆炸特征

2.2.1.1　可燃混合物的爆燃

　　当爆炸中混合气体运动速度低于声速时，可以近似地计算出能够产生的最大压力和释放的破坏性能量。

　　爆炸是个效率很低的过程，其有效能量所占比例因爆炸条件的不同而异。对锥顶罐、扁形球罐和圆形球罐三种不同情况，其可能产生的最大压力和释放的破坏性能量如图 2-9 所示。图中（a）、（b）、（c）各罐容量均为 2831.7m³，（a）罐压力为 69kPa，（b）罐压力为 69kPa，（c）罐压力为 310kPa。

　　从图 2-9 可以看出，有较高初压的设备，爆炸时可能产生较高的最大压力。较坚固的容器破坏时需要较高的破坏压力，也就是说放出的破坏性能量较大，在爆炸所放出的能量中，用于破坏性的能量所占比例较大。像锥顶罐那样容易被破坏的容器，在达到最大压力之前很长时间就已破裂。在这种情况下，爆炸过程对于产生破坏性的能量方面基本无效。当罐内产生爆炸时，罐顶将很容易被掀起从而保护罐壁。

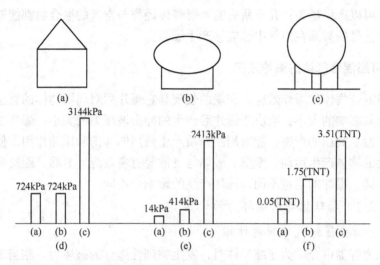

图 2-9　不同形状储罐可能产生的最大压力和释放的破坏性能量
（a）锥顶罐；（b）扁形球罐；（c）圆形球罐；（d）最大可能压力；
（e）容器破坏压力；（f）所放出的破坏性能量

2.2.1.2　可燃混合气体的爆轰

对于爆燃，有可能对其最大破坏性进行计算，结果可达到相当程度的准确性。对于爆轰，可以通过假设化学和物理两方面的平衡条件来进行。但是，当发生爆轰时，燃烧过程非常迅速，没有时间使系统达到混合和压力的均等，因此，实际情况与假设平衡状态相差很大。

爆轰性爆炸的破坏性特征有以下几点：

（1）它产生一个压力的最大值，这个压力几乎等于爆燃在同一初始条件下产生的最大压力的 20 倍；

（2）爆轰峰面以超声速传播，使得绝大部分泄压设备无效；

（3）爆轰所产生的作用不是静压力而是直接的冲击，它往往具有特别大的破坏性；

（4）爆轰冲击波的传递具有方向性，在一个容器内不同部位所受的冲击力有很大差别。

对事故的调查表明，在受到内部爆轰作用的封闭系统中，各种位置上的压力可以计算出近似值，但在爆轰性爆炸情况下，问题则非常复杂。在发生爆燃时，测量到的峰压值范围是 3~10 倍的初始压力。在爆轰性爆炸时，一般为初始压力的 20 多倍，最高可达到初始压力的 100 倍。爆轰性爆炸在与固体表面撞击时如发生反射，则在此瞬间，爆轰波峰面压力将提升为撞击前的 2 倍甚至更高。

一般认为，气体的爆轰仅限于能够迅速燃烧的混合物，如饱和烃与空气在高度扰动下可以产生爆轰；几乎所有的可燃气体烃类与空气的混合物都能够产生爆轰；可燃性烃的雾滴在空气中也能够产生爆轰。

2.2.2 可燃混合气体的爆炸效应

可燃混合气体的爆炸效应，宏观的表现是它爆炸后对周围物体的直接破坏的影响，而其影响的大小，取决于爆炸后产生的冲击波压力的大小。爆炸物在爆炸时形成高温、高压的产物，能对周围介质产生强烈的冲击和压缩作用，使与其接触或接近的物体产生运动、变形、破坏与飞散等有害效应。显然，距离爆炸中心的距离不同，爆炸的能量不同，爆炸产生的影响也不同。

2.2.2.1 物理爆炸时破坏力的计算

A 介质为压缩气体时的计算

当压力容器内介质为压缩气体时，发生物理性爆炸的破坏力，相当于该气体绝热膨胀时所做的功，可按式（2-12）进行计算：

$$F = \frac{pV}{k-1}\left[1 - \left(\frac{9.8 \times 10^4}{p}\right)^{\frac{k-1}{k}}\right] \tag{2-12}$$

式中　F——气体爆炸的破坏力，J；

　　　p——气体的压力(绝压)，Pa；

　　　V——容器的容积，m^3；

　　　k——气体的绝热指数，常用气体的 k 值见表 2-7。

表 2-7　常用气体的绝热指数

物　质	k	物　质	k
空气	1.400	氰化氢	1.310
氮气	1.400	硫化氢	1.320
氧气	1.397	二氧化硫	1.250
氢气	1.412	氯气	1.350
甲烷	1.315	氨	1.320
乙烷	1.180	氯甲烷	1.280
丙烷	1.130	氟利昂-11	1.135
正丁烷	1.100	氟利昂-12	1.138
乙烯	1.220	氟利昂-13	1.150
丙烯	1.150	氟利昂-21	1.120
一氧化碳	1.395	氟利昂-22	1.194
二氧化碳	1.295	氟利昂-114	1.092
一氧化氮	1.400	氯乙烷	1.190
一氧化二氮	1.274	过热蒸汽	1.300
二氧化氢	1.310	干饱和蒸汽	1.135

B 介质全部为液体时的计算

通常用液体加压时所做的功作为常温液体压力容器爆炸时释放的能量，计算公式如下：

$$W = (p-1)^2 V \beta_t / 2 \qquad (2-13)$$

式中　W——常温液体压力容器爆炸时释放的能量，J；

　　　p——液体压力（绝压），Pa；

　　　V——容器容积，m^3；

　　　β_t——液体在压力 p 和温度 t 下的压缩系数，Pa^{-1}。

C 高温饱和蒸汽的爆炸

压力容器中介质除含有气体，还含有高温饱和水时，发生物理爆炸时的破坏力，相当于气体膨胀做的功（W_1）与高温饱和水的膨胀功（W_2）之和。高温饱和水绝热膨胀时所做的功按式（2-14）计算：

$$W_2 = \left[(H-418) - (S-1.3039) \times 373 \right] m_W \qquad (2-14)$$

式中　W_2——高温饱和水绝热膨胀时所做的功，kJ；

　　　H——在容器内压力下的高温饱和水的焓，kJ/kg；

　　　S——在容器内压力下的高温饱和水的熵，kJ/(kg·K)；

　　　m_W——容器内高温饱和水的质量，kg。

2.2.2.2 化学爆炸时破坏力的计算

A 按可燃混合物反应热计算温度、压力

理论上的爆炸最高温度可根据反应热计算，现以乙醚为例说明如下。

先列出燃烧的反应式：

$$C_4H_{10}O + 6O_2 + 22.6N_2 = 4CO_2 + 5H_2O + 22.6N_2$$

反应式中氮量按空气中 N_2：$O_2 = 79$：21 的比例确定，所以 $6 O_2$ 对应的 N_2 量为 $6 \times 79/21 = 22.6$，由反应方程式可见，爆炸前的分子数为 29.6，爆炸后的分子数为 31.6。

求燃烧产物的热容：

$$C_{N_2} = 22.6 \times (20.09 + 0.00188t) = 454.26 + 0.04257t$$

$$C_{H_2O} = 5 \times (16.74 + 0.0090t) = 83.5 + 0.0450t$$

$$C_{CO_2} = 4 \times (37.67 + 0.00243t) = 150.8 + 0.00972t$$

式中　C_{N_2}——N_2 的摩尔热容，kJ/(kg·mol)；

　　　C_{H_2O}——H_2O 的摩尔热容，kJ/(kg·mol)；

　　　C_{CO_2}——CO_2 的摩尔热容，kJ/(kg·mol)。

这里的热容为定容热容，符合密闭容器中爆炸的情况，其他物质的热容值见表2-8。

表 2-8　气体定容热容计算式

气体名称	热容/kJ·(kg·K)$^{-1}$
单原子气体	20.85
双原子气体	$20.09 + 0.00188t$
CO_2、SO_2	$37.67 + 0.00243t$
H_2O、H_2S	$16.74 + 0.0090t$
四原子气体	$41.86 + 0.00188t$
五原子气体	$50.23 + 0.00188t$

乙醚的燃烧热为 2.72×10^6 kJ/kmol，因爆炸是在绝热情况下进行的，故可以认为燃烧热全部用于加热燃烧产物，也就是等于燃烧产物热容与温度的乘积，即：

$$2.72 \times 10^6 = (688.51 + 0.09728t)t$$

解上式得爆炸最高温度为：

$$t_{最高} = 2826℃$$

该计算是将原始温度视为 0℃，但因最高温度非常高，故正常室温虽高于 0℃，但对计算结果的准确性无显著影响。

爆炸的最大压力，可以根据最高温度用下式求出：

$$p_{最大} = T_{最高}p_0n/(T_0m) \tag{2-15}$$
$$T_{最高} = p_{最大}T_0n/(p_0m) \tag{2-16}$$

式中　p_0, $p_{最大}$——分别为原始压力与爆炸最大压力，Pa；

　　　T_0, $T_{最高}$——分别为原始温度与爆炸最高温度，K；

　　　m, n——分别为爆炸前与爆炸后的气体分子数。

将 $p_0 = 1.01325 \times 10^5 Pa$ 代入式（2-15），求得最大压力：

$$p_{最大} = 1.22 \times 10^6 Pa$$

上述计算中没有考虑热损失，仅按理论的空气量计算，也可做近似计算：

$$p_{最大} = p_0(t_{最高} - t_0)/273 + p_0$$

可以求得：

$$p_{最大} = 1.157 \times 10^6 Pa$$

B　根据反应前后混合物热力学能（内能）计算压力

爆炸混合物的爆炸温度和压力，也可根据气体的热力学能（内能）进行计算。例如，计算甲烷的爆炸温度与压力，先列出燃烧反应方程式：

$$CH_4 + 2O_2 + 7.52N_2 \Longrightarrow CO_2 + 2H_2O + 7.52N_2$$

已知甲烷的燃烧热为 882.58kJ/mol，设原始温度为 300K，则可计算出燃烧前反应物的热力学能（内能）总和为：

$$\sum U_1 = 68.73 kJ$$

甲烷、氧气、氮气在300K时的热力学能（内能），见表2-9。

表2-9 某些气体在不同温度下的热力学能（内能）（kJ/mol）

温度/K	H_2	O_2	N_2	CO_2	H_2O
300	6.03	6.24	6.24	6.95	7.49
400	8.12	8.37	8.29	10.05	10.09
600	12.31	12.93	12.60	17.33	15.11
800	16.53	17.87	17.08	25.58	21.22
1000	20.85	23.06	21.85	34.53	27.54
1400	29.93	33.99	32.02	53.58	39.43
1800	39.68	45.21	42.70	74.09	57.35
2200	48.98	57.35	54.00	95.02	74.09
2400	55.26	63.21	59.44	105.49	82.88
2600	60.70	69.49	65.30	116.37	91.67
2800	66.56	75.35	70.74	127.25	100.88
3000	72.00	81.63	76.60	138.14	110.09
3200	77.86	88.32	82.46	149.02	119.72

则燃烧反应产物的热力学能（内能）总和为：

$$\sum U_2 = 882.58 + 68.73 = 951.31 kJ$$

采用试探法，先取3000K为燃烧后的温度，则燃烧产物在3000K时的热力学能（内能）总和为：$\sum U_2 = 934.32 kJ$。此值小于951.31K，因此推知燃烧温度一定高于3000K，再取3200K为燃烧后的温度，得全部热力学能（内能）为1007.99kJ，用补差法确定真正的爆炸温度为：$T = 3046K$，$t = 3046 - 273 = 2773℃$。

以上是按完全燃烧的反应式进行计算的，所得温度应为最高爆炸温度。

爆炸的最大压力可以根据爆炸温度求得：

$$p_{最大} = \frac{T_{最高}}{T_0} p_0 \frac{n}{m} = \frac{3046}{300} \times 10^5 \times \frac{10.52}{10.52} = 10.1 \times 10^5 Pa$$

C 可燃混合物爆炸力的计算

a 根据燃烧热计算爆炸威力

当压力容器内部或外部可燃气体与氧化剂进行剧烈的化学反应，导致化学性爆炸时的破坏力，可按式（2-17）进行计算：

$$F_W = VH \tag{2-17}$$

式中 F_W——化学性爆炸时的爆炸功，kJ；

  V——参与反应的可燃气体的体积，m^3；

  H——可燃气体的高热值，kJ/m^3。

 b 通过冲击波能量估算爆炸威力

通过冲击波的气浪压力（正压）强度可以估算爆炸威力，其体现在对人的伤害程度和建（构）筑物的破坏程度上，具体划分方法可见表 2-10 和表 2-11。

表 2-10 冲击波对人员的伤害程度

强度/kPa	伤害程度	强度/kPa	伤害程度
20 ~ 30	轻伤	50 ~ 100	重伤或死亡
30 ~ 50	中等伤	100 以上	大部分死亡

表 2-11 冲击波压力与破坏效应

冲击波压力/$kgf \cdot cm^{-2}$	冲击波的破坏效应
0.002	某些大的椭圆形玻璃窗破裂
0.003	产生喷气式飞机的冲击音
0.007	某些小的椭圆形玻璃窗破裂
0.010	窗玻璃全部破裂
0.020	有冲击碎片飞出
0.030	民用住房轻微损坏
0.050	窗户外框损坏
0.060	屋基受到损坏
0.080	树木折枝、房屋需修理才能居住
0.100	承重墙破坏、屋基向上错动
0.150	屋基破坏、30% 的树木倾倒、动物耳膜破坏
0.200	90% 的树木倾倒、钢筋混凝土柱扭曲
0.300	油罐开裂、钢柱倒塌、木柱折断
0.500	货车倾覆、墙大裂缝，屋瓦掉落
0.700	砖墙全部破坏
1.000	油罐压坏、房屋倒塌
2.000	大型钢架结构破坏

　c　根据相似法则做气浪压力的计算

冲击波的气浪压力 p 与距爆炸中心距离的 $-n$ 次幂（n 为衰减系数）成正比关系。

衰减系数在空气中随着气浪压力的大小变化而变化，在爆炸中心附近内 $n = 2.5 \sim 3.0$；当气浪压力在数个大气压内时 $n = 2.0$，小于 1 个大气压时 $n = 1.5$，更小时 $n = 1.0 \sim 1.2$。

各种不同的爆炸能量在各种不同距离所产生的气浪压力可按式（2-18）计算：

$$R''/R' = (u''/u')^{1/3} \qquad (2-18)$$

式中　R'——破坏物与基准爆炸中心的距离，m；

　　　R''——破坏物与爆炸中心距离，m；

　　　u'——基准爆炸能量的 TNT 当量，kg；

　　　u''——爆炸时产生冲击波所耗能量的 TNT 当量，kg。

由燃气泄漏所形成的蒸气云爆炸的能量常采用 TNT 当量法进行计算。1000kgTNT 在空气中爆炸时，在与爆炸中心不同距离所产生的冲击波超压见表2-12。1000kgTNT 在空气中爆炸时产生的峰压推算距离见表2-13。地面爆炸时，一般气浪压力取空气中爆炸的 2 倍。

表 2-12　1000kg TNT 在空气中爆炸时产生的冲击波超压

距离/m	5	6	7	8	9	10	12	14	16	18	20
超压/kPa	3000	2100	1700	1300	970	780	510	340	240	174	129
距离/m	25	30	35	40	45	50	55	60	65	70	75
超压/kPa	81	59	44	34	28	24	21	18	16	15	13

表 2-13　1000kg TNT 在空气中爆炸时产生的峰压推算距离

峰压/kPa	1	3	5	7.5	10
距离/m	201	166	144	109	90

2.2.3　可燃混合气体爆炸的破坏作用

爆炸常伴随发热、发光、压力升高、真空及电离等现象，具有很大的破坏作用。它与爆炸物的数量、性质、爆炸时的条件以及爆炸位置等因素有关，主要的破坏力形式有震荡作用、冲击波、碎片冲击、造成火灾等几种。

2.2.3.1　震荡作用

在爆炸破坏作用范围内，有一个能使物体震荡、使之松散的力量。

2.2.3.2　冲击波

冲击波是由压缩波叠加形成的,是波阵面以突跃形式在介质中传播的压缩波。它在传播中使介质状态发生突跃变化。其传播速度大于扰动介质的声速,速度大小取决于波的强度。爆炸冲击波最初出现正压力,随后又出现负压力。爆炸物的量与冲击波成正比,而冲击波压力与距离成反比。

在离爆炸中心一定距离的地方,空气压力随时间发生迅速而悬殊的变化。压力突然升高然后降低,反复循环数次渐次衰减下去。开始产生最大正压力即为冲击波波阵面上的超压。多数情况下,冲击波的破坏作用是由超压引起的,其可以达到数个至数十个大气压,其破坏作用见表2-11。

冲击波波阵面上的超压与产生冲击波的能量有关。在其他条件相同的情况下,气体爆炸能量越大,冲击波强度越大,波阵面上的超压也越大。爆炸气体产生的冲击波是立体冲击波,它以爆炸点为中心,以球面向外扩展传播,随半径增大,波阵表面积增大,超压逐渐减弱,最后当 $\Delta p = 0$ 时,冲击波变成声波。

冲击波压力除了对建筑物造成破坏之外还会直接对超压波及范围内的人身安全造成威胁。如冲击波超压大于0.1MPa时,大部分人员会死亡;0.05~0.1MPa的超压可以使人体的内脏严重损伤或死亡;0.04~0.05MPa的超压会损伤人的听觉器官或产生骨折;超压在0.02~0.03 MPa时也可以使人体轻微损伤;只有当超压小于0.02MPa时,人员才是安全的。

2.2.3.3　碎片冲击

压力容器破裂时,气体高速喷出的反作用力可以把整个容器壳体向爆裂的反方向推出,有些壳体可能破裂成大小不等的碎块或碎片向四周飞散。其他爆炸情况出现时,周围物体在爆炸力的作用下,同样会被破坏并飞散出去。这些具有较高速度和较大质量的碎片,在飞出的过程中具有很大的动能,因而造成的危害是很大的。碎片对人体或物体的伤害程度主要取决于它的动能。据研究,碎片击中人体时,如果它的动能在26N·m以上,便可致外伤;动能达到60N·m以上时,可导致骨部轻伤;超过200N·m时,可造成骨部重伤。碎片所具有的动能可以计算,它与碎片的质量和速度有关。

2.2.3.4　造成火灾

爆炸气体扩散通常在爆炸瞬间完成,对一般可燃物来说,不至于造成火灾,且冲击波尚有灭火作用,但爆炸的余热或残余火种会点燃破损设备内不断散逸出来的可燃气体或易燃、可燃液体蒸气而造成火灾。如液化气储罐一旦破裂,在容器外将发生二次爆炸,将容器内全部液化气烧掉。爆炸产生的热量使燃烧产物(水蒸气、二氧化碳)及空气中的氮气升温膨胀,形成体积巨大的高温气团,使周围形成一片燃烧区。

2.3 燃气防火防爆措施

2.3.1 火灾爆炸的成因及预防

2.3.1.1 火灾发生的条件

从前面的知识我们已经知道，燃烧是有条件的，它必须是可燃物、助燃物和点火源这三个基本条件同时存在并且相互作用才能发生。

A 燃烧的条件

a 可燃物

物质被分成可燃物、难燃物和不可燃物三类。一般来说，可燃物是指在火源作用下能被点燃，并且移去火源后能继续燃烧，直到燃尽的物质，如汽油、木材、纸张等。难燃物是指在火源作用下能被点燃，当火源移去后不能继续燃烧的物质，如聚氯乙烯等。不可燃物是指在正常情况下不会被点燃的物质，如钢筋、水泥、砖、石等。可燃物是防爆与防火的主要研究对象。可燃物的种类繁多，按其组成可分为无机可燃物和有机可燃物两大类。其中，绝大部分可燃物是有机物，小部分是无机物。按常温状态来分，可燃物又可分为气态、液态和固态三类，一般是气体较易燃烧，其次是液体，再次是固体。不同状态的同一种物质燃烧性能是不同的，同一状态而组成不同的物质其燃烧能力也是不同的。

在一定条件下，可燃物只有达到一定的含量，燃烧才会发生。例如在同样温度（20℃）下，用明火瞬间接触汽油和煤油时，汽油会立刻燃烧而煤油则不会燃烧。这是因为汽油的蒸气量已经达到了燃烧所需的浓度量，而煤油蒸气量没有达到燃烧所需的浓度量。由于煤油的蒸发量不够，虽有足够的空气（氧气）和点火源的作用，也不会发生燃烧。

b 助燃物

人们常常又把助燃物称为氧化剂。氧化剂的种类很多，氧气是一种最常见的氧化剂，它存在于空气中，所以一般可燃物在空气中均能燃烧。此外，一些物质的分子中含氧较多，当受到光、热或摩擦、撞击等作用时，都能发生分解放出氧气，使可燃物氧化燃烧，如氯、氟、溴、碘以及硝酸盐、氯酸盐、高锰酸盐、过氧化氢（双氧水）等，都是氧化剂。

要使可燃物燃烧，或使可燃物不间断地燃烧，必须供给足够的空气（氧气），否则燃烧不能持续进行。实验证明，氧气在空气中的浓度降低到14%~18%时，一般的可燃物就不会燃烧了。

c 点火源

点火源是指具有一定能量，能够引起可燃物燃烧的能源，有时也称着火源或火源。点火源这一燃烧条件的实质是提供一个初始能量，在这一能量的激发下，使可燃物与氧气发生剧烈的氧化反应，引起燃烧。

可燃物、助燃物和点火源是构成燃烧的三个要素，缺一不可。但仅仅有这三个条件还不够，还要有"量"这方面的条件，如可燃物的数量不够、助燃物不足或点火源的能量不够大，燃烧也不能发生。

要使可燃物发生燃烧，点火源必须具有能引起可燃物燃烧的最小着火能量。对不同的可燃物来说，这个最小着火能量也不同。如一根火柴可点燃一张纸而不能点燃一块木头，又如电气焊火花可以将达到一定浓度的可燃气与空气的混合气体引燃爆炸，但却不能将木块、煤块引燃。

总之，要使可燃物发生燃烧，不仅要同时具有三个基本条件，而且每一个条件都必须具有一定的"量"，并彼此相互作用。缺少其中任何一个，燃烧便不会发生。火灾发生的条件实质上就是燃烧的条件，一切防火与灭火的基本原理就是防止燃烧的三要素同时存在。

B　火灾发展的阶段

通过对大量的火灾事故的研究分析得出，一般火灾事故的发展过程可分为4个阶段，即初期阶段、发展阶段、猛烈阶段和衰灭阶段。

（1）初期阶段。初期阶段是指物质在起火后的十几秒里，可燃物质在着火源的作用下析出或分解出可燃气体，发生冒烟、阴燃等火灾苗头，燃烧面积不大，用较少的人力和应急的灭火器材就能将火控制住或扑灭。

（2）发展阶段。在这个阶段，火苗蹿起，燃烧面积扩大，燃烧速度加快，需要投入较多的力量和灭火器才能将火扑灭。

（3）猛烈阶段。在这个阶段，火焰包围所有可燃物质，使燃烧面积达到最大限度。此时，温度急剧上升，气流加剧，并放出强大的辐射热，是火灾最难扑救的阶段。

（4）衰灭阶段。在这个阶段，可燃物逐渐烧完或灭火措施奏效，火势逐渐衰落，最终熄灭。

从火势发展的过程来看，初期阶段易于控制和消灭，所以要千方百计抓住这个有利时机，扑灭初期火灾。如果错过了初期阶段再去扑救，就会付出很大的代价，造成严重的损失和危害。

2.3.1.2　火灾与爆炸事故

A　火灾及其分类

凡是在时间或空间上失去控制的燃烧所造成的灾害，都叫火灾。

a　国家标准对火灾的分类

在国家技术标准《火灾分类》（GB 4968—2008）中，根据物质燃烧特性将火灾分为六类：

（1）A类火灾。固体物质火灾，如木材、棉、毛、麻、纸张火灾等。

（2）B类火灾。液体火灾和可熔化的固体物质的火灾，如汽油、煤油、柴油、乙醇、沥青、石蜡火灾等。

（3）C类火灾。气体火灾，如燃气、甲烷、乙烷、氢气火灾等。

（4）D类火灾。金属火灾，如铝合金火灾等。

（5）E类火灾。带电火灾，如物体带电燃烧的火灾。

（6）F类火灾。烹饪器具内的烹饪物（如动物油脂）火灾。

b 按一次火灾事故损失划分火灾等级

按一次火灾事故损失的严重程度，将火灾等级划分为三类。

（1）具有下列情形之一的火灾为特大火灾：死亡10人以上（含本数，下同），重伤20人以上，死亡、重伤20人以上，受灾户50户以上，直接财产损失100万元以上。

（2）具有下列情形之一的火灾为重大火灾：死亡3人以上，重伤10人以上，死亡、重伤10人以上，受灾户30户以上，直接财产损失30万元以上。

（3）不具有前两项情形的火灾为一般火灾。

B 爆炸事故及其特点

a 常见爆炸事故类型

（1）气体分解爆炸；

（2）粉尘爆炸；

（3）危险性混合物的爆炸；

（4）蒸气爆炸；

（5）雾滴爆炸；

（6）爆炸性化合物的爆炸。

b 爆炸事故的特点

（1）严重性。爆炸事故的破坏性大，往往是摧毁性的，造成惨重损失。

（2）突发性。爆炸往往在瞬间发生，难以预料。

（3）复杂性。爆炸事故发生的原因、灾害范围及后果各异，相差悬殊。

C 冲击波的破坏能量计算

爆炸事故的破坏作用有冲击波破坏和灼烧破坏，由于爆炸而飞散的固体碎片容易砸伤人员或损坏物体，爆炸还可能形成地震波的破坏等。其中冲击波的破坏最为主要，作用也最大。

以丙烷（C_3H_8）为例，喷泻出的液化石油气质量为 W kg，可以近似的用式（2-19）计算燃烧后的高温混合气体，以半球状向外扩散的半径 R 为：

$$R = 3.9W^{\frac{1}{3}}$$

（2-19）

根据式（2-19）计算 50kg 装液化石油气钢瓶爆炸燃烧时，其燃烧范围至少可达 28m 的半球区。

利用经验公式来估算爆炸产生的冲击波能量，按式（2-20）估算：

$$U = \left(\frac{R}{C_0} \right)^3 \qquad (2-20)$$

式中　U——爆炸时产生冲击波能量的 TNT 当量，kg；

　　　R——破坏物与爆炸中心的距离，m；

　　　C_0——计算产生冲击波能量的系数，查表 2-14。

若距爆炸中心 50m 的房屋玻璃完全破损，查表 2-14 得系数 C_0 值为 8.0，根据式（2-20），计算产生的冲击波能量可相当于 244kg TNT。由此可见，爆炸一旦产生，其危害性相当巨大。由于引起爆炸起火的点火能只有约 0.1~0.3mJ，加之液化石油气爆炸下限相比其他燃气偏低，因此，解决好这类问题十分不易。

表 2-14　计算产生冲击波能量的系数 C_0 值

破坏情况	C_0 值	破坏情况	C_0 值
厚 H 的砖墙破口	$0.4/H^{1/2}$	窗栏、门、板壁破坏	2.8
厚 H 的砖墙建筑物裂缝和崩落	$0.6/H^{1/2}$	窗框中的玻璃完全破坏	8.0
木板墙破坏	0.7		

D　火灾与爆炸事故的关系

一般情况下，火灾起火后火势逐渐蔓延扩大，随着时间的增加，损失急剧增加。对于火灾来说，初期的救火尚有意义，而爆炸则是突发性的，在大多数情况下，爆炸过程在瞬间完成，人员伤亡及物质损失也在瞬间造成。火灾可能引发爆炸，因为火灾中的明火及高温能引起易燃物爆炸。如液化石油气储罐泄漏遇明火发生火灾，不能及时扑灭，将导致储罐被急剧加热，引发液化石油气储罐爆炸；一些在常温下不会爆炸的物质，如乙酸，在火场的高温下有变成爆炸物的可能。爆炸也可以引发火灾，爆炸抛出的易燃物可能引起大面积火灾，如密封的燃料油罐爆炸后由于油品的外泄引起火灾。因此，发生火灾时，要防止火灾转化为爆炸；发生爆炸时，要考虑到爆炸引发火灾的可能，及时采取防范抢救措施。

2.3.1.3　预防火灾与爆炸事故的基本措施

预防事故发生，限制灾害范围，消灭火灾，撤至安全地点是防火防爆的基本原则。根据火灾、爆炸的原因，一般可以从两方面加以预防。

A　火源的控制与消除

引起火灾的着火源一般有明火、冲击与摩擦、热射线、高温表面、电气火花及静电火花等，严格控制这类火源的使用范围，对于防火防爆是十分必要的。

a　明火

明火主要是指生产过程中的加热用火、维修焊割用火及其他火源。明火是引起火灾与爆炸最常见的原因，一般从以下几方面加以控制。

（1）加热用火的控制。加热易燃物料时，要尽量避免采用明火而采用蒸汽或其他载热体加热。明火加热设备的布置，应远离可能泄漏易燃液体或蒸汽的工艺设备和储罐区，并应布置在其上风向或侧风向。如果存在多个明火设备，应将其集中布置在装置的边缘，并有一定的安全距离。

（2）维修焊割用火的控制。焊接切割时，飞散的火花及金属熔融温度高达2000℃左右，高空作业时飞散距离可达20m远。此类用火除停工、检修外，还往往被用于生产过程中临时堵漏，所以这类作业多为临时性的，容易成为起火原因，使用时必须注意。在输送、盛装易燃物料的设备与管道上，或在可燃可爆区域应将系统和环境进行彻底的清洗或清理；动火现场应配备必要的消防器材，并将可燃物品清理干净；气焊作业时，应将乙炔发生器放置于安全地点，以防止爆炸伤人或将易燃物引燃；电焊线破损应及时更换或修理，不得利用与易燃易爆生产设备有关的金属构件作为电焊地线，以防止在电路接触不良的地方产生高温或电火花。

（3）其他明火的控制。用明火熬炼沥青、石蜡等固体可燃物时，应选择在安全地点进行；禁止在有火灾爆炸危险的场所吸烟；为防止汽车、拖拉机等机动车排气管喷火，可在排气管上安装防火帽，应严禁电瓶车进入可燃、可爆区。

b 冲击与摩擦产生火花的控制

机器中轴承等转动的摩擦、铁器的相互撞击或铁制工具打击混凝土地面等都可能发生火花。因此，对轴承要保持良好的润滑；危险场所要用铜制工具替代铁器；在搬运盛有可燃气体或易燃液体的金属容器时，不要抛掷，要防止互相撞击，以免产生火花；在易燃易爆车间，地面要采用撞击时不会产生火花的材质铺成，不准穿带钉子的鞋进入车间。

c 热射线起火的控制

红外线有促进化学反应的作用。红外线虽肉眼看不到，但长时间局部加热也会使可燃物起火。直射阳光通过凸透镜、圆形烧瓶会发生聚焦作用，其焦点可成为火源。所以遇阳光曝晒有火灾爆炸危险的物品时，应采取避光措施，为避免热辐射，可采用喷水降温、将门窗玻璃涂上白漆或采用磨砂玻璃等措施。

d 高温表面起火的控制

高温表面要防止易燃物质与高温的设备、管道表面接触。高温物体表面要有隔热保温措施，可燃物料的排放口应远离高温表面，禁止在高温表面烘烤衣物，还要注意经常清洗高温表面的油污，以防止它们分解自燃。

e 电器火花的控制

电器火花分高压电的火花放电、短时间的弧光放电和接点上的微弱火花。电火花引起的火灾爆炸事故发生率很高，所以对电器设备及其配件，要认真选择防爆类型并仔细安装，特别注意对电动机、电缆、电缆沟、电器照明、电器线路的使用、维护及检修。

f　静电火花的控制

静电火花在一定条件下，两种不同物质相互接触、摩擦就可能产生静电，比如生产中的挤压、切割、搅拌、流动以及生活中的起立、脱衣服等都会产生静电。静电能量以火花形式放出，则可能引起火灾爆炸事故。消除静电的方法有两种：（1）抑制静电的产生；（2）迅速把产生的静电排出。

B　爆炸控制

爆炸造成的后果大多非常严重，科学防爆是非常重要的一项工作。防止爆炸的主要措施包括4个方面。

a　惰性介质保护

化工生产中，采取的惰性气体主要有氮气、二氧化碳、水蒸气及烟道气等。需考虑采用惰性介质保护易燃固体物质的粉碎、筛选处理及其粉末输送时，采用惰性气体进行覆盖保护；处理可燃易爆的物料系统，在进料前用惰性气体进行置换，以排除系统中原有的气体，防止形成爆炸性混合物。将惰性气体通过管线与有火灾爆炸危险的设备、储槽等连接起来，在万一发生危险时使用；易燃液体利用惰性气体充压输送；在有爆炸性危险的生产场所，对有可能引起火灾危险的电器、仪表等采用充氮气保护；易燃、易爆系统检修动火前，使用惰性气体进行吹扫置换；发现易燃、易爆气体泄漏时，采用惰性气体（也可用水蒸气）冲淡，用惰性气体进行灭火。

b　系统密闭

为了保证系统的密闭性，对危险型设备及系统应尽量采用焊接接头，少用法兰连接，为防止有毒或爆炸性危险气体向容器外逸散，可以采用负压操作系统，对于在负压下生产的设备，应防止吸入空气。根据工艺温度、压力和介质的要求，选用不同的密封垫圈，特别注意检测试漏，设备系统投产前和大修后开车前应结合水压试验，用压缩氮气或压缩空气做气密性检验，如有泄漏应采取相应的防泄漏措施；要注意平时的维修保养，发现配件、填料破损要及时维修或更换，发现法兰螺丝变松要设法紧固。

c　通风置换

通过通风置换可以有效地防止易燃、易爆气体积聚而达到爆炸极限。通风换气次数要有保障，自然通风不足的要加设机械通风。排除含有燃烧爆炸危险物质的粉尘的排风系统，应采用不产生火花的除尘器。含有爆炸性粉尘的空气在进入风机前，应进行净化处理。

d 安装爆炸遏制系统

爆炸遏制系统由能检测出初始爆炸的传感器和压力式的灭火剂罐组成，灭火剂罐通过传感装置动作，在尽可能短的时间里，把灭火剂均匀地喷射到需要保护的容器里，使爆炸燃烧被扑灭，从而阻止爆炸的发生。在爆炸遏制系统里，爆炸燃烧能被自行检测，并在停电后的一定时间里仍能继续进行工作。

2.3.2 防火、防爆安全设施

引发火灾、爆炸事故的因素很多，一旦发生事故，往往后果极为严重。为了确保安全生产，首先必须做好预防工作，消除可能引起燃烧爆炸的危险因素。本节主要介绍防火、防爆安全设施，具体的消防措施将在第4章中具体阐述。

2.3.2.1 阻火装置

阻火装置的作用是防止火焰窜入设备、容器与管道内，或阻止火焰在设备和管道内扩展。常见的阻火设备包括安全液（水）封、水封井、阻火器和单向阀。

（1）安全液封。安全液封一般装设在气体管线与生产设备之间，以水作为阻火介质。其作用原理是由于液封中装有不燃液体，无论在液封的两侧中哪一侧着火，火焰至液封即被熄灭，从而阻止火势的蔓延。

（2）水封井。水封井是安全液封的一种，一般设置在含有可燃气体或油污的排污管道上，以防止燃烧爆炸沿排污管道蔓延，其高度一般在250mm以上。

（3）阻火器。燃烧开始后，火焰在管中的蔓延速度随着管径的减小而减小。当管径小到某个极限值时，管壁的热损失大于反应热，火焰就不能传播，从而使火焰熄灭，这就是阻火器的原理。在管路上连接一个内装金属网或砾石的圆筒，则可以阻止火焰从圆筒的一端蔓延到另一端。

（4）单向阀。单向阀又称止逆阀、止回阀，是仅允许流体向一定方向运动，防止其反向窜入未燃低压部分，引起管道、容器及设备爆裂，如液化石油气的气瓶上的调压阀就是一种单向阀。

2.3.2.2 火灾自动报警装置

火灾自动报警装置的作用是将感烟、感温、感光等火灾探测器接收到的火灾信号，用灯光显示出火灾发生的部位并发出报警声，提醒人们尽早采取灭火措施。火灾自动报警装置主要由检测器、探测器和探头组成，按其结构的不同，大致可分为感温报警器、感光报警器、感烟报警器和可燃气体报警器。如某个房间出现火情，既能在该层的区域报警器上显示出来，又可在总值班室的中心报警器上显示出来，以便及早采取措施，避免火势蔓延。

（1）感温报警器。感温报警器是一种利用起火时产生的热量，使报警器中的感温元件发生物理变化，作用于警报装置而发出警报的报警器。此种报警器种类繁多，可按其敏感元件的不同分为定温式、差温式和差定组合式三类。

（2）感光报警器。感光报警器是利用火焰辐射出来的红外、紫外及可见光探测元件接收火焰的闪动辐射后，随之产生出电信号来报警的报警装置。该报警器能检测瞬间燃烧的火焰，适用于输油管道、燃料仓库、石油化工装置等。

（3）感烟报警器。感烟报警器是利用着火前或着火时产生的烟尘颗粒进行报警的报警装置。它主要用来探测可见或不可见的燃烧产物，尤其适用于阴燃阶段，产生大量的烟和少量的热，很少或没有火焰辐射的初期火灾。

（4）可燃气体报警器。可燃气体报警器主要用来检测可燃气体的浓度，当气体浓度超过报警点时，便能发出报警，主要用于易燃易爆场所的可燃性气体检测，如日常生活中的燃气，工业生产中产生的氢、一氧化碳、甲烷、硫化氢等，当泄漏可燃气体的浓度超过爆炸下限的 16.7% ~ 25% 时，就会发出报警信号，必须立即采取应急措施。

2.3.2.3　防爆泄压装置

防爆泄压装置包括安全阀、防爆片、防爆门和放空管等。安全阀主要用于防止物理性爆炸；防爆片和防爆门主要用于防止化学性爆炸、减轻或降低其破坏程度；放空管是用来紧急排泄有超温、超压、爆聚和分解爆炸危险的物料。

（1）安全阀。安全阀是为了防止非正常压力升高超过限度而引起爆炸的一种安全装置。设置安全阀时要注意安全阀应垂直安装，并应装设在容器或管道气相界面上；安全阀用于泄放易燃可燃液体时，宜将排泄管接入储槽或容器；安全阀一般可就地排放，但要考虑放空口的高度及方向的安全性；安全阀要定期进行检查。

（2）防爆片。防爆片的作用是排泄设备内气体、蒸气或粉尘等发生化学性爆炸时产生的压力，以防设备、容器炸裂。防爆片的爆破压力不得超过容器的设计压力，对于易燃或有毒介质的容器，应在防爆片的排放口装设放空导管，并引至安全地点。防爆片一般装设在爆炸中心的附近效果比较好，并且 6 ~ 12 个月更换一次。

（3）防爆门。防爆门一般设置在使用油、气或煤粉作燃料的加热炉燃烧室外壁上，在燃烧室发生爆燃或爆炸时用于泄压，以防止加热炉的其他部分遭到破坏。

2.3.3　火灾爆炸事故的处置要点

2.3.3.1　火灾事故处置要点

（1）发生火灾事故后，首先要正确判断着火部位和着火介质，优先使用现场的便携式、移动式消防器材，以便于在火灾初起时及时扑救。

（2）如果是电器着火，则要迅速切断电源，保证灭火的顺利进行。如果是单台设备着火，在扑灭着火设备的同时，改用和保护备用设备，维持继续生产。

（3）如果高温介质漏出后自燃着火，则应首先切断设备进料，尽量安全地转移设备内储存的物料，然后采取进一步的生产处理措施。

（4）如果易燃介质泄漏后受热着火，则应在切断设备进料的同时，降低高温物体表面的温度，然后再采取进一步的生产处理措施。

（5）如果是大面积着火，要迅速切断着火单元的进料、切断其与周围单元生产管线的联系，停机、停泵，迅速将物料转移至罐区或安全的储罐，做好蒸气掩护。

（6）发生火灾后，要在积极扑灭初起之火的同时迅速拨打火警电话向消防部门报告，以得到专业消防队伍的支援，防止火势进一步扩大和蔓延。

2.3.3.2 泄漏事故处置要点

（1）临时设置现场警戒。发生泄漏、跑冒事故后，要迅速将泄漏污染区人员疏散至安全区，临时设置现场警戒，禁止无关人员进入污染区。

（2）熄灭危险区内一切火源。在可燃液体物料泄漏的范围内，要绝对禁止使用各种明火。特别是在夜间或视线不清的情况下，不要使用火柴、打火机等进行照明，同时也要注意不要使用刀闸等普通型电器开关。

（3）防止静电的产生。可燃液体在泄漏的过程中流速过快就容易产生静电。为防止静电的产生，可采用堵洞、塞缝和减少内部压力的方法，通过减缓流速或止住泄漏来达到防止静电的目的。

（4）避免形成爆炸性混合气体。当可燃物料泄漏在库房、厂房等有限空间时，要立即打开门窗进行通风，以避免形成爆炸性混合气体。

（5）关闭进料阀门，转移物料。如果罐内液位超高造成跑冒，应急人员要按照规定穿上静电防护服，佩戴自给式呼吸器，立即关闭进料阀门，将物料输送到相同介质的待收罐。

2.3.3.3 爆炸事故处置要点

（1）发生重大爆炸事故后，岗位人员要沉着、冷静，不要惊慌失措，在班长的带领下，迅速安排人员报警，查找事故原因。

（2）在处理事故过程中，岗位人员要穿戴防护服，必要时佩戴防毒面具并采取其他防护措施。

（3）如果是单个设备发生爆炸，首先要切断进料，关闭与之相邻的所有阀门、停机、停泵、停炉、除净塔器及管线的存料，做好蒸汽掩护。

（4）当爆炸引起大火时，在岗人员要利用岗位配备的消防器材进行扑救，并及时报警，请求灭火和救援，以免事态进一步恶化。

（5）爆炸发生后，要组织人员对临近的设备和管线进行仔细检查，避免发生二次爆炸。

2.3.4 爆炸泄压技术

爆炸泄压技术是一种对于爆炸的防护技术，其目的是减轻爆炸事故所产生的影响。爆炸泄压技术对于爆轰的防护是不起作用的。在许多工程领域中，出现意外爆炸时通过爆炸泄压技术可将危害控制在较小的范围内。在密闭或半敞开空间内产生的爆炸事故，围包体（如房间、建筑物、容器、设备、管道等）的破坏会引起更大的危害，所谓泄压防爆就是通过一定的泄压面积释放在爆炸空间内产生的爆炸升压，保证围包体不被破坏。例如，在燃气工程中，区域调压室、压缩机房等燃气设施都建设在建筑内，虽然在发生爆炸的情况之下，难以保全室内设施，但可以通过泄压防爆的方法保护建筑物本身的安全。

　　泄爆装置既可以用来封闭设备或围包体，又可以用来泄压。封闭设备或围包体不会使其因漏气而不能正常工作，泄压时又可以在爆炸产生时降低爆炸空间的压力，保证围包体的安全。泄爆装置的分类如图 2-10 所示。

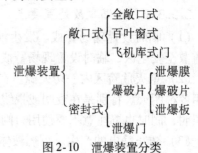

图 2-10　泄爆装置分类

　　非标设备的泄爆采用敞开式的结构较多。标准敞口泄爆孔是无阻碍、无关闭的孔口，许多危险建筑的泄爆设计都是采用这样的方式，而采用百叶窗式的结构会减少净自由泄压面积，增加了泄压时的阻力。

　　密封式结构的泄爆装置在建筑上使用较多的是轻型泄爆门。由于这种门的开启非常容易，而且可以重复使用，开启压力还可以调整。特殊生产工艺中的设备泄爆，采用密封式的居多，其中主要是泄爆膜、爆破片和泄爆门。

　　泄爆装置又分为从动式与监控式。从动式泄爆装置的开启靠爆炸压力波推动，监控式泄爆装置的开启靠爆炸信号探测、信号放大与控制系统触发开启。

　　泄爆装置应依据过程处理物料的物化性质、操作温度和压力、生产中压力波动情况、有无反向压力变化情况、泄爆口尺寸、围包体容积及其长径比、允许的最大泄爆压力、泄爆膜强度、所需泄压的总面积、安装条件及尺寸等因素设计并满足以下要求：

　　（1）有准确的开启压力。

　　（2）启动惯性小，一般要求泄爆关闭物不超过 $10kg/m^2$。

　　（3）开启时间尽可能短，而且不应阻塞泄爆口。

　　（4）要避免冰雪、杂物覆盖和腐蚀等因素使实际开启压力值增大。

　　（5）在泄爆门密封处以微弱的热消除冰冻，避免增加开启压力。

　　（6）避免爆炸装置碎片对人员和设备造成危害。

　　（7）要防止泄爆后泄爆门关闭导致围包体产生负压，使围包体受到破坏。因此，在泄爆门旁应设合适的负压消除装置以消除负压。

　　（8）要防止大风流过泄压口时将泄爆盖吸开。

（9）泄压口应安装安全网，以免人失足落入，网孔应大一些，以免减小泄爆面积。

2.3.4.1 泄爆膜

当生产环境为大气压或接近大气压，而且操作不十分严格和复杂的情况下，采用泄爆膜系统比较经济易行。这类泄爆装置经常由两层泄爆膜和固定框组成。下面的一层膜片为密封膜片，通常用塑料膜或滤膜等材料，其上面的金属瓣固定在泄爆框的一边上，当密封的膜爆破后，此金属模打开而其一边被固定。泄爆膜定期要更换，否则会因污垢等原因影响其开启压力。

泄爆膜开启压力的允许误差为设计开启压力值的 ±25%，过程操作压力一般取开启压力的 50%~70%，要避免泄爆膜错误打开。泄爆膜的口径不宜过大，以避免由于容器内压波动影响其强度而降低寿命。大多数材料开启压力随泄爆面积的减少而升高（特别是直径小于 0.15m 时）。开启压力随膜的厚度、机械加工的缺陷、湿度、老化及温度的变化而有很大的变化。开启压力与膜厚成正比。在高温条件下，泄爆口需隔热，可采用石棉泄爆片。常见的泄爆膜材料有牛皮纸、蜡纸、橡胶布、塑料膜及聚苯泡沫硬板等。

2.3.4.2 爆破片

爆破片是为较准确地制定开启压力爆破设计的泄爆装置，因此是由专业厂家生产的。爆破片主要适用在以下场合：存在异常反应或爆炸使压力瞬间急剧上升、突然超压或发生瞬时分解爆炸的设备；不允许介质有任何泄漏的设备；运行过程中产生大量沉淀或黏附物，妨碍安全阀正常工作的设备；气体排放口直径小于 12mm 或大于 150mm，要求全量泄放时毫无阻碍的设备。

爆破片的正确设计是保证能否达到泄放效果的关键。计算时应充分考虑影响泄放效率的因素，主要包括泄放面积、材质、厚度。爆破片的泄放面积，一般按 $0.035~0.18m^2/m^3$ 选取。爆破片的材质应根据设备的压力确定，参见表 2-15。

表 2-15　不同压力下爆破片所用的材质

设备内部压力	所用材质
常压、很低的正压	石棉板、塑料板、玻璃板、橡胶板
微负压	2~3cm 的橡胶板
压力较高	铝板、铜板

爆破片的厚度计算参考下面的公式：

对于铜

$$\delta_{铜} = (0.12~0.15) \times 0.001\,pD \qquad (2-21)$$

对于铝

$$\delta_{\text{铝}} = (0.316 \sim 0.407) \times 0.001pD \tag{2-22}$$

式中　δ——爆破片的厚度，cm；

　　　p——爆破片爆破时的表压，MPa；

　　　D——爆破孔的直径，cm。

一般爆破压力不超过工作压力的25%。有时按爆破压力计算的爆破片太薄，不便于加工，可在片上刻 $1 \sim 1.5$mm 深的十字槽。开槽后的爆破片强度会发生变化，此时爆破片的厚度可按下式计算：

对于铜

$$\delta'_{\text{铜}} = 0.79 \times 0.001pD \tag{2-23}$$

对于铝

$$\delta'_{\text{铝}} = 0.226 \times 0.001pD \tag{2-24}$$

式中　δ'——爆破片开槽后的剩余厚度，cm。

值得注意的是，爆破片的厚度计算值只是理论计算结果，实际结果要经过试验后才能精确确定。爆破片在制造时应严格按要求进行。首先要对材料进行仔细检查，表面要求平整、光洁、无划痕，无结疤、锈蚀、裂纹、凹坑、气孔等缺陷。厚度必须均匀，制成以后要逐个测量其厚度。同批爆破片的允许厚度偏差：当爆破片厚度 $\delta \geqslant 0.5$mm 时为 $\pm 3\%$，$\delta < 0.5$mm 时为 $\pm 4\%$。

由于爆破片计算厚度存在的误差，故制造后应通过试验验证。试验数量为同批量生产数的5%，且不少于3个。实验温度应尽可能接近工作温度，试验结果应满足表2-16。

表 2-16　爆破片爆破压力的允许偏差

爆炸压力/MPa	$0.1 \leqslant p_b < 0.4$	$0.4 \leqslant p_b < 1.0$	$1.0 \leqslant p_b < 32.0$
允许偏差/%	±8	±6	±4

爆破片的安装要可靠，夹持器和垫片表面不得有油污，夹紧螺栓应拧紧，防止螺栓受压后滑脱。运行中应经常检查连接处有无泄漏，由于特殊要求在爆破片和容器之间安装了切断阀的，要检查阀门的开闭状态，并应采取措施保证此阀门在运行过程中处于常开位置。爆破片排放管的要求与安全阀相同。爆破片一般每 $6 \sim 12$ 个月应更换一次。

爆破片还可以与安全阀组合使用。安全阀具有开启压力能调节并在动作后能自动回座的特点，但其容易泄漏，且不适用于黏性介质。爆破片不会泄漏，对于黏性大的介质适用，但动作后不能自动复位。因此，在防止超压的场合（特别是黏性介质的场合），安全阀与爆破片联合使用将会更加有效。图2-11是复叠式安全泄放装置结构示意图。

一种形式是在弹簧式安全阀的入口安装爆破片，主要目的是防止容器内的介

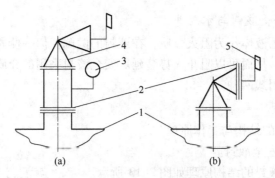

图 2-11 复叠式安全泄放装置结构示意图

1—容器；2—爆破片；3—压力表；4—安全阀；5—排空或接至系统

质因黏性过大或聚合堵塞安全阀；另一种形式是将爆破片安装于安全阀的出口，主要是防止容器内的介质在正常运行的情况下泄漏。

2.3.4.3 防爆门和防爆球阀

加热炉上使用的防爆门又称泄爆门，其作用是防止燃烧室在发生爆炸时破坏设备，保障周围设施和人员安全。

防爆门一般安装在加热炉燃烧室的炉壁四周，泄压面积按照燃烧室净容积比例设计，通常为 $250 cm^2/m^3$。布置防爆门时应尽量避开人员经常出现的地方。防爆门的构造形式如图 2-12 所示。

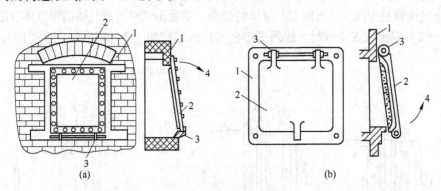

图 2-12 防爆门的构造形式

（a）向下翻的防爆门；（b）向上翻的防爆门

1—燃烧器外壁；2—防爆门；3—转轴；4—防爆门动作方向

2.3.5 火焰隔离技术

火焰隔离技术通常是采用一些火焰隔断装置，防止火焰窜入有爆炸危险的场所（如输送、储存和使用可燃气体或液体的设备、管道、容器等），或者防止火焰向设备或管道之间扩展。这些装置有安全液封、水封井、阻火器、单向阀等。

2.3.5.1　安全液封与水封井

安全液封采用液体作为阻火介质，在液封的两侧任何一侧着火之后，火焰都会在液封处熄灭，从而可以阻止火势蔓延。安全液封采用的介质通常是水，其形式有开敞式和封闭式两种。

A　安全液封

a　安全液封的结构与工作原理

（1）开敞式安全液封。

开敞式安全液封的结构原理如图 2-13 所示。安全液封中有两根管子：一根是进气管，另一根是安全管。安全管比进气管短，液封的深度浅，在正常工作时，可燃气体从进气管进入，从出气管排出，安全管内的液柱高度与容器内的压力平衡（略大于容器内的压力）。当发生火焰倒燃时，容器内气体压力升高，容器内的液体将被排出，由于进气管插入的液面较深，安全管的下管口首先离开水面，火焰被液体阻隔而不会进入进气管。

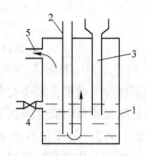

图 2-13　开敞式安全液封示意图
1—罐体；2—进气管；3—安全管；
4—水位截门；5—出气管

开敞式安全液封的结构中，还有安全管与进气管是同心安装的，如图 2-14 所示。其中的液位计是用来观察容器中的液量的，而分气板则是为减少进气时引起液体的搅动，避免出气时可燃气体携带液体过多。

（2）封闭式安全液封。封闭式安全液封的结构如图 2-15 所示。正常工作时，

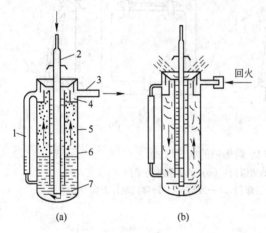

图 2-14　安全管与进气管同心安装的开敞式安全液封
（a）正常工作状态；（b）回火状态
1—水位计；2—进气管；3—出气管；4—分水板；
5—水封安全管；6—罐体；7—分气板

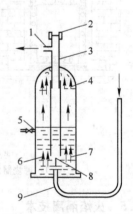

图 2-15　封闭式安全液封
1—出气管；2—防爆管；3—分水管；
4—分水板；5—水位阀；6—罐体；
7—分气板；8—逆止阀；9—进气管

可燃气体由进气管进入，通过逆止阀、分水板、分气板和分水管从出气管流出。发生火焰倒燃时，容器内压力升高，压迫水面使逆止阀关闭，进气管暂时停止供气。同时倒燃的火焰将容器顶部的防爆膜冲破，燃烧后的烟气散发到大气中，火焰便不会进入进气管侧。

开敞式和密封式安全液封通常适用于操作压力低的场合，压力一般不宜超过0.05MPa。安全液封在使用时应特别注意保持液位的高度，如果是用水作为液封的介质，还应该防止冻结。在封闭式液封工作时，可能由于使用的介质中含有的黏性油质，使阀门的阀座污染并影响其关闭性能，故应经常检查阀门的气密性。

b 安全液封的计算

安全液封除了作为安全设备以外，同时它还是一个节流设备，为了不影响系统的正常工作，应对其中的主要部件进行计算。

（1）进气管的内径。

$$d_1 = 18.8\sqrt{\frac{Q}{v}} \tag{2-25}$$

式中 d_1——进气管内径，mm；

Q——可燃气体的流量，m^3/h；

$\bar{v}$——进气管中气体的允许平均速度，m/s。

（2）安全管的内径。

当管子同心安装时

$$d_3 = (1.4 \sim 1.5)d_2 \tag{2-26}$$

当管子并行安装时

$$d_3 = (0.8 \sim 1.2)d_1 \tag{2-27}$$

式中 d_3——安全管的内径，mm；

d_2——进气管的外径，mm；

d_1——进气管的内径，mm。

（3）容器的内径。

容器的材料一般为钢制容器，内径的确定依据下式：

$$D = 18.8\sqrt{\frac{Q}{v_1}} \tag{2-28}$$

式中 D——容器的内径，mm；

$\bar{v}_1$——容器内气体的允许平均流速，m/s。

（4）容器的壁厚。

容器的壁厚应满足一定的强度要求。

开敞型

$$\delta_b = \left(\frac{1}{180} \sim \frac{1}{70} \right) D \qquad (2-29)$$

封闭型

$$\delta_b = \frac{pD}{2 \left[\tau \right] \phi - p} + c \qquad (2-30)$$

式中　δ_b——容器的壁厚，mm；

　　　　p——容器的实际压力，MPa；

　　　$\left[\tau \right]$——材料的许用应力，MPa；

　　　　ϕ——焊缝系数，取0.7；

　　　　c——腐蚀裕量，取0.5mm。

（5）气室高度。

为保证把可燃气体所带走的液体分离出来，需要一定的气室高度，使携带液体的气体有充足的时间在气室中分离液体。气室高度 H_2（mm）为：

开敞型

$$H_2 = (1 \sim 3.5) D \qquad (2-31)$$

封闭型

$$H_2 = (1.1 \sim 3.8) D \qquad (2-32)$$

在有分水板和分水器时，气室的高度可以选择较小值。

（6）水室高度。

开敞型

$$H_1 = (0.45 \sim 1.3) D \qquad (2-33)$$

封闭型

$$H_1 = (1.85 \sim 3) D \qquad (2-34)$$

开敞型的水室高度 H_1（mm）在选择时，应使得容器中的一部分水排到安全管中并达到相当于容器中气体最高压力时，容器中的水平面仍然要高于安全管的下端面。

（7）气体分水板的孔径。

$$d_0 = 18.8 \sqrt{\frac{Q}{v_0 Z}} \qquad (2-35)$$

式中　d_0——气体分水板的孔径，mm；

　　　$\bar{v}_0$——分水板中气体的允许平均速度，m/s；

　　　　Z——分水板的孔数。

B　水封井

排放液体中如果含有可燃气体或可燃液体的蒸气，则在管路的末端应该设置水封井，这样可以防止着火或爆炸蔓延到管道系统中。水封井的结构如图 2-16 所示。

为保证水封井的阻火效果，水封高度不宜小于 250mm，如果管道很长，可每隔 250m 设一个水封井。水封井应加盖，但为防止加盖导致气体积聚而发生事故，可采用图 2-17 的结构形式。

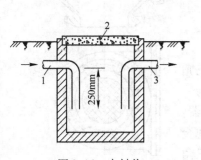

图 2-16　水封井

1—污水进口；2—井盖；3—污水出口

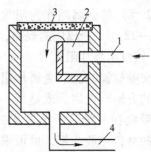

图 2-17　增修溢水槽示意图

1—污水进口管；2—增修的溢水槽；

3—窨井盖；4—污水出口管

2.3.5.2　阻火器

阻火器广泛用于输送可燃气体的管道、有爆炸危险系统的通风口、油气回收系统以及燃气加热炉的供气系统等。阻火器的设计充分利用了燃气的猝熄原理，火焰通过狭小的孔口或缝隙时，由于散热和器壁效应的作用使燃烧反应终止，起到火焰隔离的作用。表 2-17 是常见可燃气体的猝熄直径。

表 2-17　常见可燃气体的猝熄直径

气体名称	猝熄直径/mm	气体名称	猝熄直径/mm
甲烷-空气	3.68	城市煤气-空气[①]	2.03
丙烷-空气	2.66	乙炔-空气	0.78
丁烷-空气	2.79	氢-空气	0.86
己烷-空气	3.05	丙烷-氧气	0.38
乙烯-空气	1.90	乙炔-氧气	0.13
氢气-氧气	0.30		

①$\varphi(H_2) = 51\%$ 的城市燃气。

A　阻火器的种类

阻火器根据形成狭小孔隙的方法和材料的差别，大致可分为 3 类。

a　金属网阻火器

如图 2-18 所示，阻火器的阻火层由单一或多层不锈钢或铜丝网重叠起来组成。随着金属网层数的增加，阻火的功能也随之增加。但达到一定的层数以后，层数增加对阻火效果的影响并不显著。

金属网的目数直接关系到金属网的层数和阻火性能，一般而言，目数越多，所用的金属网层数会越少，但目数的增加会增加气体的流动阻力且容易堵塞。常采用 1.18 ~ 0.75mm（16 ~ 22 目）的金属网作为阻火层，层数一般采用 11 ~ 12 层。金属网的规格，见表 2-18。

b　波纹金属片阻火器

由交叠放置的波纹金属片组成的有正三角形孔隙的方形阻火器，或是将一条波纹带与一条扁平带绕在一个芯子上做成的圆形阻火器。波纹带的材料一般为铝，也可采用铜或其他金属，厚度为 0.05 ~ 0.07mm，波纹带的正三角形孔隙高度为 0.43mm。波纹金属片阻火器的结构如图 2-19 所示。

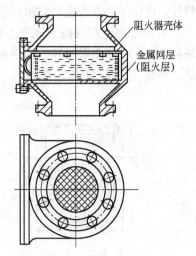

图 2-18　金属网型阻火器

表 2-18　金属网的规格

网的目数[①]/目	孔眼宽度/mm	网丝直径/mm	金属网有效面积比	网的目数[①]/目	孔眼宽度/mm	网丝直径/mm	金属网有效面积比
18	1.06	0.38	0.56	40	0.40	0.22	0.40
28	0.53	0.38	0.34	60	0.25	0.17	0.34
30	0.58	0.28	0.34	80	0.2	0.13	0.35

①网的目数指每 25.4mm 长度内的孔眼数。

c　充填型阻火器

这种阻火器的阻火层用沙砾、卵石、玻璃球或铁屑作为充填料，堆积于壳体之中，在充填料的上方和下方分别用 2mm 孔眼的金属网作为支撑网架，这样壳体内的空间被分割成许多细小的孔隙，以达到阻火的目的。

砾石的直径一般为 3 ~ 4mm，也可用玻璃球、小型的陶土环形填料、金属环、小型玻璃管及金属管等。在直径 150mm 的管内，阻火器内充填物的厚度视填料的直径和可燃气体的猝熄直径而定，参见表 2-19。

充填型阻火器的壳体长度与相配合的管道的直径有关，参见表 2-20。

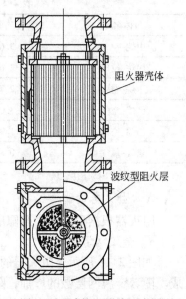

图 2-19　波纹金属片阻火器

表 2-19　充填型阻火器的阻火层厚度

猝熄直径/mm	砾石直径/mm	厚度/mm
1 ~ 2	1.5	150
2 ~ 3	3.0	150
3 ~ 4	4.0	150

表 2-20　管道直径与充填型阻火器的壳体长度

公称直径 /mm	阻火器内径 /mm	阻火器壳体长度 /mm	公称直径 /mm	阻火器内径 /mm	阻火器壳体长度 /mm
15	50	200	50	200	350
20	80	230	70	250	400
25	100	250	80	300	450
40	150	300	100	400	500

B　阻火器的计算

影响阻火器阻火效果的主要因素是阻火层的厚度和孔隙或通道的大小。孔隙或通道的大小与可燃气体的临界直径有关，火焰的熄灭间隙可以按以下经验公式进行计算：

$$d_0 = 4.53E^{0.403} \tag{2-36}$$

$$D_0 = 1.54d_0 \tag{2-37}$$

式中　d_0——熄灭间隙，mm；

　　　E——最小点火能，mJ；

　　　D_0——临界直径，mm。

对于波纹阻火器，阻火层的波纹高度和金属网阻火器的网孔直径一般不应超过临界直径的 1/2。

阻火器的阻火层厚度可参考下式进行计算：

$$\delta_r = \frac{u_{max}d^2}{0.38\alpha} \tag{2-38}$$

式中　δ_r——阻火层厚度，cm；

　　　u_{max}——阻火器能够阻止的最大火焰传播速度，m/s；

　　　d——孔眼直径，cm；

　　　α——阻火器的有效面积比（阻火层孔隙面积/阻火层的实际面积）。

思　考　题

1. 请说明什么是燃气的着火，什么是燃气的点火，两者有何区别？说明燃气的着火点与温度和压力之间的关系。

2. 请说明什么是爆炸，根据爆炸性质的不同，爆炸可以分为几类？

3. 请说明什么是燃气的爆炸极限，已知某燃气的体积分数为 $\varphi_{CO_2} = 4.0\%$，$\varphi_{C_mH_n} = 2\%$，$\varphi_{O_2} = 0.4\%$，$\varphi_{CO} = 6.0\%$，$\varphi_{H_2} = 54.6\%$，$\varphi_{CH_4} = 28.0\%$，$\varphi_{N_2} = 5\%$，求该燃气的爆炸极限（C_mH_n 按 C_3H_6 计算）。

4. 请说明爆燃和爆轰的形成机理，并阐明爆轰、爆燃和正常燃烧之间的区别。

5. 请简要阐述可燃混合气体爆炸的破坏作用。

6. 请简要阐述预防火灾与爆炸事故的基本措施。

7. 常见的防火防爆设施有哪些？请简要说明阻火器、安全阀的工作原理。

8. 常见的泄爆装置有哪些，请说明何种场合适于采用爆破片？

9. 什么是火焰隔离技术？请画图说明安全液封的工作原理。

参 考 文 献

［1］戴路. 燃气供应与安全管理［M］. 北京：中国建筑工业出版社，2008.

［2］彭世尼. 燃气安全技术［M］. 重庆：重庆大学出版社，2005.

［3］白世武. 城市燃气实用手册［M］. 北京：石油工业出版社，2008.

［4］梁平. 天然气操作技术与安全管理［M］. 北京：化学工业出版社，2006.

［5］顾安忠. 液化天然气技术手册［M］. 北京：机械工业出版社，2010.

［6］花景新. 燃气场站安全管理［M］. 北京：化学工业出版社，2007.

［7］同济大学，等. 燃气燃烧与应用［M］. 北京：化学工业出版社，2000.

［8］徐文渊，蒋长安. 天然气利用手册［M］. 北京：中国石化出版社，2006.

［9］岑可法，姚强，骆仲泱，等. 高等燃烧学［M］. 杭州：浙江大学出版社，2002.

［10］冯肇瑞. 杨有启. 化工安全技术手册［M］. 北京：化学工业出版社，2003.

［11］中华人民共和国国家质量监督检验检疫总局，中国国家标准化管理委员会. GB/T 15605—2008 粉尘泄压爆炸指南［S］. 北京：中国标准出版社，2009.

［12］徐厚生，赵双其. 防火防爆［M］. 北京：化学工业出版社，2004.

［13］宇德明. 易燃、易爆、有毒危险品储运过程定量风险评价［M］. 北京：中国铁道出版社，2000.

3 防雷、防静电措施

【本章摘要】

本章首先介绍了雷电的基础知识，包括雷电现象、雷电分类、雷电易发生部位和雷电的危害；然后介绍了静电的基础知识，包括静电的特点、放电现象、起电方式、静电的产生及危害；最后，分别以防雷要求、防雷措施、防雷装置问题以及静电控制方法、静电接地、安装静电中和器等问题为例对燃气场站的防雷、防静电进行了简要阐述。

【关键词】

雷电，静电，危害，燃气场站，防雷要求，防雷措施，防雷装置，静电控制，静电接地，静电中和器。

【章节重点】

本章应重点掌握雷电和静电的基本知识，在此基础上深入理解燃气场站的防雷、防静电要求，并能够运用这些基础知识处理城镇燃气场站内关于防雷、防静电的常见问题，确保城镇燃气场站长期平稳运行。

3.1 雷电的基础知识

雷电是雷暴天气的产物，而雷暴则是在垂直方向上剧烈发展的积雨云所形成的。积雨云中正负电荷中心之间或云中电荷中心与大地之间的放电过程称为雷电。

3.1.1 雷电现象

雷电一般产生于对流发展旺盛的积雨云中。积雨云中电荷分布不均匀，形成许多堆积中心，因而在云中或在云对地之间，电场强度并不一样。云的上部以正电荷为主，下部以负电荷为主，这样云的上下部之间会形成一个电位差，当云中电荷密集处的电场达到 $25\sim30kV/(m\cdot h)$ 时，就会由云向地开始先导放电（对于高层建筑，雷电先导可由地表向上发出，称为上行雷）。当先导通道的顶端接近地面时，可诱发迎面先导（通常起自地面的突出部分），当先导与迎面先导会合时即形成了从云到地面的强烈电离通道，这时出现极大的电流，这就是雷电的主放电阶段，闪电的平均电流是 $3 \times 10^4 \mathrm{A}$，最大电流可达 $3 \times 10^5 \mathrm{A}$，电压约为 $1 \times 10^8 \sim 1 \times 10^9 \mathrm{V}$。一个中等强度雷暴的功率相当于一座小型核电站的输出功率。放电过程中，由于闪电通道中温度骤增，使空气体积急剧膨胀，从而产生冲击波，导致强烈的雷鸣。

3.1.2　雷电的分类

雷电分直击雷、电磁脉冲、球形雷和云闪。其中直击雷和球形雷都会对人和建筑造成危害，直击雷就是在云体上聚集很多电荷，大量电荷要找到一个通道来释放，有的时候是一个建筑物，有的时候是一个铁塔，有的时候是空旷地方的一个人，所以当这些人或物体变成电荷释放的一个通道时，就会把人击伤或者将建（构）筑物击损。直击雷是威力最大的雷电，而球形雷的威力比直击雷小。电磁脉冲主要影响电子设备，主要是电子设备受感应作用所致。云闪由于是在两块云之间或一块云的两边发生，对人类危害最小。

3.1.3　雷击易发生的部位

雷害事故的历史资料统计和实验研究证明：雷击的地点和建（构）筑物遭受雷击的部位是有一定规律的，一般容易遭受雷击的地方有：

（1）平屋面和坡度 $i \leqslant 1/10$ 的屋面。檐角、女儿墙、屋檐，如图 3-1（a）和图 3-1（b）所示。

（2）$1/10 < i < 1/2$ 的屋面。屋角、屋脊、檐角、屋檐（见图 3-1（c））。

（3）$i \geqslant 1/2$ 的屋面。屋角、屋脊、檐角（见图 3-1（d））。

图 3-1　建筑物易受雷击的部位示意图

（a），（b）$i \leqslant 1/10$；（c）$1/10 < i < 1/2$；（d）$i \geqslant 1/2$

——易受雷击部位；－－－不易受雷击的屋脊或屋檐；○雷击率最高部位

（4）建（构）筑物突出部位，如烟囱、电视天线。

（5）高耸突出的建（构）筑物，如水塔、电视塔。

（6）排出导电尘埃的厂房和废气管道。

（7）建（构）筑物群中特别潮湿和地下水位高的地带，或埋有金属管道或内部有大量金属设备的厂房。

（8）地下有金属矿的地带。

（9）开阔地上的大树、山地的输电线路等。

3.1.4 雷电的危害

雷电的危害性主要表现在雷电放电时所产生的各种物理效应，它们具有很大的破坏力，按其破坏机制可分为电磁效应、热效应和机械效应。雷电发生时，可在千分之几到十分之几秒内产生几百千安的电流、几百千伏的电压、十亿到上千亿瓦特的电能、上万度的高温、猛烈的冲击波，剧变的静电场和强烈的电磁辐射等物理效应，会给人类造成多种危害。据统计，全球每年因雷电灾害而导致的经济损失约为10亿美元，死亡人数在3000以上。

3.1.4.1 直击雷危害

直击雷危害是指雷电直接击在建（构）筑物上，它的高电压和大电流产生的电磁效应、热效应和机械效应会造成许多危害，如使房屋倒塌、烟囱崩毁，引起森林起火，油库、火药库爆炸，造成飞行事故，户外的人畜伤亡等。直击雷几率小，但危害极大。

3.1.4.2 静电感应危害

雷电的静电感应可使被击物体导体感生出与雷电性质相反的大量电荷，当雷电消失来不及流散时，即会产生很高电压，发生放电现象从而导致火灾。

3.1.4.3 电磁感应危害

雷电的电磁感应危害是指雷电流在 $50 \sim 100 \mu s$ 的时间内，从0变化到数十万安，再由数十万安变化到0，在其周围空间中产生瞬变的强电磁场，在空间变化电磁场中的物体，无论是导体还是非导体，均做切割磁力线运动，使其产生很高的电磁感应电动势，造成危害。当物体距离雷电较近时，主要受静电感应影响，距离雷电较远时，主要受电磁辐射的影响，轻则干扰信号线、天线等无线电通讯，重则损坏仪器设备。

3.1.4.4 雷电波入侵危害

雷电波入侵危害是指雷电击到电源线、信号线、金属管道后，以电波的形式窜入室内，危及人身安全或损坏设备。

3.1.4.5 球雷危害

球雷是一种橙色或红色的类似火焰的发光球体，偶尔也有黄色、蓝色或绿色的。大多数火球的直径在 $10 \sim 100 cm$ 左右。球雷常由建（构）筑物的孔洞、烟囱或开着的门窗进入室内，有时也通过不接地的门窗铁丝网进入室内。球雷有时自然爆炸，有时遇到金属管线而爆炸。球雷遇到易燃物质则造成燃烧，遇到可爆炸的气体或液体则造成更大的爆炸。爆炸后偶尔有硫黄、臭氧或氨水气味。球雷火球可辐射出大量的热能，因而它的烧伤力比破坏力要大。

3.2　静电的基础知识

静电的产生是由于不同物质的接触和分离或相互摩擦而引起的。如生产工艺中的挤压、切割、搅拌、喷溅、流动和过滤，以及日常生活中的行走、站立、穿脱衣服等都会产生静电。

3.2.1　静电的特点

静电具有高电位、低能量、小电流和作用时间短的特点，并且受环境条件（尤其是湿度）的影响大。因此，静电测量时复现性差、瞬态现象多。

静电在人体或设备上的电位一般为数百伏至数千伏，有时甚至高达数十万伏，但所累积的静电量却很低，通常为毫微库仑级，静电电流为微安级，作用时间多为微秒级。

3.2.2　静电的放电现象

放电现象是由于静电的电气作用而引起的电离现象，也就是当带电体上所产生电场的电场强度超过周围介质的绝缘击穿的电场强度时，带电体表面附近的介质就发生电离，因而使带电体上的电荷趋向减少或消失的现象。

3.2.3　静电起电方式

使电介质或绝缘体产生静电的过程主要有：雷电感应起电、摩擦起电、吸附起电、沉降起电、溅泼起电、喷雾起电、破裂起电、碰撞起电、滴下起电、极化起电等方式。

3.2.4　静电的产生

静电产生方式很多，如接触、摩擦、冲流、冷冻、电解、压电、温差、雷电感应等，其基本过程可归纳为：接触—电荷转移—偶电层的形成—电荷分离，静电产生的原因主要与物质性质和所处的地理环境影响有关。

3.2.4.1　物体静电形成的内因

（1）由于不同物质使电子脱离原来物体表面原子所需的功有所区别，因此，当它们两者紧密接触时在接触面上就发生电子转移，逸出功小的物质易失去电子而带正电，逸出功大的物质易获得电子而带负电。

（2）物质的导电性用电阻率来表示，电阻率越小，导电性能越好。一般电阻率为 $10^{12}\Omega \cdot m$ 的物质最易产生静电，而电阻率大于 $10^{16}\Omega \cdot m$ 或小于 $10^{12}\Omega \cdot m$ 的物质则不易产生静电。

3.2.4.2 物体静电形成的外因

（1）摩擦起电。两种不同的物体在紧密接触迅速分离时，由于相互作用，使电子从一个物体转移到另一物体上的现象，称为摩擦起电。另外，物体的撕裂、剥离、拉伸、撞击等产生的静电同摩擦起电的机理完全一致。

（2）附着带电。某种极性离子或自由电子附着在与大地绝缘的物体上，也能使该物体呈带静电现象。

（3）感应起电。带电的物体能使附近与它并不相连的另一导体表面的不同部分也出现极性相反电荷的现象。

（4）极化起电。某些物体在静电场内，其内部或表面的分子能产生极化而出现电荷的现象，称为静电极化现象。

（5）雷电感应起电。当金属物体处于雷云和大地电场中时，金属物体上会感应产生出大量的电荷，雷云放电后，云与大地之间的电场虽然消失，但金属物上所感应积聚的电荷却来不及立即逸散，因而产生很高的对地电压。

3.2.5 静电的危害

静电导致的灾害，主要产生在化工、石油、粉体加工、炸药等火工品，编织、印刷等生产行业中的输送、装制、搅拌、喷射、涂敷、研磨、卷缠等生产工艺中，且易发生在冬季。

静电灾害从产生的原因和后果来看，可以分为以下三个方面：

（1）静电造成爆炸和火灾灾害。静电造成爆炸和火灾灾害是指静电放电成为可燃性气体、液体和粉尘等的引火源，产生灾害，从而造成可燃性物质燃烧、爆炸的后果。一般来讲，在接地良好的导体上产生的静电会很快泄漏到地面；但在绝缘物体上产生的静电，则会越积越多，形成很高的电位。当带电物体与不带电物体或静电电位很低的物体互相接近时，如果电位差达到300V以上，就会发生放电现象，并产生火花，若静电的火花能量大于周围可燃物的最小着火能量，而且可燃物在空气中的浓度也在爆炸极限范围以内就能立刻引起燃烧或爆炸。

（2）静电电击危害。静电电击是指带静电的人体或由带电物体向人体放电，在人体中有电流流过，使人感受到电击的现象。静电电击造成的直接事故，不会伤害人，但静电电击所造成的二次事故很可能是伤害人员的事故。

（3）静电产生的生产故障。静电产生的生产故障与静电的力学效应和放电效应有关，常常造成生产下降甚至造成停产。如在化纤纺织工业中，由于化纤丝与金属机械的相互摩擦，会使化纤丝带电而相互排斥，以致松散，整丝困难，产生乱丝等现象。

3.3   燃气场站防雷防静电

城镇燃气场站生产设备大都是常温、带压力的连续运行装置，燃气场站生产的产品大都属于易燃易爆危险物质，生产设施大都由高压储气罐、低压储气罐、调压站以及众多金属连接管道组成，具有常温、常压、连续生产的性质。

3.3.1   防雷要求

燃气行业防雷电的原则首先是科学的原则，其次是经济的原则和耐用可靠的原则。防雷工作保护的对象有：建（构）筑物、燃气设备和人员。防雷装置设计必须根据被保护对象的要求从外部防雷和内部防雷两个方面考虑，这是一个系统工程。

储气罐和压缩机室、调压计量室等处于燃烧爆炸危险环境的生产用房，其防雷设计应符合现行的国家标准《建筑物防雷设计规范》（GB 50057）的"第二类防雷建筑物"的规定；生产管理、后勤服务及生活用建筑物，其防雷设计应符合现行的国家标准《建筑物防雷设计规范》（GB 50057）的"第三类防雷建筑物"的规定。

门站和储配站室内电气防爆等级应符合现行的国家标准《爆炸和火灾危险环境电力装置设计规范》（GB 50058）的"1区"设计的规定；站区内可能产生静电危害的设备、管道以及管道分支处均应采取防静电接地措施，应符合现行的化工标准《化工企业静电接地装置设计规范》（HGJ 28）的规定。

站区内储气罐、罐区、露天工艺装置及建（构）筑物之间，以及与站外建（构）筑物之间的防火间距应符合现行国家规范《建筑设计防火规范》（GB 50016）和《城镇燃气设计规范》（GB 50028）的有关规定。

3.3.1.1   储罐区

在储罐区独立避雷针、架空避雷线（网）的保护范围应包括整个储罐区。当储罐顶板厚度不小于 4mm 时，可以用顶板作为接闪器；若储罐顶板厚度小于 4mm 时，则需装设防直击雷装置。但在雷击区，即使储罐顶板厚度大于 4mm 时，仍需装设防直击雷装置。对于浮顶罐、内浮顶罐不应直接在罐体上安装避雷针（线），而应将浮顶与罐体用两根导线作电气连接。浮顶罐连接导线应选用截面积不小于 $25mm^2$ 的软铜复绞线。对于内浮顶罐，钢质浮盘的连接导线应选用截面积不小于 $16mm^2$ 的软铜复绞线；铝质浮盘的连接导线应选用直径不小于1.8mm 的不锈钢钢丝绳。罐区内储罐顶法兰盘等金属构件应与罐体做电气连接，放散塔顶的金属构件亦应与放散塔做电气连接。

钢储罐防雷接地引下线不应少于 2 根，并应沿罐周均匀或对称布置，其间距不宜大于30m。防雷接地装置冲击接地电阻不应大于10Ω，当钢储罐仅做防感应雷接地时，冲击接地电阻不应大于30Ω。

液化石油气罐采用牺牲阳极法进行阴极保护时，牺牲阳极的接地电阻不应大于10Ω，阳极与储罐的铜芯连线截面积不应小于16mm^2；液化石油气罐采用强制电流法进行阴极保护时，接地电极必须用锌棒或镁锌复合棒，接地电阻不应大于10Ω，接地电极与储罐的铜芯连线截面积不应小于16mm^2，不需再单独设置防雷和防静电接地装置。

3.3.1.2 调压计量区

设于空旷地带的调压站及采用高架遥测天线的调压站应单独设置避雷装置，其接地电阻值应小于10Ω。当调压站内、外燃气金属管道为绝缘连接时，调压器及其附属设备必须接地，接地电阻应小于10Ω。

3.3.1.3 站内其他区域

站区内所有正常不带电的金属物体，均应就近接地，且接地的设备、管道等均应设接地端头，接地端头与接地线之间，可采用螺栓紧固连接。对有振动、位移的设备和管道，其连接处应加挠性连接线过渡。

进出站区的金属管道、电缆的金属外皮、所穿钢管或架空电缆金属槽，在站区外侧应做一处接地，接地装置应与保护接地装置及避雷带（网）接地装置合用。如存在远端至站区的金属管道、轨道等长金属物，则应在进入站区前端每隔25m接地一次，以防止雷电感应电流沿输气管道进入配气站。

电绝缘装置应埋地设置于站场防雷防静电接地区域外，使配管区（设备区）及进出站管道能够置于同一防雷防静电接地网中。

站区内处于燃烧爆炸危险环境的生产用房应采用40mm×4mm镀锌扁钢或同等规格的其他金属材料构成避雷网格，并敷设明式避雷带。其引下线不应少于2根，并应沿建筑物四周均匀对称布置，间距不应大于18m，网格不应大于10m×10m或12m×8m。

3.3.1.4 燃气金属管道及附件

平行敷设于地上或管沟的燃气金属管道，其净距小于100mm时，应用金属线跨接，跨接点的间距不应大于30m。管道交叉点净距小于100mm时，其交叉点应用金属线跨接。

架空或埋地敷设的燃气金属管道的始端、末端、分支处以及直线段每隔200～300m处，应设置接地装置，其接地电阻不应大于30Ω，接地点应设置在固定管墩（架）处。距离建筑物100m内的管道，应每隔25m左右接地一次，其冲击接地电阻不应大于10Ω。

燃气金属管道在进出建筑物处，应与防雷电感应的接地装置相连，并宜利用金属支架或钢筋混凝土支架的焊接、绑扎钢筋网作为引下线，其钢筋混凝土基础宜作为接地装置。

3.3.1.5 屋面燃气金属管道

屋面燃气金属管道、放散管、排烟管、锅炉等燃气设施宜设置在建筑物防雷保护范围之内，且应尽量远离建筑物的屋角、檐角、女儿墙的上方、屋脊等雷击率较高的部位。屋面工业燃气金属管道在最高处应设放散管和放散阀。屋面燃气金属管道末端和放散管应分别与楼顶防雷网相连接，并应在放散管或排烟管处加装阻火器或燃气金属管道防雷绝缘接头，对燃气金属管道防雷绝缘接头两端的金属管道做好接地处理。屋面燃气金属管道与避雷网（带）或埋地燃气金属管道与防雷接地装置至少应有两处采用金属线跨接，且跨接点的间距不应大于 30m。当屋面燃气金属管道与避雷网（带）或埋地燃气金属管道与防雷接地装置的水平、垂直净距小于 100mm 时，也应跨接。屋面燃气管与避雷网之间的金属跨接线可采用圆钢或扁钢，圆钢直径不应小于 8mm，扁钢截面积不应小于 48mm^2，其厚度不应小于 4mm，应优先选用圆钢。

3.3.1.6 建筑物外墙立管

高层建筑引入管与外墙立管相连时，应设绝缘法兰，绝缘法兰上端阀门应用铜芯软线跨接，并且按防雷要求接地，接地电阻不应小于 10Ω。沿外墙竖直敷设的燃气金属管道应采取防侧击和等电位的防护措施，应每隔不超过 10m 就近与防雷装置连接。每根立管的冲击接地电阻不应大于 10Ω。

3.3.2 防雷措施

雷电发生时产生的雷电流是主要的破坏源，其危害有直接雷击、感应雷击和由架空线引导的侵入雷。如各种照明、电讯等设施使用的架空线都可能把雷电引入室内，所以应严加防范。

3.3.2.1 避雷针防雷法

避雷针防雷法，即利用避雷针高出被保护物的高度，从而将雷电流吸引到避雷针上，通过引下线和接地装置将其导入大地，使被保护对象免遭雷电直击。

避雷针可提供一个雷电只能击在避雷针上，但不能破坏以它为中心的伞形保护区，同样的原理，避雷带提供的是一个屋脊形的保护区，如图 3-2 所示，这个保护伞或保护区所张开的角度受针或带的设置高度、雷电强度以及其他参数的影响，有的采用 30°，有的采用 45°或 60°，尽管关于保护角计算的公式很

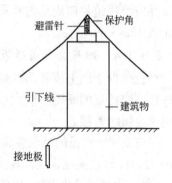

图 3-2 避雷针防雷示意图

多，但保护角如何确定一直是富兰克林防雷理论的最大困扰所在。

　　避雷针，实质是引雷针，它使雷电触击其上而使建筑物得以保护，当雷击避雷针或避雷带时，由于引下线的阻抗，强大的雷电流可能会造成避雷系统带上高电位，对地电压可达相当高的数值，以至于可能造成接闪器及引下线向周围设备（设施）跳火反击，从而造成火灾或人身伤亡事故。另外，强大的雷电流泄入大地，在接地极周围形成跨步电压的危险也是不容忽视的。

3.3.2.2　法拉第笼式防雷法

　　法拉第笼式防雷法是利用钢筋或铜带把建筑物包围起来，如图3-3所示。

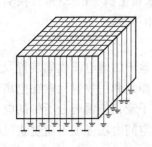

　　此法的出发点是建筑物被垂直与水平的导体密密麻麻地包围起来，形成一个法拉第保护笼。但建筑物有通道，有对外的空隙，不可能做到天衣无缝。法拉第保护笼只能屏蔽静电场，而对雷电流引起的空间变化电磁场无法屏蔽，并且法拉第保护笼不能使建筑物的拐角处避免雷击。

　　近年来，多是上述两种方法的混合使用。

图3-3　法拉第笼式防雷法示意图

3.3.2.3　消雷器防雷法

　　消雷器防雷的主要原理（见图3-4）是当雷云移动到消雷器的上方，消雷器在雷云电场启动下，产生电晕电流，电晕区内场强可达2800kV/m。电晕电流一方面在消雷器上空形成V形空间电荷屏蔽层，另一方面与雷云电荷中和，从而可削弱雷云电场，使雷电不击穿空气放电，让被保护物免遭雷击。

3.3.2.4　排雷器防雷法

　　排雷器防雷法是与常规的避雷针接闪器的思路完全相反的一种防雷方法，即设法将雷击拒之门外。排雷器的主要原理是设法使排雷装置带上与雷电下行先导同极性的电荷或设计特殊的电极，以便影响雷电先导的走向，使雷电先导绕过排雷装置和被保护物。排雷器可分为无源排雷器和有源排雷器。

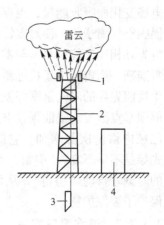

图3-4　消雷器防雷原理图
1—离子化装置；2—连接线；
3—接地装置；4—被保护物

　　（1）无源排雷器。法国科学家发现，如果在长空气间隙中的高压电击下放置一个大的金属球体，则先导放电经常绕开金属球而对地放电。无源的排雷器就是利用这种现象把排雷装置设计成一个特殊的电极（一般为球体）使被排雷装置和被保护物端部上空电场尽可能均匀，以免遭受雷击的一类防雷装置。在实际应用中，如何设计一个最佳的、特殊形状的电极，是有待进一步研究的问题。

（2）有源排雷器。有源排雷器的主要原理是在被保护物的顶部放置一个能产生与雷云电荷同极性的防雷装置，则在该装置的电荷区下有一个100%概率的排雷区，从而使被保护物免遭雷击。前苏联科学家的试验表明，当排雷装置产生的电荷为先导电荷的18%时，雷击概率仅为原来雷击概率的33%。在实际运用中如何产生与雷云同极性的电荷是一个亟待解决的问题。

3.3.2.5　放射性电离装置防雷法

放射性电离装置由顶部的放射性电离装置、地下的地电流收集装置及连接线组成。它不是通过控制雷击点来防止雷击事故，而是利用放射元素在电离装置附近形成强电场使空气电离，产生向雷云移动的离子流，使雷雨云所带的电荷得以缓慢中和与泄漏，从而使雷云与被保护物之间的空间电场强度不超过空气的击穿强度，消除落雷条件，抑制雷击发生。

3.3.2.6　提前预放电避雷针防雷法

提前预放电避雷针的工作原理是：当雷云来临时，提前预放电避雷针能够随大气电场变化而吸收能量，当存储能量达到一定程度时便会在避雷针尖端放电，尖端周围空气离子化，使避雷针上方形成一人工的向上雷电先导，它与自然的向上雷电先导相比，能更早地与雷云的向下先导接触，形成主放电通道。其放电时间非常准确。当雷云电场接近雷击强度时，提前预放电避雷针产生提前先导，并且产生提前先导的时间是刚好发生的闪电之前，如果此时不将雷电引下，雷击便将在周围某点激发。提前预放电避雷针的提前先导不会过早地"引雷"，使被保护物区域内雷击次数增加，它的放电和提前先导是不早不晚，"引雷"是到不引不行的时刻才自动"引雷"，从而最大限度地保护了被保护物。

3.3.2.7　避雷器防雷法

避雷器是为了保护设备不受感应雷和雷电波入侵的损害。其防雷原理是：通过间隙击穿达到对地放电目的，它必须与被保护设备并联（见图3-5）。避雷器的间隙击穿电压比被保护的设备绝缘

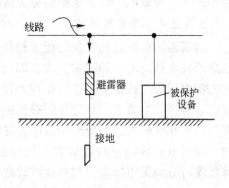

图3-5　避雷器连接图

的击穿电压低。正常工作电压时，避雷器间隙不会被击穿，当雷电波沿导线传来，出现危及被保护设备的过电压时，避雷器间隙很快被击穿，对地放电，使大量的电荷都泄入地中，从而限制了被保护设备的过电压，起到了保护设备的作用。过电压过去以后，间隙能迅速恢复灭弧，使被保护设备工作正常。也可采用大面积无源波导元件，让有用信号波与雷电波信号分开，有用信号进入接收装置，而让雷电波对地放电，使大量的电荷泄入地中，起到保护设备的作用。

3.3.2.8 绝缘防雷法

绝缘防雷法是对高耸的构架或设施（如航天飞机的发射机架、军用天线、微波塔等）的避雷采取直接将避雷针（或接闪的端子）安装在被保护的构架上，并与构架绝缘，使接闪器与被保护的构架分隔开，用多根拉线（即引下线）从接闪器外引下后，单独接地的一种防雷方法。

3.3.2.9 人工引雷防雷法

目前人工引雷防雷法主要有以下三种：

（1）激光引雷。用强度足够的激光束射向雷云，来定向引导雷电，直到主动截雷或引雷的一种防雷方法。

（2）火箭引雷。用小火箭引一条金属丝直接发射到云中实现人工触发雷击而达到引雷的一种防雷方法。

（3）水柱引雷。利用脉动加压式高压水枪将水柱射向雷云形成引雷通道的一种防雷方法。

3.3.2.10 人工影响雷电防雷法

人类的某些活动，如空间救援、强爆炸物的搬运和核装置的安装等，都需要对雷电进行短暂的防护，而常规的防雷装置已不适合。因此，防雷界的专家们提出了人工影响雷电的防雷方法。其主要方法有：

（1）对云播撒人工冰核，改变云体动力和微物理过程，以影响雷电放电。

（2）播撒金属箔以增加云中电导力，使云中电场维持在产生雷电值以下，从而抑制雷电产生。

（3）用激光等人为方法触发雷电放电，使云体小部分区域在限定的时间内放电。

3.3.3 防雷装置

防雷装置由外部防雷装置和内部防雷装置组成。

3.3.3.1 外部防雷装置

（1）接闪器。接闪器是将空中雷电引入大地起先导作用的那部分防雷装置，其可分为被动式接闪器和主动式接闪器。

1）被动式接闪器。被动式接闪器即常规接闪器，是直接受雷击的防雷常见的避雷针、避雷带、避雷环、避雷网、架空避雷线以及用作接闪器金属屋面钢烟囱、钢线杆等金属构件。一般情况下，接闪器应做镀锌或涂漆等防腐处理。在腐蚀性较强的场所，其截面应加大或采取其他防腐措施。

2）主动式接闪器。主动式接闪器即非常规接闪器，它与常规的被动式接闪器的防雷原理相反，即在雷击发生之前"主动出击"以降低接闪器的迎面先导的起始电场。通过增加接闪器拦截效率，或在接闪器端部通过电离的离子流增加接闪器高度，增加拦截效率或两种方案共同应用，形成驱雷–引雷系统，从而更有效地使被保护物免遭雷击。

一般接闪器有：主动式接闪器、主动式驱雷（排雷）接闪器、主动式消雷接闪器和主动式"驱雷–引雷"系统接闪器四大类型。

（2）引下线。引下线是雷电进入大地的通道，一般在既可采用圆钢又可用扁钢的条件下，优先采用圆钢。一般情况下，引下线应做热镀锌或涂漆防腐处理，在腐蚀性较强的场所，其截面积应加大或采取其他防腐措施。

（3）接地装置。接地装置是使雷电电流在大地中迅速流散而不会产生危险过电压的防雷装置，是接地体和接地线的总称。接地装置的形状尺寸比接地电阻规定值更为重要，但在条件许可的情况下，接地电阻越低越好。一般情况下，接地装置可分为人工接地装置和自然接地装置（利用建筑物钢筋等作为接地装置）两种类型。

3.3.3.2　内部防雷装置

内部防雷装置的目的是尽可能减小雷电流在需要防雷的空间内产生电磁效应。通常采用的是等电位连接技术和防雷电波入侵技术。

（1）等电位技术。等电位技术是将各金属部件与人工或自然接地体连接的防雷技术。用连接导线或过电压保护器将外在需要防雷的空间的防雷装置，如建筑物金属构架、金属装置、外来导体、电气装置、电信装置等与人工或自然接地体等电位连接。

（2）屏蔽技术。屏蔽是减小防雷区内电磁场干扰的基本措施，常常采用外部屏蔽、进出线路的综合布线和所有线路进行屏蔽的措施。

1）外部屏蔽。外部屏蔽是对整个建筑物或放置弱电系统设备的机房体采取金属网格或金属板进行屏蔽的一种技术，其主要目的是减少雷电电磁干扰。

2）综合布线。综合布线是对电设备的信号线、电源线、金属等进行合理布线以减小线之间的相互干扰。

3）线路屏蔽。线路屏蔽是对防雷区内弱电系统设备的所有信号线、电源线等采用有金属屏蔽层的电缆线，并在适当的地方对电缆的金属屏蔽层进行等电位技术处理，主要是防止线间相互干扰和电缆金属屏蔽层上的雷电波入侵和雷电电磁场干扰。

（3）防雷电波入侵技术。防雷电波入侵技术就是对所需要防雷空间内不同防雷区的交界处安装相应的过电压防雷装置。一般从 LPZ0$_A$ 过渡到 LPZ1 需考虑直击雷电流的影响来选取防雷过电压装置；而在 LPZ0$_B$ 过渡到 LPZ1 和 LPZ1 过渡到 LPZ2 的界面处所选用的防雷过电压装置，不必考虑雷电直击电流的影响，而重点考虑雷电流引起的电磁场干扰来选择过电压保护装置。

3.3.4 静电的控制方法

燃气本身具有着火和爆炸的危险性，同时还可能因直接摩擦或喷出时产生很高电压的静电，而引起着火和爆炸。静电造成的灾害与普通火灾的情况不同，一般静电在产生着火性放电前不易被人们察觉，而且灾害发生后也难根据残痕确定是否由静电引起。因此，为避免静电造成灾害，必须了解和重视可能产生各种静电的原因，预先采取相应的防护措施。

在很多情况下，不产生静电是不可能的，但产生静电并非危害所在，危险在于静电的积蓄，以及由此产生的静电电荷的放电。控制静电的方法就是在发生静电火花之前，为彼此分离的电荷提供一条通路，使它们毫无危害地中和。为此，可以采用下述的几种方法。

3.3.4.1 减少静电荷的产生

静电事故的基础条件就是静电荷的大量产生，所以，人为地控制和减少其产生，便可认为不存在点火源。静电消散的过程主要是指电荷从介质材料上的泄漏或中和。根据电荷守恒定律，两个过程的存在，可以制定不同的预防静电危害的方法。

在一些生产工艺过程中，静电的产生和消散过程可参见表 3-1。

表 3-1　静电产生和消散过程

过　　　程	产　　生	消　　散
薄膜材料经辊轴的传送	辊轴	收卷薄膜
气动输送颗粒材料	给料机、管道	料斗、料仓、除尘器
液体沿着管道流动	直线管道	接受容器
多箱干燥器内干燥	网栅、箱子四角	箱壁中间部分
液体在系统内流过微过滤器 - 管道 - 接受容器	微过滤器	接受容器

在采取预防静电的措施时，应首先查明电荷的产生和消散的区域，以便于采用合理的方法。例如，在料斗、接受容器、料仓等静电消散区域装设导电性网栅格子、叶板等是为了增大介质同接地设备的接触面积，对于消除静电的危害是有

效的；而若装设在管道内或个别带电区域，电荷反而会增多，还会增加其火花放电的危险性。有些工艺过程中，静电的产生和消散是同时存在的，在这种情况下，就要根据哪种过程占优势来确定静电的产生过程和静电的消散过程。

液体或粉体通过管道最后输运到储槽、储罐后，物料速度降为零，此时的静电电荷为消散过程，根据流速的降低会使静电消散过程加强的特点，常在管道中加装缓冲器，这样可以大大消除物料在管道内流动时积聚的静电。

用于液体输送管道末端的缓冲器的直径和长度可按下式计算：

$$D_s = D_g \sqrt{2} v d_s \tag{3-1}$$

$$L_s = 2.2 \times 10^{-11} \varepsilon_r \rho \tag{3-2}$$

式中 D_s——缓冲器直径，m；

       L_s——缓冲器长度，m；

       D_g——输送管道直径，m；

       v ——液体流速，m/s；

       ε_r——液体相对介电常数；

       ρ ——液体电阻率，$\Omega \cdot m$。

缓冲器适用于输送电阻率为 $10^9 \sim 10^{12} \Omega \cdot m$ 的液体介质，对电阻率更高的液体，缓冲器将变得太大而不便采用。

3.3.4.2   降低静电场合的危险度

控制或排除放电场合的可燃物，成为防静电危害的重要措施。

（1）降低爆炸性混合物在空气中的浓度。在有爆炸或火灾危险场所安装通风装置或抽气换气装置，及时有效地排出爆炸性混合物，把爆炸性混合物的浓度控制在低于爆炸下限或高于爆炸上限的范围，防止静电火花引起爆炸或火灾事故。对于易燃液体还有一个爆炸温度极限问题。爆炸温度极限也有爆炸温度下限和爆炸温度上限之分。当温度处于这个下限和上限之间时，液体蒸发产生的蒸气混合物的浓度正好在该液体的爆炸浓度极限范围之内，液体的爆炸温度下限即该液体的闪点。

（2）减少氧含量或采取强制通风措施。限制或减少空气中的氧含量，使可燃物达不到爆炸极限浓度，通常氧含量不超过 8% 时就不会使可燃物引起燃烧和爆炸。减少氧含量常用的方法是在蒸气或粉尘的容器内充填二氧化碳、氮气或其他不活泼气体，以减少蒸气、气体或粉尘爆炸性混合物中的氧含量，消除燃烧条件，防止发生爆炸或火灾事故。

（3）尽量用不可燃介质代替可燃介质。如果不影响工艺过程的正常进行，最好用不可燃介质代替可燃介质，这不仅防止了静电的引燃，而且杜绝了一切着火的根源。例如，汽油和煤油可以洗涤设备或设备零部件上的油脂污物，但是汽油和煤油即使在正常温度下也容易产生蒸气，在其表面附近与空气形成爆炸性混合物，而且汽油和煤油的闪点和燃点都很低，加之两者又都比较容易产生静电，使用它们作为洗涤剂会带来很大的危险性。因此，建议采用危险性较小的三氯乙烯和四氯化碳等溶剂作为洗涤剂，当然还要注意其毒性以及可能形成光气的危险性。

3.3.4.3 合理选择工艺过程的材料及设备

（1）带轮及输送带应选用导电性好的材料制作，以减少摩擦产生的静电。

（2）用齿轮传动带替代带轮传动，以减少摩擦产生的静电。

（3）使物料与不同材料制成的设备或装置进行摩擦而产生不同极性的电荷，从而互相中和。

（4）选用具有导电性的工具，增加泄漏渠道等。

3.3.4.4 控制降低摩擦速度或流速

通过管道输送的液态液化石油气，为保证其输送至储罐中是安全的，应该控制液体在管道中的流速，最大允许的安全流速由下式算出：

$$v^2 d \leqslant 0.64 \tag{3-3}$$

式中 v——液体在管道中的线速度，m/s；

d——管道的直径，m。

不同管径允许的最大流速，见表3-2。

表3-2 不同管径允许的最大流速

管径/mm	最大流速/m·s^{-1}	管径/mm	最大流速/m·s^{-1}
10	8.0	200	1.8
25	4.9	400	1.3
50	3.5	600	1.0
100	2.5		

如果管道上装有过滤器、分离器或其他工艺设备，而且它们距离储罐很近时，其速度还应降低。

3.3.4.5 控制人体静电

人在活动过程中，由于衣服与外界介质的接触分离，鞋底与绝缘地面的接触分离以及其他原因，会使衣服、鞋等带电。人体静电的放电火花可引燃可燃性物质，导致爆炸和火灾事故。防止人体带电的主要方法有：

（1）人体接地。可以在手腕上佩戴腕带、穿防静电鞋或者防静电工作服，降低人体静电电位。

（2）工作地面导电化。通过洒水或采用导电地面使工作地面导电化。

（3）危险场合严禁脱衣服。脱衣服时，人体和衣服上产生的静电可能达到数千伏甚至上万伏的高电位，极易形成火花放电而点燃可燃性气体混合物，发生爆炸火灾事故。

3.3.4.6　静电屏蔽

静电屏蔽的作用是用壳体将一个区域封闭起来，壳体可以做成金属隔板式、盒式，也可以做成电缆屏蔽和连接器屏蔽。静电屏蔽的壳体不允许存在孔洞。

静电屏蔽的材料应使用具有足够机械强度的、直径尽量小的金属线或数厘米方孔的金属网，图3-6（a）所示为管或软管等的屏蔽，图3-6（b）是将金属线在软管的表面上进行屏蔽，图3-6（c）使用内有金属网的管和软管子，金属网要可靠地接地，并应注意金属网中间不能断开。

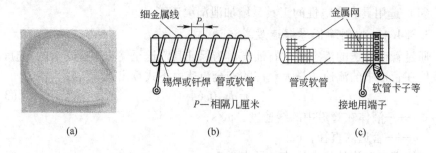

图3-6　管或软管等的静电屏蔽示意图

（a）防静电软管；（b）采用细金属线的屏蔽；（c）采用金属网的屏蔽

图3-7所示为布袋过滤器（简称袋滤器），应在布内加导电性纤维或金属线的材料，导电纤维布通过金属环进行接地。

如图3-8所示，在液态储罐内取样和检测的场所，为了限制带电液体电位，

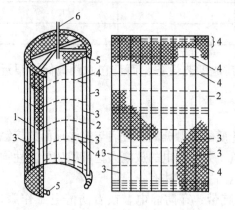

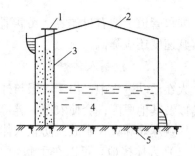

图3-7　掺入导电性纤维的袋滤器示意图

1，3—间隔1~3cm的导电纤维；2—滤布；

4—间隔4~8cm的导电纤维；5—接地金属环；

6—吊具（为金属时接地）

图3-8　采用检测井减少液面电位示意图

1—井口；2—储罐；3—检测井；

4—液体；5—大地

可在罐内设置开孔金属圆筒检测井，检测井内孔直径为 30cm 左右，并可靠接地。如单纯为了限制带电液面电位上升，也可以在罐内各处和罐顶盖与底面之间每隔数米设置垂直的接地金属线或导电性绳索。

3.3.5 静电接地

静电接地是用接地的方法提供了一条静电荷泄漏的通道。实际上，静电的产生和泄漏是同时进行的，是带电体输出和输入电荷的过程。物体上所积累的静电电位，在对地的电容一定时，取决于物体的起电量和泄漏量之差。显然，接地加速了静电的泄漏，从而可以确保物体静电的安全。

可以引起火灾、爆炸和危及安全场所的全部导电设备和导电的非金属器件，不管是否采用了其他的防止静电措施，都必须接地。

3.3.5.1 静电接地要求

静电接地的电阻大小取决于收集电荷的速率和安全要求，该电阻制约着导体上的电位和储存能量的大小。实验证明，生产中可能达到的最大起电速率为 10^{-4}A，一般为 10^{-6}A，根据加工介质的最小点火能量，可以确定生产工艺中的最大安全电位，于是满足上述条件的接地电阻便可以计算出来：

$$R < \frac{V_{\max}}{Q_f} \tag{3-4}$$

式中　R——静电接地的电阻，Ω；

　　$V_{\max}$——最大安全电位，V；

　　Q_f——最大起电速率，A。

在空气湿度不超过 60% 的情况下，非金属设备内部或表面的任意一点对大地的流散电阻不超过 $10^7\Omega$ 者，均认为是接地的。这一电阻值能保证静电弛豫时间常数的必要值，即在非爆炸介质中为十分之几秒，在爆炸介质中为千分之几秒。弛豫时间常数 τ 与器件或设备的接地电阻 R 和电容 C 的关系为 $\tau = RC$。

电容 C 如果很小，则电流流散电阻可能高于 $10^7\Omega$。依据这一观点计算出的最大允许接地电阻值，见表 3-3。

表 3-3　器件电容与允许接地电阻

周围介质	允许接地电阻 R/Ω	
	$C = 10^{-11}$F	$C = 10^{-10}$F
爆炸危险（$\tau = 10^{-3}$s）	10^8	10^7
非爆炸危险（$\tau = 10^{-1}$s）	10^{10}	10^9

防止静电接地装置通常与保护接地装置接在一起。尽管 $10^7\Omega$ 完全可以保证导出少量的静电荷，但是专门用来防静电的接地装置的电阻仍然规定不大于

100Ω。在实际生产工艺中，包括管路、装置、设备的工艺流程应形成一条完整的接地线。在一个车间的范围内与接地的母线相接不少于两处。

3.3.5.2 燃气场站静电接地方法

燃气场站工艺中有许多需要防止静电的地方。图 3-9 是管道法兰连接处消除静电的方法，法兰之间采用电阻率低的材料进行跨接。

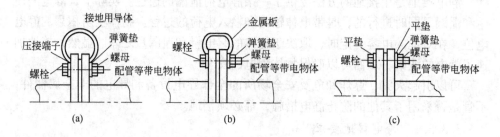

图 3-9　配管跨接

（a）导体跨接；（b）金属板跨接；（c）平垫跨接

移动设备不能像固定设备那样接地，因此可以采用如图 3-10 所示的连接器具进行接地。经常用到的接地器具还有夹钳或电池夹子、钳式插入连接器等。

在选择接地线时，要充分考虑到机械的变形和机械运转时引起的振动，为了可靠地连接接地线，最好采用锡焊的方法，电焊如图 3-11 所示的压紧端子螺母紧固方式。安装时最需要注意的是，要充分加大接触面积、接触压力，将接触电阻控制在几欧以下。当接地的对象为非金属物时，最好采用接触面积为 $20cm^2$ 以上的金属板或在物体和金属板之间采用导电橡胶。

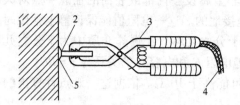

图 3-10　接地用连接器具的实例

1—带电物体；2—接地端子；3—连接器；
4—接地线；5—电焊或钎焊

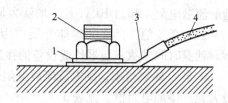

图 3-11　压紧端子螺母紧固

1—弹簧垫；2—接地端子；3—压紧
端子等连接头；4—接地线

针对燃气场站管路的静电接地，通常分管沟管路静电接地（见图 3-12）、地上管路静电接地（见图 3-13）和软管跨接与接地（见图 3-14）。

图 3-15 是工艺设备接地安装图，其中连接片上的 R，根据地脚螺栓或接地螺栓大小而定，对有衬里的工艺设备，接地耳应在设备制造时焊接。连接片长度制作参见表 3-4。

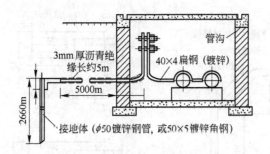

图 3-12 管沟管路静电接地

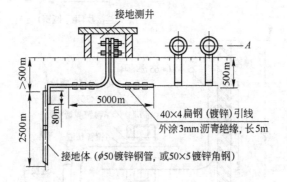

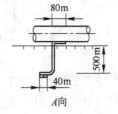

图 3-13 地上管路静电接地

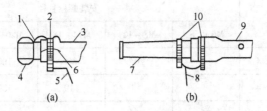

图 3-14 软管跨接与接地

（a）软管跨接；（b）软管接地

1—锡焊或铅焊的金属线；2，10—金属制软管卡子；3—内有金属线或金属网的软管；4—连接用具；
5—接地用导体；6—金属线或金属网；7—金属制喷嘴；8—接地用导体；9—软管

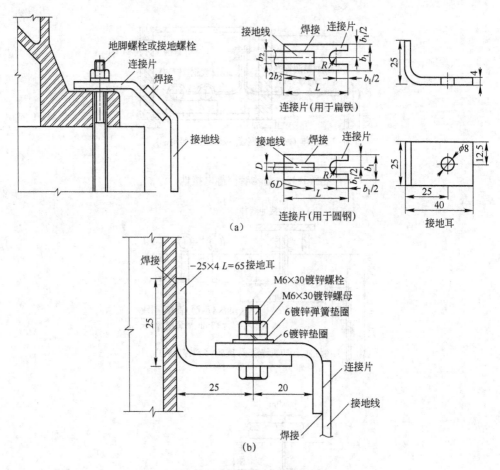

图 3-15　工艺设备接地安装图

（a）设备接地；（b）金属壳体接地

表 3-4　连接片长度制作表（mm）

接地线规格		安装螺栓直径				
		M6 以下	M8～12	M14～18	M20～24	M27～30
扁钢	−12×4		70	80	100	120
	−25×4			110	130	160
圆钢	φ5～6	80	80	100	120	140
	φ8～10	100	100	120	140	160
连接片规格及长度		−12×4	−25×4	−40×4	−50×4	−60×4

屋面上的燃气管道（在接闪器的保护范围以外）均应采用壁厚不小于 4mm 的无缝钢管焊接连接，并采用法兰阀门，法兰连接处的过渡电阻大于 0.03Ω 时，连接处应用金属线跨接。对有不少于 5 根螺栓连接的法兰盘，在非腐蚀环境下，可不跨接。屋面燃气金属管道、放散管、排烟管、锅炉等燃气设施应设置在避雷设施保护范围之内，并远离建筑物的屋檐、屋角、屋脊等雷击率较高的部位。屋面放散管和排烟管处应加装阻火器，并就近与屋面防雷装置做电气连接。屋面燃气金属管道与避雷网（带）至少应有两处采用金属线跨接，且跨接点的间距不应大于 30m。当屋面燃气金属管道与避雷网（带）的水平、垂直净距小于 100mm 时，也应跨接。屋面燃气管与避雷网之间的金属跨接线可采用圆钢或扁钢，圆钢直径不应小于 8mm，扁钢截面积不应小于 48mm，其厚度不应小于 4mm，宜优先选用圆钢。在建筑外敷设燃气管道，当与其他金属管道平行敷设的净距小于 100mm 时，每 30m 之间至少采用截面积不小于 6mm 的铜绞线将燃气管道与平行的管道进行跨接。当屋面管道采用法兰连接时，在连接部位的两端应采用截面积不小于 6mm 金属导线进行跨接；当采用螺纹连接时，应使用金属导线跨接。屋顶燃气设施防雷装置如图 3-16 所示。

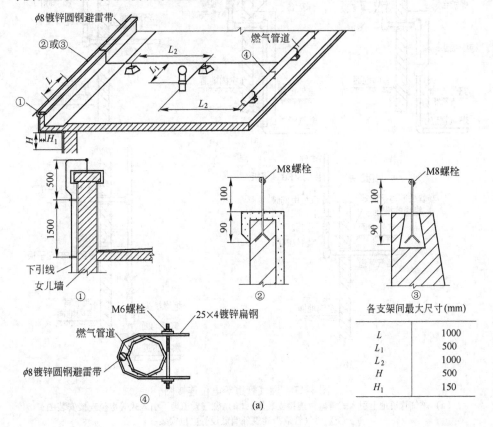

(a)

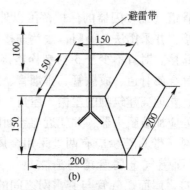

图 3-16   屋顶燃气设施防雷装置图

（a）屋顶燃气设施防雷图；（b）预制混凝土支座

燃气管道等电位连接如图 3-17 所示。其中 3-17（a）是燃气管道地上引入

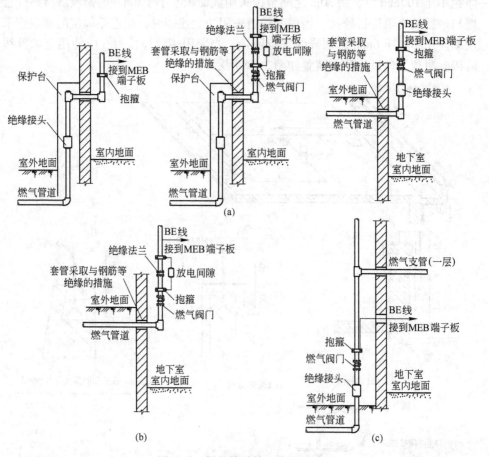

图 3-17   燃气管道等电位连接图

（a）燃气管道地上引入式等电位连接安装图；（b）燃气管道地下引入式等电位连接安装图；
（c）燃气管道沿建筑外墙敷设等电位安装图

式等电位连接安装图的三种安装形式；图3-17（b）是燃气管道地下引入式等电位连接安装图；图3-17（c）是燃气管道沿建筑外墙敷设等电位连接安装图。

图3-18所示为室外接地体连接图，该图适用于燃气管道静电接地保护装置。接地体均采用焊接方式（检测点例外）。焊接处应防腐，不应有夹渣、气孔等现象。接地电阻应小于10Ω，如大于10Ω可采用化学降阻剂。接地检测点应设在进户燃气管线室内离地800～1000mm处。地面以上的燃气管线上的连接处用金属线跨接。

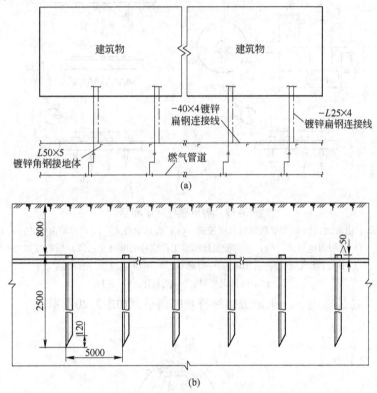

图3-18 室外接地体连接图
（a）室外接地体连接图；（b）接地体安装

3.3.6 安装静电中和器

静电中和器具有使用简便、不影响产品质量的特点，它是一种结构简单的防静电装置，由金属、木质或电介质制成的支承体，其上装有接地针和细导线等，如图3-19所示。

带电材料的静电荷在静电感应器的电极附近建立电场，在放电电极附近强电场的

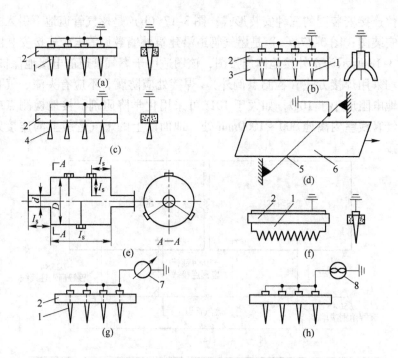

图 3-19　静电感应式中和器

（a）无屏蔽罩针状电极式；（b）带屏蔽罩针状电极式；（c）刷形电极式；（d）导线电极式；（e）用于液体的
棒状电极式；（f）锯齿形电极式；（g）带有微安计指示工作信号的电极式；（h）带有氖灯工作信号电极式

1—针状电极；2—支承体；3—屏蔽罩；4—刷形电极；5—导线电极；

6—移动的带电带料；7—微安计；8—氖灯

作用下产生碰撞电离，结果形成两种符号的离子，如图3-20所示。

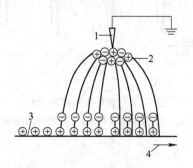

图 3-20　静电感应中和电荷的原理

1—放电电极；2—碰撞电离区；3—带电介质；4—电介质运动方向

　　碰撞电离的强度取决于电场强度，而电场强度的提高，在其他条件相同的
情况下，首先是依靠放电电极的曲率半径的减少和电极最佳间距的选择。

　　根据现场情况，正确放置静电中和器。图3-21是静电中和器设置位置的实

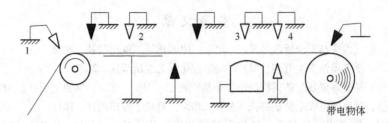

图 3-21 静电中和器设置位置的实例

△—不理想的位置；▼—理想的位置

1—静电产生源；2—背面接地体；3—邻近接地体；4—其他静电中和器

例，从图中可以看出，在安装静电中和器时要考虑下列问题：

（1）静电中和器应尽量安装在最高电位的位置上。

（2）静电中和器不应安装在相对湿度80%以上或周围环境温度超过150℃的地方，当空气内存在易于污染静电除尘器的杂质时，也不宜安装静电中和器。

（3）离开静电产生源的距离最低应大于设置距离，一般为离开静电产生源5~20cm，如图3-22所示。

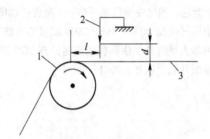

图 3-22 静电中和器的设置位置

d—设置距离；l—安装位置的距离

1—静电产生源；2—静电中和器；3—带电物体

3.3.7 其他方法

3.3.7.1 增湿

增湿是促使静电泄漏的措施，适用于绝缘体上静电的消除。可装设空调设备并设喷雾器或挂湿布片，提高空气的湿度；也可用温度略高于绝缘体表面温度的高湿度空气吹向绝缘体，结成水膜，进而泄漏静电。这些场所一般应保持相对湿度在70%以上为好。

3.3.7.2 添加抗静电剂

加入少量的抗静电添加剂，能降低材料的电阻，加速静电泄漏，消除静电危险。

思 考 题

1. 雷电和静电产生的原因是什么，会产生哪些危害？

2. 燃气场站防雷的要求与措施有哪些？

3. 燃气场站静电的控制方法有哪些？

参 考 文 献

[1] 戴路. 燃气供应与安全管理 [M]. 北京：中国建筑工业出版社, 2008.

[2] 花景新. 燃气场站安全管理 [M]. 北京：化学工业出版社, 2007.

[3] 李良福. 易燃易爆场所防雷抗静电安全检测技术 [M]. 北京：气象出版社, 2006.

[4] 郎永强，等. 静电安全防护要诀 [M]. 北京：机械工业出版社, 2011.

[5] 敬加强，梁光川，蒋宏业. 液化天然气技术问答 [M]. 北京：中国建筑工业出版社, 2007.

[6] 中国城市燃气协会. 城镇燃气设施运行、维护和抢修安全技术规程实施指南 [M]. 北京：中国建筑工业出版社, 2007.

[7] 彭世尼. 燃气安全技术 [M]. 重庆：重庆大学出版社, 2005.

[8] 中国气象局. QX/T 109—2009 城镇燃气防雷技术规范 [S]. 北京：气象出版社, 2009.

[9] 中华人民共和国住房和城乡建设部. GB 50057—2010 建筑物防雷设计规范 [S]. 北京：中国计划出版社, 2011.

4 燃气场站消防

+-+

【本章摘要】

本章首先对燃气场站的火灾危险性和场站等级进行划分，介绍了场站的区域、平面布置及站内各装置间的防火间距；然后对燃气场站不同区域的消防设施进行了分类介绍，并给出其消防设施布置的原则；最后对燃气行业发展较快，使用较广泛的液化天然气和汽车加气站的消防知识单独做了介绍。

【关键词】

火灾危险性，燃气场站，区域布置，平面布置，消火栓，消防给水，防火间距，防火堤，防火墙，隔堤，隔墙，液化石油气，液化天然气，汽车加气站。

【章节重点】

本章应重点掌握规范对燃气场站区域、平面布置的规定，消防设施和构筑物设置的规定。在设计中对场站的区域和平面进行合理布置，对消防设施和构筑物进行合理设置。

+-+

燃气场站设计中贯彻"预防为主，防消结合"的原则，以防止和减少火灾损失，保障人身和财产安全。燃气场站防火设计必须遵守国家、行业和部门的有关法规和政策，严格执行国家有关设计标准和规范，并参照国外标准。结合实际，正确处理生产和安全的关系，积极采用先进防火和灭火技术，做到保障安全生产，经济适用。设备选型时做到设备性能可靠、技术先进、方便运行、便于维护。严禁选用淘汰产品，在保证技术、质量的前提下，同等价格优先考虑国内供应。简化管理体制，在满足现场输气运行安全前提下，尽可能减少现场操作管理人员，降低运行管理费用，提高运行管理水平，提高管道自动化水平，加强监控系统。

4.1 火灾危险性分类及场站等级划分

4.1.1 火灾危险性分类

针对不同等级场站、燃气设施，消防设计要求均不相同。对场站进行火灾危险性分类十分必要，但各规范对于火灾危险性分类不尽相同。现行国家规范《建筑设计防火规范》（GB 50016）中关于易燃物质的火灾危险性分类见表4-1。现行国家规范《石油天然气工程设计防火规范》（GB 50183）根据《建筑设计防火规范》的规定进行了细分（见表4-2），如将甲类液体又分为甲$_A$和甲$_B$。由表4-1和表4-2可以看出，常见燃气如液化石油气、液化天然气、人工燃气和天然气火灾危险性等级均为甲级，属于易燃易爆类物质。

表4-1　易燃物质的火灾危险性分类

仓库类别	项别	储存物品的火灾危险性特征
甲	1	闪点＜28℃的液体
	2	爆炸下限＜10%的气体以及受到水或空气中水蒸气的作用，能产生爆炸下限＜10%气体的固体物质
	3	常温下能自行分解或在空气中氧化能导致迅速自燃或爆炸的物质
	4	常温下受到水或空气中水蒸气的作用，能产生可燃气体并引起燃烧或爆炸的物质
	5	遇酸、受热、撞击、摩擦以及遇有机物或硫黄等易燃的无机物，极易引起燃烧或爆炸的强氧化剂
	6	受撞击、摩擦或与氧化剂、有机物接触时能引起燃烧或爆炸的物质
乙	1	28℃≤闪点＜60℃的液体
	2	爆炸下限≥10%的气体
	3	不属于甲类的氧化剂
	4	不属于甲类的化学易燃危险固体
	5	助燃气体
	6	常温下与空气接触能缓慢氧化，积热不散引起自燃的物品
丙	1	闪点≥60℃的液体
	2	可燃固体
丁		难燃烧物品
戊		不燃烧物品

表4-2　石油天然气火灾危险性分类

类别		特　　征	举　　例
甲	A	37.8℃时蒸气压力＞200kPa的液态烃	液化石油气、天然气凝液、未稳定凝析油、液化天然气
	B	(1) 闪点＜28℃的液体（甲$_A$类和液化天然气除外）； (2) 爆炸下限＜10%（体积分数）的气体	原油、稳定轻烃、汽油、天然气、稳定凝析油、甲醇、硫化氢
乙	A	(1) 28℃≤闪点＜45℃的液体； (2) 爆炸下限≥10%的气体	原油、氨气、煤油
	B	45℃≤闪点＜60℃的液体	原油、轻柴油、硫黄
丙	A	60℃≤闪点≤120℃的液体	原油、重柴油、乙醇胺、乙二醇
	B	闪点＞120℃的液体	原油、二甘醇、三甘醇

4.1.2 场站等级划分

4.1.2.1 液化石油气、天然气场站等级划分

液化石油气、天然气场站分级主要根据天然气生产规模和液化石油气储罐容量大小而定。储罐容量大小不同，发生火灾后，爆炸威力、热辐射强度、波及范围、动用消防力量、造成的经济损失大小差别很大。因此，液化石油气、天然气场站分级，从宏观上说，根据液化石油气和天然气储罐总容量来确定等级是合适的。当液化石油气和天然气场站内同时储存液化石油气和天然气两种燃气时，分别计算规模和储罐总容量，并按其中较高者确定场站等级。

A 液化石油气场站等级划分

液化石油气场站按储罐总容量划分等级时，参见表 4-3。

表 4-3 液化石油气场站分级

等级	液化石油气储存总容量 V/m^3	等级	液化石油气储存总容量 V/m^3
一级	$V > 5000$	四级	$200 < V \leqslant 1000$
二级	$2500 < V \leqslant 5000$	五级	$V \leqslant 200$
三级	$1000 < V \leqslant 2500$		

B 天然气场站等级划分

天然气场站的生产过程都是带压生产，天然气场站火灾危险性大小除了与天然气场站的生产规模有关外，还同天然气场站生产工艺过程的繁简程度有很大关系。表 4-4 根据天然气场站的生产工艺和规模进行了等级划分。

表 4-4 天然气场站的等级划分 ($10^4 m^3/d$)

等级	天然气净化厂、天然气处理厂	天然气脱硫站、脱水站	天然气压气站、注气站
三级	$Q \geqslant 100$	$Q \geqslant 400$	—
四级	$50 \leqslant Q < 100$	$200 \leqslant Q < 400$	$Q > 50$
五级	$Q < 50$	$Q < 200$	$Q \leqslant 50$

另外，集气、输气工程中任何生产规模的集气站、计量站、输气站（压气站除外）、清管站、配气站等定为五级场站。

4.1.2.2 加气站等级划分

A 液化石油气加气站等级划分

液化石油气储罐为压力储罐（设计承受内压力不小于 0.1MPa 的储罐），其

危险程度很高，必须控制液化石油气加气站储罐的容积。从需求方面看，液化石油气加气站主要建在市区内，而在城市郊区一般皆建有液化石油气储存站，液化石油气的储存天数为 2 ~ 3 天，储罐容积一般为 30 ~ 60m³ 之间，基本能够满足运营需要。另外，运送液化石油气的主要车型是 10t 液化石油气槽车，为了能一次卸尽 10t 液化石油气，加气站的储罐容积最好不小于 30m³，具体划分见表 4-5。

表 4-5 液化石油气加气站的等级划分

级　别	液化石油气罐容积/m³	
	总容积	单罐容积
一级	$45 < V \leqslant 60$	$\leqslant 30$
二级	$30 < V \leqslant 45$	$\leqslant 30$
三级	$V \leqslant 30$	$\leqslant 30$

B　加油和液化石油气加气合建站的等级划分

加油和液化石油气加气合建站的级别划分，宜与加油站和液化石油气加气站的级别划分相对应，使某一级别的加油和液化石油气加气合建站与同级别的加油站、液化石油气加气站的危险程度基本相当，且能分别满足加油和液化石油气加气的运营需要。加油和液化石油气加气合建站的等级划分，应符合表 4-6 中规定。

表 4-6 加油和液化石油气加气合建站的等级划分

加油站	液化石油气加气站			
	一级 $120 < V \leqslant 180$	二级 $60 < V \leqslant 120$	三级 $30 < V \leqslant 60$	四级 $V \leqslant 30$
一级 $45 < V \leqslant 60$	×	×	×	×
二级 $30 < V \leqslant 45$	×	一级	一级	一级
三级 $20 < V \leqslant 30$	×	一级	二级	二级
四级 $V \leqslant 20$	×	一级	二级	三级

注：V 为油罐总容积或液化石油气罐总容积（m³）；表中"×"表示不能合建。

C　加油和压缩天然气加气合建站的等级划分

加油和压缩天然气加气合建站的级别划分与加油和液化石油气加气合建站的等级划分原则相同，具体见表 4-7。

表4-7 加油和压缩天然气加气合建站的等级划分

级别	油品储罐容积/m³		管道供气的加气站储气设施总容积/m³	加气子站储气设施总容积/m³
	总容积	单罐容积		
一级	60 < V ≤ 100	≤ 50	≤ 12	≤ 18
二级	V ≤ 60	≤ 30		

D LNG加气站、L-CNG加气站、LNG/L-CNC加气站的等级划分

加气站的等级划分主要考虑加气站设置的规模与周围环境条件的协调、汽车加气业务量和LNG储罐的容积应能接受进站槽车的卸量。目前，大型LNG槽车的卸量为52m³左右，加气站LNG储罐容积宜按1～3天的销售量进行配置。具体等级划分见表4-8。

表4-8 LNG加气站、L-CNG加气站、LNG/L-CNG加气站的等级划分

级别	LNG加气站		L-CNG加气站、LNG/L-CNG加气站		
	LNG储罐总容积/m³	LNG储罐单罐容积/m³	LNG储罐总容积/m³	LNG储罐单罐容积/m³	CNG储气总容积/m³
一级	120 < V ≤ 180	≤ 60	120 < V ≤ 180	≤ 60	≤ 12
二级	60 < V ≤ 120	≤ 60	60 < V ≤ 120	≤ 60	≤ 9
三级	≤ 60		≤ 60		≤ 8

E LNG加气、L-CNG加气、LNG/L-CNG加气与加油合建站的等级划分

现实规划时，可充分利用已有的二、三级加油站改扩建成加油和LNG加气合建站，有利于节省土地和提高加油加气站效益、加气站的网点布局，促进其发展，实用可行。L-CNG加气、LNG/L-CNG加气与加油合建站的等级划分可参照表4-9执行。

表4-9 LNG加气、L-CNG加气、LNG/L-CNG加气与加油合建站的等级划分

合建站等级	LNG储罐总容积/m³	LNG储罐总容积与油品储罐总容积合计/m³
一级	≤ 120	150 < V ≤ 210
二级	≤ 60	90 < V ≤ 150
三级	≤ 60	≤ 90

4.2 燃气场站防火安全布置

4.2.1 场站的区域布置

场站的区域布置是指场站与所处地段内，其他企业、建（构）筑物、居住区、线路等之间的相互关系。处理好这方面关系是确保场站安全的一个重要因

素。因为燃气散发的易燃易爆物质对周围环境存在发生火灾的威胁，而其周围环境、其他企业、居民区等火源种类杂而多，影响场站安全。因此，在确定区域布置时，应考虑周围相邻外部关系，合理进行场站选址，满足安全间距要求，防止和减少火灾发生和相互影响。合理利用地形、风向等自然条件是消除和减少火灾危险性的重要环节，当火灾发生时，可避免火势大幅度地蔓延，同时便于消防人员作业。具体选址应遵循以下规定。

（1）甲、乙、丙类液体储罐（区），可燃、助燃气体储罐（区），可燃材料堆场等，应设置在城市（区域）的边缘或相对独立的安全地带，并宜布置在城镇和居住区的全年最小频率风向上风侧。最小频率风向是指盛行风向对应轴的两侧，风向频率最小的方向。盛行风向是指当地风向频率最多的风向，如出现两个或两个以上方向不同，但风频均较大的风向，都可视为盛行风向。在山区、丘陵地区建设场站，宜避开窝风地段。

（2）甲、乙、丙类液体储罐（区）宜布置在地势较低的地带。当布置在地势较高的地带时，应采取安全防护措施。液化石油气储罐（区）宜布置在地势平坦、开阔等不易积聚液化石油气的地带。

（3）液化石油气场站的生产区沿江河岸布置时，宜布置在邻近江河的城镇、重要桥梁、大型锚地、船厂等重要建（构）筑物的下游。

（4）现行国家规范《建筑设计防火规范》（GB 50016）对甲、乙、丙类液体储罐（区）与建筑物的防火间距的要求见表 4-10，湿式可燃气体储罐与建筑物、储罐、堆场的防火间距见表 4-11。

干式可燃气体储罐与建筑物、储罐、堆场的防火间距与可燃气体的密度有关，当可燃气体的密度比空气大时，将表 4-11 中的数值增加 25%；当可燃气体的密度比空气小时，按表 4-11 的规定设计。

（5）站内的露天燃气工艺装置与站外建（构）筑物的防火间距应符合甲类生产厂房与厂外建（构）筑物的防火间距要求。

（6）现行国家规范《石油天然气工程设计防火规范》（GB 50183）在不违背现行国家规范《建筑设计防火规范》（GB 50016）中"甲、乙、丙类液体储罐（区）和气体储罐（区）与周围建筑物防火间距"规定（见表 4-10 和表 4-11）的前提下，对液化石油气、天然气场站与周围居住区、相邻厂矿企业、交通线等的防火间距做了更详细的规定，见表 4-12。

表 4-12 中的数值是指天然气场站内甲、乙类储罐外壁与周围居住区、相邻厂矿企业、交通线等防火间距。油气处理设备、装卸区、容器、厂房与序号 1~8 的防火间距可按表 4-12 的规定减少 25%。单罐容量小于或等于 $50m^3$ 的直埋卧式油罐与序号 1~12 的防火间距可减少 50%，但不得小于 15m；油品场站当仅储存丙$_A$ 或丙$_A$ 和丙$_B$ 类油品时，序号 1~3 的距离可减少 25%；当仅储存丙$_B$

表4-10 甲、乙、丙类液体储罐（区）与建筑物的防火间距（m）

液体储罐类别			建筑物的耐火等级			室外变、配电站
			一、二级	三级	四级	
甲、乙类液体	一个储罐区或堆场的总容积 V/m^3	$1 \leqslant V < 50$	12	15	20	30
		$50 \leqslant V < 200$	15	20	25	35
		$200 \leqslant V < 1000$	20	25	30	40
		$1000 \leqslant V < 5000$	25	30	40	50
丙类液体		$5 \leqslant V < 250$	12	15	20	24
		$250 \leqslant V < 1000$	15	20	25	28
		$1000 \leqslant V < 5000$	20	25	30	32
		$5000 \leqslant V < 25000$	25	30	40	40

表4-11 湿式可燃气体储罐（区）与建筑物、储罐、堆场的防火间距（m）

类 别			湿式可燃气体储罐的总容积 V/m^3			
			$V < 1000$	$1000 \leqslant V < 10000$	$10000 \leqslant V < 50000$	$50000 \leqslant V < 100000$
甲类物品仓库 明火或散发火花的地点 甲、乙、丙类液体储罐 可燃材料堆场 室外变、配电站			20	25	30	35
民用建筑			18	20	25	30
其他建筑	耐火等级	一、二级	12	15	20	25
		三级	15	20	25	30
		四级	20	25	30	35

表4-12 液化石油气、天然气场站区域布置防火间距（m）

序 号		1	2	3	4	5
场站类别		100人以上的居住区、村镇、公共福利设施	100人以下的散居房屋	相邻厂矿企业	铁 路	
					国家铁路线	工业企业铁路线
天然气场站	一级	100	75	70	50	40
	二级	80	60	60	45	45
	三级	60	45	50	40	40
	四级	40	35	40	35	25
	五级	30	30	30	30	20

续表 4-12

序　　号		1	2	3	4	5
场站类别		100人以上的居住区、村镇、公共福利设施	100人以下的散居房屋	相邻厂矿企业	铁路 国家铁路线	铁路 工业企业铁路线
液化石油气场站	一级	120	90	120	60	55
	二级	100	75	100	60	50
	三级	80	60	80	50	45
	四级	60	50	60	50	40
	五级	50	45	50	40	35
可能携带可燃液体的火炬		120	120	120	80	80

序　　号		6	7	8	9	10	11	12	13
场站类别		公路 高速公路	公路 其他公路	35kV及以上独立变电所	架空电力线路 35kV及以上	架空电力线路 35kV以下	架空通讯线路 国家Ⅰ、Ⅱ级	架空通讯线路 其他通讯线路	爆炸作业场地（如采石场）
天然气场站	一级	35	25	60	1.5倍杆高且不小于30m	1.5倍杆高	40	1.5倍杆高	300
	二级	30	20	50					
	三级	25	15	40					
	四级	20	15	40			1.5倍杆高		
	五级	20	10	30	1.5倍杆高				
液化石油气场站	一级	40	30	80	40	1.5倍杆高	40	1.5倍杆高	300
	二级	40	30	80					
	三级	35	25	70					
	四级	35	25	60	1.5倍杆高且不小于30m				
	五级	30	20	50	1.5倍杆高				
可能携带可燃液体的火炬		80	60	120	80	80	80	60	300

丙$_B$ 类油品时，可不受表 4-12 限制；表中 35kV 及以上独立变电所系指变电所内单台变压器容量在 10000kV·A 及以上的变电所，小于 10000kV·A 的 35kV 变电所防火间距可减少 25%。以上折减不能叠加。放空管可按表 4-12 中规定可能携带可燃液体的火炬间距减少 50%。当油罐区采用烟雾灭火时，四级油品场站

的油罐区与 100 人以上的居住区、村镇、公共福利设施的防火间距不应小于 50m。火炬的防火间距应经辐射热计算确定，对可能携带可燃液体的火炬的防火间距，不应小于表 4-12 的规定。

（7）气井与周围建（构）筑物、设施的防火间距按表 4-13 的规定执行。

表 4-13　气井与周围建（构）筑物、设施的防火间距（m）

类　别		自喷气井、注气井
一、二、三、四级天然气场站储罐及甲、乙类储罐		40
100 人以上的居住区、村镇、公共福利设施		45
相邻厂矿企业		40
铁路	国家铁路线	40
	工业企业铁路线	30
公路	高速公路	30
	其他公路	15
架空通讯线	国家 I、II 级	40
	其他通讯线	15
35kV 及以上独立变电所		40
架空电力线	35kV 以下	1.5 倍杆高
	35kV 及以上	

当气井关井压力或注气井注气压力超过 25MPa 时，与 100 人以上的居住区、村镇、公共福利设施及相邻厂矿企业防火间距应按表 4-13 的规定增加 50%。

（8）火炬和放空管宜位于天然气场站生产区最小频率风向的上风侧，且宜布置在场站外地势较高处。放空管放空量小于或等于 $1.2 \times 10^4 m^3/h$ 时，放空管与天然气场站的间距不应小于 10m；放空量大于 $1.2 \times 10^4 m^3/h$ 且小于或等于 $4 \times 10^4 m^3/h$ 时，放空管与天然气场站的间距不应小于 40m。

4.2.2　场站总平面布置

为了安全生产，场站内部平面布置应根据其生产工艺特点、火灾危险性等级、功能要求，结合地形、风向等条件，对各类设施和工艺装置进行功能分区，防止或减少火灾发生及相互间影响。

4.2.2.1　场站总平面布置的总体要求

可能散发可燃气体的场所和设施宜布置在人员集中场所及明火或散发火花地

点的全年最小频率风向的上风侧；甲、乙、丙类液体储罐，宜布置在场站地势较低处；当受条件限制或有特殊工艺要求时，可布置在地势较高处，但应采取有效的防止液体流散的措施。在山区或在丘陵地区建设油气场站，由于地形起伏较大，为了减少土石方工程量，场区一般采用阶梯式竖向布置，为了防止可燃液体流到下一个台阶上，阶梯间应有防止泄漏可燃液体漫流的措施。

4.2.2.2　场站内的布置

甲、乙、丙类液体储罐区，可燃、助燃气体储罐区，可燃材料堆场，应与装卸区、辅助生产区及办公区分开布置。场站内的锅炉房、35kV 及以上的变（配）电所、加热炉、水套炉等有明火或散发火花的地点，遇有泄漏的可燃气体会引起爆炸和火灾事故，为减少事故发生的可能性，宜布置在场站或生产区边缘。空气分离装置要求吸入的空气应洁净，若空气中含有可燃气体，一旦被吸入空分装置，则有可能引起设备爆炸等事故。因此，将空分装置布置在空气清洁地段并位于散发油气、可燃气、粉尘等场所全年最小频率风向的下风侧。液化石油气和硫黄的装卸车场及硫黄仓库等，应布置在场站的边缘，独立成区，并宜设单独的出入口。

天然气场站内的管道宜地上敷设，一旦泄漏，便于及时发现和检修。三、四级天然气场站四周宜设不低于 2.2m 的非燃烧材料围墙（栏）。场站内变（配）电站（大于或等于35kV）应设不低于 1.5m 的围栏。道路与围墙（栏）的间距不应小于 1.5m。三级天然气场站内甲、乙类设备、容器及生产建（构）筑物至围墙（栏）的间距不应小于 5m。以上间距要求是为了满足消防车辆的通道要求。场站的最小通道宽度应能满足移动式消防器材的通过。在小型场站，应考虑在发生事故时生产人员能迅速离开危险区。

4.2.3　场站内部防火间距

4.2.3.1　场站内总平面布置的防火间距

一~四级液化石油气、天然气场站内总平面布置的防火间距除另有规定外，应不小于表 4-14 的规定。火炬的防火间距应经辐射热计算确定，对可能携带可燃液体的高架火炬还应满足表 4-14 的规定。按火灾危险性分类，如维修间、车间办公室、工具间、供水水泵、深井泵房、排涝泵房、仪表控制、应急发电设施、阴极保护间、循环水泵房、给水处理、污水处理等使用非防爆电气的厂房和设施，均有产生火花的可能，在表 4-14 中将其归为辅助生产厂房及辅助生产设施。将中心控制室、消防泵房和消防器材间、35kV 及以上变电所、自备电站、中心化验室、总机房和厂部办公室、空压站和空分装置归为全厂性重要设施。为了减少占地，在将装置、设备、设施分类基础上，采用区别对待的原则，将火灾危险性相同的尽量减小防火间距，甚至不设间距，表 4-14 中用"—"表示。

表 4-14 一～四级液化石油气和天然气场站总平面布置防火间距（m）

类别	全压力式液化石油气储罐，单罐容积					全冷冻式液化石油气储罐	天然气储罐总容积		甲乙类厂房和密闭工艺装置（设备）	有明火或散发火花地点（含加热炉）热炉	敞口容器和除油池		全厂性重要设施	液化石油气灌装站	汽车装卸鹤管	码头装卸油臂及泊位	辅助生产厂房及辅助生产设施	10kV及以下户外变压器
	>1000m³	≤1000m³	≤400m³	≤100m³	≤50m³		≤10000m³	≤5000m³			≤30m³	>30m³						
全压力式液化石油气储罐，单罐容积 >1000m³	见表4-17																	
≤1000m³																		
≤400m³																		
≤100m³																		
≤50m³																		
全冷冻式液化石油气储罐	30	30	30	30	30													
天然气储罐总容积 ≤10000m³	55	50	45	40	35	40												
≤5000m³	65	60	55	50	45	50	30											
甲乙类厂房和密闭工艺装置（设备）	60	50	45	40	35	60	25	20										
有明火或散发火花地点（含锅炉房）热炉	85	75	65	55	45	60	25	25	25/20									
敞口容器和除油池 ≤30m³	100	80	70	60	50	60	30	25	25	25								
>30m³	44	40	36	32	30	40	25	20	25	35	25							
全厂性重要设施	55	50	45	40	35	40	30	25	25/15	25	30	30						
液化石油气灌装站	85	75	65	55	45	70	30	25	30	35	25	50	30					
汽车装卸鹤管	50	40	30	25	20	45	25	20	35/15	25	20	30	30	25				
码头装卸油臂及泊位	45	40	35	30	25	45	20	20	15	30	30	25	30	25	20			
辅助生产厂房及辅助生产设施	40	35	30	25	20	45	20	15	15	20	20	40	40	30	25	30		
10kV及以下户外变压器	55	50	45	40	35	55	25	20	20	25	25	20	30	30	25	30	20	
仓库 硫黄及其他甲类、乙类物品	50	40	30	25	20	50	20	15	15	20	15	20	20	25	20	20	15	25
可能携带可燃液体的高架火炬	90	90	90	90	90	90	90	90	90	90	90	90	90	90	90	90	90	90

表4-14中，两个丙类液体生产设施之间的防火间距，可按甲、乙类生产设施的防火间距减少25%。天然气储罐总容量按标准体积计算。当总容量大于 $5 \times 10^4 m^3$ 时，防火间距应按表中规定增加25%。可能携带可燃液体的高架火炬与相关设施的防火间距不得折减。表中分数分子表示甲$_A$类，分母表示甲$_B$、乙类厂房和密闭工艺装置（设备）防火间距。液化石油气灌装站指进行液化石油气灌瓶、加压及其有关的附属生产设施，灌装站防火间距起算点按灌装站内相邻面的设备、容器、建（构）筑物外缘算起。

4.2.3.2　场站内的储罐、工艺装置的防火间距

A　储罐之间的防火间距

现行国家规范《建筑设计防火规范》（GB 50016）中对甲、乙、丙类液体储罐之间，甲、乙、丙类储罐成组布置，可燃气体储罐或储罐区之间的防火间距给出了详细规定。具体如下：

（1）甲、乙、丙类液体储罐之间防火间距除考虑安装、检修的间距外，主要考虑火灾时避免相互危及和便于扑救火灾的需要。详细规定见表4-15。

表4-15　甲、乙、丙类液体储罐之间的防火间距

液体储罐		储罐形式				
		固定储罐			浮顶储罐	卧式储罐
		地上式	半地下式	地下式		
甲、乙类液体	单罐容量 $V \leq 1000 m^3$	$0.75D$	$0.5D$	$0.4D$	$0.4D$	不小于 $0.8m$
	$V > 1000 m^3$	$0.6D$				
丙类液体	不论容量大小	$0.4D$	不限	不限	—	

表4-15中，D 为相邻较大立式储罐的直径（m），矩形储罐的直径为长边和短边之和的一半。两排卧式储罐之间的防火间距不应小于3m。设置充氮保护设备的液体储罐之间防火间距可按浮顶储罐间距确定。当单罐容积小于或等于 $1000 m^3$ 且采用固定冷却消防方式时，甲、乙类液体的地上式固定储罐之间的防火间距不应小于 $0.6D$。同时设有液下喷射泡沫灭火设备、固定冷却水设备和扑救防火堤内液体火灾的泡沫灭火设备时，储罐之间的防火间距可适当减小，但地上式储罐不宜小于 $0.4D$。闪点大于120℃的液体，当储罐容量大于 $1000 m^3$ 时，其储罐之间的防火间距不应小于15m；当储罐容量小于或等于 $1000 m^3$ 时，其储罐之间的防火间距不应小于2m。

（2）对小型甲、乙、丙类储罐成组布置时，在保证安全前提下，能更好地节约用地、节约管线，方便操作管理。组内储罐的单罐储量和总储量应小于表4-16的规定。

表4-16 甲、乙、丙类液体储罐分组布置的限量 （m³）

类 别	单罐最大储量	一组罐最大储量
甲、乙类液体	200	1000
丙类液体	500	3000

为防止火灾时火势蔓延扩大，利于扑救、减少损失，组内储罐的布置不应超过两排。甲、乙类液体立式储罐之间的防火间距不应小于2m，卧式储罐之间的防火间距不应小于0.8m。丙类液体储罐之间的防火间距不限。储罐组之间的防火间距应根据组内储罐的形式和总储量折算为相同类别的标准单罐，并按表4-16中的规定确定。如一组甲、乙类液体储罐总储量为950m³，其中100m³单罐2个，150m³单罐5个，则组与组的防火间距按小于或等于1000m³的单罐0.75D确定。

（3）甲、乙、丙类液体的地上式、半地下式储罐区的每个防火堤内，宜布置火灾危险性类别相同或相近的储罐。沸溢性液体储罐和非沸溢性液体储罐不应布置在同一防火堤内。地上式、半地下式储罐与地下式储罐，不应布置在同一防火堤内，且地上式、半地下式储罐应分别布置在不同的防火堤内。

（4）湿式可燃气体储罐之间、干式可燃气体储罐之间以及湿式与干式可燃气体储罐之间的防火间距不应小于相邻较大罐直径的1/2；固定容积的可燃气体储罐之间的防火间距不应小于相邻较大罐直径的2/3；固定容积的可燃气体储罐与湿式或干式可燃气体储罐之间的防火间距不应小于相邻较大罐直径的1/2。

（5）整个固定容积的可燃气体储罐的总容积大于 $2 \times 10^5 m^3$ 时，应分组布置。卧式储罐组与组之间的防火间距不应小于相邻较大罐长度的1/2。球形储罐组与组之间的防火间距不应小于相邻较大罐直径，且不应小于20m。

现行国家规范《石油天然气工程设计防火规范》（GB 50183）中对储罐的防火间距给出了具体数值，见表4-17。当表4-17中规定的数值与表4-15中数值不符时，取两者中较大者作为防火间距要求。

表4-17 储罐间的防火间距 （m）

火灾危险性类别	甲$_A$类	甲$_B$、乙$_A$类	乙$_B$、丙类
甲$_A$类	25		
甲$_B$、乙$_A$类	20	20	
乙$_B$、丙类	15	15	10

B 设备、建（构）筑物间的防火间距

甲、乙、丙类液体储罐，可燃、助燃气体与道路的距离是根据汽车和拖拉机排气管飞火对储罐的威胁确定的。据调查机动车辆的飞火影响范围远者为 8 ~ 10m，近者为 3 ~ 4m。由此确定甲、乙、丙类储罐和气体储罐与道路的防火间距，见表4-18。

表4-18 储罐与道路的防火间距（m）

类　　别	厂外道路路边	厂内道路路边	
		主要	次要
甲、乙类液体储罐	20	15	10
丙类液体储罐	15	10	5
可燃、助燃气体储罐	15	10	5

C 装置间防火间距

表4-19为装置间防火间距。由燃气轮机或天然气发动机直接拖动的天然气压缩机对明火或散发火花的设备或场所、仪表控制间等的防火间距按表中可燃气体压缩机或其厂房确定。对其他工艺设备及厂房、中间储罐的防火间距按表中明火或散发火花的设备或场所确定。表4-19 中对中间储罐的总容量要求，全压力式液化石油气储罐应小于或等于100m^3，甲$_B$、乙类液体储罐应小于或等于1000m^3。当单个全压力式液化石油气储罐小于50m^3，甲$_B$、乙类液体储罐小于100m^3 时，可按其他工艺设备对待。

表4-19 装置间防火间距（m）

类　　别		明火或散发火花的设备或场所	仪表控制间、10kV 及以下的变配电室、化验室、办公室	可燃气体压缩机及其厂房	中间储罐		
					甲$_A$ 类	甲$_B$、乙$_A$ 类	乙$_B$、丙类
仪表控制间、10kV 及以下的变配电室、化验室、办公室		15					
可燃气体压缩机及其厂房		15	15				
其他工艺设备及厂房	甲$_A$ 类	22.5	15	9	9	9	7.5
	甲$_B$、乙$_A$ 类	15	15	9	9	9	7.5
	乙$_B$、丙类	9	9	7.5	7.5	7.5	
中间储罐	甲$_A$ 类	22.5	22.5	15			
	甲$_B$、乙$_A$ 类	15	15	9			
	乙$_B$、丙类	9	9	7.5			

4.2.3.3 五级油气场站总平面布置的防火间距

五级油气场站规模小、工艺流程较简单，火灾危险性小。此类场站的主要设施防火间距见表4-20。表4-20中辅助生产厂房是指发电机房及使用非防爆电气的厂房和设施，如站内的维修间、化验间、工具间、供注水泵房、办公室、会议室、仪表控制间、药剂泵房、掺水泵房及掺水计量间、注气设备、库房、空压机房、循环水泵房、空冷装置、污水泵房等。表4-20中分子表示甲$_A$类，分母表示甲$_B$、乙类设施的防火间距。"—"表示设施之间的防火间距应符合现行国家规范《建筑设计防火规范》的规定或者设施间距仅需满足安装、操作及维修要求。"＊"表示表4-20中未涉及的内容。

天然气场站值班休息室（宿舍、厨房、餐厅）距甲、乙类油品储罐不应小于30m，距甲、乙类工艺设备、容器、厂房、汽车装卸设施不应小于22.5m。当值班休息室朝向甲、乙类工艺设备、容器、厂房、汽车装卸设施的墙壁为耐火等级不低于二级的防火墙时，防火间距可减小（储罐除外），但不应小于15m，并应方便人员在紧急情况下安全疏散。

4.2.3.4 其他附属设施

天然气密闭隔氧水罐和天然气放空管排放口与明火或散发火花地点的防火间距不应小于25m，与非防爆厂房之间的防火间距不应小于12m。加热炉附属的燃料气分液包、燃料气加热器等与加热炉的防火距离不限。燃料气分液包采用开式排放时，排放口距加热炉的防火间距应不小于15m。

4.2.4 场站内部道路

4.2.4.1 场站内部道路的布置

液化石油气储罐区，甲、乙、丙类液体储罐区和可燃气体储罐区，应设置消防车道。储量大于表4-21规定的储罐区，宜设置环形消防车道。

占地面积大于30000m²的可燃材料堆场，应设置与环形消防车道相连的中间消防车道，消防车道的间距不宜大于150m。液化石油气储罐区，甲、乙、丙类液体储罐区，可燃气体储罐区以及区内的环形消防车道之间宜设置连通的消防通道。供消防车取水的天然水源和消防水池应设置消防车道。

4.2.4.2 场站内部道路要求

A 道路尺寸

消防车道的净宽度不应小于4.0m。一级场站内消防车道的路面宽度不宜小于6m，若为单车道时，应有往返车辆错车通行的措施。供消防车停留的空地，其坡度不宜大于3%。五级油气场站可设有回车场的尽头式消防车道，回车场的面积应按当地所配消防车辆车型确定，但不宜小于15m×15m。现行国家规范《建筑设计防火规范》（GB 50016）中规定：回车场的面积不应小于12m×12m，供大型消防车使用时不宜小于18m×18m。

表4-20　五级油气场站防火间距（m）

类别	油气井	露天油气密闭设备及阀组	可燃气体压缩机及压缩机房	泵房、阀组间	水套炉	加热炉、锅炉房	10kV及以下户外变压器、配电间	隔油池、事故污油池（罐）、卸油池 ≤30m³	>30m³	≤500m³油罐（除甲A类外）及装卸车鹤管	液化石油气储罐 单罐且罐总容积<50m³时	总容积≤100m³	100m³<总容积≤200m³，单罐容积≤100m³	计量仪表间、值班室或配水间	辅助生产厂房及辅助生产设施	硫黄仓库
油气井																
露天油气密闭设备及阀组	5															
可燃气体压缩机及压缩机房	20	5														
泵房、阀组间	20	10	15/10													
水套炉	9	5	9	15/10												
加热炉、锅炉房	20	10	15	22.5/15	—											
10kV及以下户外变压器、配电间	15	10	12	22.5/15	15	15										
隔油池、事故污油池（罐）、卸油池 ≤30m³	20	—	9	15	20	15	15									
>30m³	15	10	15	10	15	15	15									
≤500m³油罐（除甲A类外）及装卸车鹤管	*	12	15	30	10			15	15							
液化石油气储罐 单罐且罐总容积<50m³时				40	22.5	30	15	15	15	25						
100m³<总容积≤100m³					30	30	22.5	15	30	25						
100m³<总容积≤200m³，单罐容积≤100m³					40	40		30	30	30						
计量仪表间、值班室或配水间	9	5	10	10	10	10	10	15	15	15	22.5	22.5	40			
辅助生产厂房及辅助生产设施	20	12	15	15/10	15	15	—	15	22.5	15	22.5	30	40	—		
硫黄仓库	15	10	15	5	15	15	15	15	15	15	22.5	30	40	10	10	
污水池	5	5	5	5	5	5	5	5	5	5	5	5	5	10	10	5

表 4-21 堆场、储罐区的储量

名称	棉、麻、毛、化纤/t	稻草、麦秸、芦苇/t	木材/m³	甲、乙、丙类液体储罐/m³	液化石油气储罐/m³	可燃气体储罐/m³
储量	1000	5000	5000	1500	500	30000

B 间距

当道路高出附近地面 2.5m 以上，且在距道路边缘 15m 范围内有工艺装置或可燃气体、可燃液体储罐及管道时，应在该段道路的边缘设护墩、矮墙等防护设施。储罐组消防车道与防火堤的外坡脚线之间的距离不应小于 3m。储罐中心与最近的消防车道之间的距离不应大于 80m。甲、乙类液体厂房设备距消防车道的间距不宜小于 5m。

铁路装卸设施应设消防车道，消防车道应与场站内道路构成环形，受条件限制的，可设有回车场的尽头车道。消防车道与装卸栈桥的距离不应大于 80m 且不应小于 15m。

C 高度及转弯半径

消防车道的净空高度不应小于 5m。一、二、三级燃气场站消防车道转弯半径不应小于 12m，纵向坡度不宜大于 8% 。

4.2.5 场站内部绿化

站内绿化不仅可以美化环境，改善小气候，同时还能减少环境污染，但绿化设计必须结合场站生产的特点。生产区应选择含水分较多的树种，不应种植含油脂多的树木，不宜种植绿篱或灌木丛。可燃液体罐组内地面及土筑防火堤坡面种植草皮可减少地面的辐射热，有利于减少油气损耗，有利于防火。草皮生长高度必须小于 15cm，且能保持一年四季常绿。工艺装置区或储罐组与其周围的消防车道之间不应种植树木。为避免密度较大的燃气泄漏时就地积聚，液化石油气罐组防火堤或防护墙内严禁绿化。

4.3 消防设施

场站消防设施的设置应根据其规模、燃气性质、存储方式、储存容量、储存温度、火灾危险性及所在区域消防站布局、消防站装备情况及外部协作条件等综合因素确定。对容量大、火灾危险性大、场站性质和所处地理位置重要、地形复杂的场站，应适当提高消防设施的标准。总之，应因地制宜，结合国情，通过技术经济比较来确定，使节省投资和安全生产相统一。

集输气工程中的集气站、配气站、输气站、清管站、计量站及五级压气站、注气站、采出水处理站可不设消防给水设施，按规范要求设置一定数量的小型移动式灭火器材，扑灭火灾以消防车为主。

4.3.1　消防站

4.3.1.1　消防站的选址要求

消防站设置首先考虑救援力量的安全，以便在发生火灾时或紧急情况下能迅速出动，因此消防站的选址应位于重点保护对象全年最小频率风向的下风侧，交通方便、靠近公路。消防站与油气场站甲、乙类储罐区的距离不应小于200m；与甲、乙类生产厂房、库房的距离不应小于100m。主体建筑距医院、学校、幼儿园、托儿所、影剧院、商场、娱乐活动中心等容纳人员较多的公共建筑的主要疏散口应大于50m，且便于车辆迅速出动的地段。消防车库大门应朝向道路。从车库大门墙基至城镇道路规划红线的距离规定为：二、三级消防站不应小于15m；一级消防站不应小于25m；加强消防站、特勤消防站不应小于30m。

4.3.1.2　消防站及消防车的设置

消防站和消防车的设置应体现重要场站与一般场站区别对待，东部地区与西部地区区别对待的原则。重要场站，站内设置固定消防系统，同时按区域规划要求在其附近设置等级不低于二级的消防站，确保其安全。一般场站内设固定消防系统，并考虑适当的外部消防协作力量。站内消防车是站内义务消防力量的组成部分，可以由生产岗位人员兼管，并可参照消防泵房确定站内消防车库与生产设施的距离。消防站的详细设计可参照《城市消防站建设标准》（JB 152—2011）执行。

气田消防站应根据区域规划设置，并应结合场站火灾危险性大小、邻近的消防协作条件和所处地理环境划分责任区。一、二、三级燃气场站集中地区应设置等级不低于二级的消防站。三级及以上燃气场站内设置固定消防系统时，可不设消防站。如果邻近消防协作力量不能在30min内到达，在人烟稀少、条件困难地区，邻近消防协作力量的到达时间可酌情延长，但不得超过消防冷却水连续供给时间，气田三级天然气净化厂配2台重型消防车。输气管道的四级压气站设置固定消防系统时，可不设消防站和消防车。

4.3.1.3　消防站建筑设计要求

消防站的建筑面积应根据所设站的类别、级别、使用功能等有利于执勤战备、方便生活、安全使用等原则合理确定。消防站建筑物的耐火等级应不小于二级。

消防车库设置备用车位及修理间、检车地沟。修理间与其他房间应用防火墙隔开,且不应与火警调度室毗邻。消防车库应有排除发动机废气的设施。滑杆室通向车库的出口处应有废气阻隔装置。消防车库应设有供消防车补水用的室内消火栓或室外水鹤。消防车库大门开启后,应有自动锁定装置。

消防站的供电负荷等级不宜低于二级,并应设配电室。有人员活动的场所应设紧急事故照明。消防站车库门前公共道路两侧50m,应安装提醒过往车辆注意避让消防车辆出动的警灯和警铃。

4.3.1.4 消防站装备

天然气储配站和管道发生的火灾,具有热值高、辐射热强、扑救难度大的特点。实践证明,扑救这类火灾需要载重量大、供给强度大、射程远的大功率消防车。消防车辆的配备应根据表4-22选配。

表4-22 消防站的消防车辆配置

消防站类别	普通消防站			加强消防站	特勤消防站
	一级站	二级站	三级站		
车辆配备数/台	6~8	4~6	3~6	8~10	10~12
消防车种类	通讯指挥车	√	√		√	√
	中型泡沫消防车	√	√	√		√
	重型水罐消防车	√	√	√		√
	重型泡沫消防车	√			√	√
	泡沫运输罐车				√	√
	干粉消防车	√	√	√		√
	举高云梯消防车				√	√
	高喷消防车	√			√	√
	抢救救援工具车	√			√	√
	照明车	√			√	√

4.3.1.5 灭火剂配备要求

独立消防站所配车辆的最大灭火剂总载荷,应是扑救重点保卫对象一处火灾的最低需要量。消防站一次车载灭火剂最低总量应符合表4-23的要求。按照一次车载灭火剂总量1:1的比例保持储备量,若邻近消防协作力量不能在30min内到达,储备量应增加1倍。

4.3.2 消防给水

消防用水可由给水管道、消防水池或天然水源供给,应满足水质、水量、水

表 4-23 消防站一次车载灭火剂最低总量（t）

消防站类别		普通消防站			加强消防站	特勤消防站
		一级站	二级站	三级站		
灭火剂	水	32	30	26	32	36
	泡沫灭火剂	7	5	2	12	18
	干粉灭火剂	2	2	2	4	6

压、水温要求。当利用天然水源时，应确保枯水期最低水位时消防用水量的要求，并设置可靠的取水设施。

4.3.2.1　消防供水管道的类型

场站内的消防供水管道有两种类型：一种是敷设专用的消防供水管，另一种是消防供水管道与生产、生活给水管道合并。专用消防供水管道由于长期不使用，管道内的水质易变质。另外，由于管理工作制度不健全，特别是寒冷地区，有的专用消防供水管道被冻裂。如采用合并式管道，既可解决上述问题，又可节省建设投资。消防用水与生产、生活给水合用一个给水系统，系统供水量应为100%消防用水量与70%生产、生活用水量之和。

4.3.2.2　消防给水管网

储罐区和天然气处理厂装置区的消防给水管网应布置成环状，并应采用易识别启闭状态的阀门将管网分成若干独立段，每段内消火栓的数量不宜超过5个。从消防泵房至环状管网的供水干管不应少于两条，当其中一根发生故障时，其余干管仍能供给消防总用水量。其他部位可设枝状管道。储罐区在场站中火灾危险性最大，环状管网彼此相通，双向供水安全可靠。寒冷地区的消火栓井、阀井和管道等有可靠的防冻措施。采用半固定低压制消防供水的场站，如条件允许宜设2条站外消防供水管道。室外消防给水管道的直径不应小于DN100。

4.3.2.3　消防用水量

室外消防用水量应为厂房（仓库）、储罐（区）、堆场室外设置的消火栓、水喷雾、水幕、泡沫等灭火系统等需要同时开启时的用水量之和。

A　可燃气体储罐消防用水量

可燃气体储罐（区）的室外消防用水量不应小于表4-24中的规定数值，表4-24中固定容积的可燃气体储罐的总容积按其几何容积（m³）和设计工作压力（绝对压力，Pa）的乘积计算得出。

B　甲、乙、丙类液体储罐（区）的室外消防用水量

甲、乙、丙类液体储罐（区）的室外消防用水量应按灭火用水量和冷却用水量之和计算。

表 4-24 可燃气体储罐（区）的室外消防用水量

储罐（区）容积/m³	消防用水量/L·s⁻¹	储罐（区）容积/m³	消防用水量/L·s⁻¹
$0.05 \times 10^4 < V \leqslant 1 \times 10^4$	15	$10 \times 10^4 < V \leqslant 20 \times 10^4$	30
$1 \times 10^4 < V \leqslant 5 \times 10^4$	20	$V > 20 \times 10^4$	35
$5 \times 10^4 < V \leqslant 10 \times 10^4$	25		

（1）灭火用水量应按罐区内最大罐所应配套的泡沫灭火系统、泡沫炮和泡沫管枪灭火所需的灭火用水量之和确定，并应按现行国家规范《泡沫灭火系统设计规范》（GB 50151）或《固定消防炮灭火系统设计规范》（GB 50338）的规定计算。

（2）冷却用水量应按储罐区一次灭火最大需水量计算。距着火罐罐壁 1.5 倍直径范围内的相邻储罐应进行冷却，其冷却水的供给范围和供给强度不应小于表 4-25 的规定。当相邻罐采用不燃材料作绝热层时，表 4-25 中冷却水供给强度可按表中规定减少 50%。储罐可采用移动式水枪或固定式设备进行冷却。当采用移动式水枪进行冷却时，无覆土保护的卧式罐的消防用水量，当计算出小于 15L/s 时，仍应采用 15L/s。地上储罐的高度大于 15m 或单罐容积大于 2000m³ 时，宜采用固定式冷却水设施。当相邻储罐超过 4 个时，冷却用水量可按 4 个计算。

表 4-25 甲、乙、丙类液体储罐冷却水的供给范围和供给强度

设备类型		储罐名称	供给范围	供给强度/L·(s·m)⁻¹
移动式水枪	着火罐	固定顶立式罐（包括保温罐）	罐周长	0.60
		浮顶罐（包括保温罐）	罐周长	0.45
		卧式罐	罐壁表面积	0.10
		地下立式罐、半地下和地下卧式罐	无覆土罐壁表面积	0.10
	相邻罐	固定顶立式罐 不保温罐	罐周长的 1/2	0.35
		固定顶立式罐 保温罐	罐周长的 1/2	0.20
		卧式罐	罐壁表面积的 1/2	0.10
		半地下、地下罐	无覆土罐壁表面积的 1/2	0.10
固定式设备	着火罐	立式罐	罐周长	0.50
		卧式罐	罐壁表面积	0.50
	相邻罐	立式罐	罐周长的 1/2	0.50
		卧式罐	罐壁表面积的 1/2	0.10

C 天然气生产装置区的消防用水量

天然气生产装置区的消防用水量应根据燃气场站设计规模、火灾危险类别及固定消防设施的设置情况等综合考虑确定，但不应小于表 4-26 的规定。火灾延续供水时间按 3h 计算。生产规模小于 $5 \times 10^5 m^3/d$ 的天然气净化厂和五级天然气处理厂，也可不设消防给水设施。

表 4-26　装置区的消防用水量

场站等级	消防用水量/$L \cdot s^{-1}$
三级	45
四级	30
五级	20

4.3.2.4　消防水池（罐）

当没有消防给水管道或消防给水管道不能满足消防水量和水压等要求时，应设置消防水池储存消防用水。

A 消防水池（罐）设置要求

（1）当水池（罐）的容量超过 1000 m^3 时应分设成两座，以便在检修、清池（罐）时能保证有一座水池（罐）正常供水。设有火灾自动报警装置、灭火及冷却系统，操作采取自动化程序控制的场站，消防水池（罐）的补水时间不超过 48h；设有小型消防系统的场站，水池（罐）的补水时间不应超过 96h。

（2）消防车从消防水池取水，距消防保护对象的距离根据消防车供水最大距离确定。因此，供消防车取水的消防水池（罐）的保护半径不应大于 150m。

（3）供消防车取水的消防水池应设置取水口或取水井，且吸水高度不应大于 6.0m。取水口或取水井与建筑物（水泵房除外）的距离不宜小于 15m，与甲、乙、丙类液体储罐的距离不宜小于 40m，与液化石油气储罐的距离不宜小于 60m，如采取防止辐射热的保护措施时，可减为 40m。

B 消防水池（罐）容量

消防水池（罐）的有效容量应满足在火灾延续时间内消防用水量之和。水池（罐）的容量应同时满足最大一次火灾灭火和冷却用水要求，为灭火连续供给时间和消防用水量的乘积。在火灾情况下能保证连续补水时，消防水池（罐）的容量可减去火灾延续时间内补充的水量。不同场所的火灾延续时间按表 4-27 的规定计算。补水管的设计流速不宜大于 2.5m/s。

C 消防水池（罐）与生产、生活用水池合用时的技术措施

当消防水池（罐）和生产、生活用水池（罐）合并设置时，应采取确保消防用水不作他用的技术措施，如将给水、注水泵的吸水管入口置于消防用水高水位以上，或将给水、注水泵的吸水管在消防用水高水位处打孔等，以确保消防用水的可靠性。在寒冷地区专用的消防水池（罐）应采取防冻措施。

表 4-27 不同场所的火灾延续时间

储罐类别	场所名称	火灾延续时间/h
甲、乙、丙类液体储罐	浮顶罐	4.0
	地下和半地下固定顶立式罐、覆土储罐	
	直径小于等于20m的地上固定顶立式罐	
	直径大于20m的地上固定顶立式罐	
液化石油气储罐	总容积大于220m³的储罐区或单罐容积大于50m³的储罐	6.0
	总容积不大于220m³的储罐区且单罐容积不大于50m³的储罐	
可燃气体储罐	湿式储罐	3.0
	干式储罐	
	固定容积储罐	

4.3.2.5 消防泵房

消防泵房分消防供水泵房和消防泡沫供水泵房两种。中、小型场站一般只设消防供水泵站，不设消防泡沫供水泵房；大型场站通常设消防供水泵房和消防泡沫供水泵房两种。消防泵房值班室应设置对外联络的通信设施。

A 消防泵房设置

a 泵房规模

确定泵房规模时，消防冷却供水泵房和泡沫供水泵房可以合建，并考虑泡沫供水泵和冷却供水泵均应满足扑救场站可能的最大火灾时的流量和压力要求。

b 泵房位置

消防泵房距离储罐区太近，罐区火灾将威胁消防泵房；离储罐区太远将会延迟冷却水和泡沫液抵达着火点的时间，增加占地面积。因此，消防泵房的位置应保证启泵后5min内，将泡沫混合液和冷却水送到任何一个着火点。而且消防泵房的位置宜设在油罐区全年最小频率风向的下风侧，其地坪宜高于油罐区地坪标高，并应避开油罐破裂可能波及的部位。消防泵房还应采用耐火等级不低于二级的建筑，并应设直通室外的出口，采用甲级防火门。

B 消防泵组的设计要求

为了确保消防泵在发生火灾时能及时启动，在消防泵的供水系统设计时采取以下措施：

（1）一、二、三级场站消防冷却供水泵和泡沫供水泵均应设备用泵，消防冷却供水泵和泡沫供水泵的备用泵性能应与各自最大一台操作泵相同。当储罐的室外消防用水量小于等于 25L/s 时，可不设置备用泵。

（2）消防管道长时间不用因被腐蚀而破裂，如吸水和出水均为 2 条时，就能保证消防时有 1 条可正常工作，且当其中 1 条发生故障时，其余的也能通过全部水量。

（3）为了争取灭火时间，一组水泵宜采用自灌式引水，并应在吸水管上设置检修阀门。当采用负压上水时，每台消防泵应有单独的吸水管。

（4）消防泵设置自动回流管的目的是当消防系统只用 1 支消火栓，供水量低时，防止消防水泵超压引起故障。同时，也便于定期对消防泵做试车检查，自动回流系统采用安全泄压阀自动调节回流水量。

（5）对于经常启闭、公称直径大于 300mm 的阀门，为了便于操作采用电动阀或气动阀。为防止停电、停气时也能启闭，应能手动操作。

（6）出水管上应设置试验和检查用的压力表和 DN65 的放水阀门。当存在超压可能时，储水管上应设置防超压设施。

（7）消防水泵应保证在火警后 30s 内启动。消防水泵与动力机械应直接连接。

4.3.2.6　消火栓

A　消火栓的布置

为了实际操作时不会阻碍消防车在消防道路上的行驶，消火栓应沿道路布置，油罐区的消火栓应设在防火堤与消防道路之间，距路边宜为 1～5m，并应有明显标志。

B　消火栓数量

消火栓的设置数量应根据消防方式和消防用水量计算确定。通常 1 个消火栓供一辆消防车或 2 支口径 19mm 水枪用水。因此，每个消火栓的出水量按 10～15L/s 计算。当罐区采用固定式冷却水系统时，在罐区四周应设消火栓，目的是为了在罐上固定冷却水管被破坏时，给移动式灭火设备供水。当采用半固定冷却系统时，消火栓的使用数量应由计算确定，但距罐壁 15m 以内的消火栓不应计算在该储罐可使用的数量内。考虑到消防车停靠等要求，两个消火栓的间距不宜小于 10m。

C　消火栓的水压和水量

（1）采用高压制消防供水时，其水源无论是由气田给水干管供给，还是由场站内部消防泵房供给，消防供水管网最不利点消火栓的出口水压和水量，应满足在各种消防设备扑救最高储罐或最高建（构）筑物火灾时的要求。

（2）采用低压制消防供水时，由消防车或其他移动式消防水泵提升灭火所需的压力，为保证管道内的水能进入消防车储水罐，低压制消防供水管道最不利点消火栓的出口水压应保证不小于 0.1MPa（10m 水柱）。

（3）液化石油气储罐区的水枪出口压力：球形储罐不应小于 0.35MPa，卧式储罐不应小于 0.25MPa。

D 消火栓的栓口

低压制消火栓主要是为消防车供水，应有 100mm 出口；高压制消火栓主要是通过水龙带为消防设备直接供水，应有两个直径为 65mm 的出口。因此，给水枪供水时，室外地上式消火栓应有 3 个出口，其中 1 个直径为 150mm 或 100mm，其他 2 个直径为 65mm；室外地下式消火栓应有 2 个直径为 65mm 的栓口。给消防车供水时，室外地上式消火栓的栓口与给水枪供水时相同；室外地下式消火栓应有直径为 100mm 和 65mm 的栓口各 1 个。

E 水带箱

（1）给水枪供水时消火栓旁应设水带箱，箱内应配备 2 ~ 6 盘直径 65mm、每盘长度 20m、带快速接口的水带和 2 支入口直径 65mm、喷嘴直径 19mm 水枪及一把消火栓钥匙。水带箱距消火栓不宜大于 5m。

（2）采用固定式灭火时泡沫栓旁也应设水带箱，箱内应配备 2 ~ 5 盘直径 65mm、每盘长度 20m、带快速接口的水带和 1 支 PQ8（混合液流量为 8L/s）或 PQ4 型泡沫管枪及泡沫栓钥匙。水带箱距泡沫栓不宜大于 5m。

4.3.3 装置区、建筑物及装卸站台消防设施

4.3.3.1 装置区消防设施

A 固定水炮

三级天然气净化厂生产装置区的高大塔架及其设备群宜设置固定水炮，其设置位置距离保护对象不宜小于 15m，水炮的水量不宜小于 30L/s。水炮的喷嘴宜为直流-水雾两用喷嘴，以便于分别保护高大危险设备和地面上的危险设备群。

B 灭火器

灭火器轻便灵活机动，易于掌握使用，适于扑救初起火灾，防止火灾蔓延，因此，场站内应配置灭火器。

灭火器应设置在位置明显和便于取用的地点，且不得影响安全疏散。对有视线障碍的灭火器设置点应有指示其位置的发光标志。灭火器的摆放应稳固，其铭牌应朝外。手提式灭火器宜设置在灭火器箱内或挂钩、托架上，其顶部离地面高度不应大于 1.5m，底部离地面高度不宜小于 0.8m。灭火器箱不得上锁。灭火器不宜设置在潮湿或强腐蚀性的地点，当必须设置在这些地点时应有相应的保护措施。灭火器设置在室外时，也应有相应的保护措施。灭火器不得设置在超出其温度范围的地点。灭火器的最大保护距离应符合规定要求：燃气生产装置区手提式

灭火器最大保护距离不应超过 9m，推车式灭火器最大保护距离不应超过 18m。同一场所应选用灭火剂相容的灭火器，选用灭火器时还应考虑灭火剂与当地消防车采用的灭火剂相容。燃气压缩机房相对比较重要，应配置推车式灭火器。

燃气场站内建（构）筑物应配置灭火器，其配置类型和数量按现行国家规范《建筑灭火器配置设计规范》（GB 50140）的规定确定，油气场站的甲、乙、丙类液体储罐区当设有固定式或半固定式消防系统时，固定顶罐配置灭火器可按应配置数量的 10% 设置，浮顶罐按应配置数量的 5% 设置。当储罐组内储罐数量超过 2 座时，灭火器配置数量应按其中 2 个较大储罐计算确定。但每个储罐配置手提式灭火器的数量不宜少于 1 个，多于 3 个，所配灭火器应分组布置。露天生产装置当设有固定式或半固定式消防系统时，按应配置数量的 30% 设置。

4.3.3.2　燃气场站建筑物消防设施

A　消防给水

天然气生产厂房、库房内消防设施的设置应根据物料性质、操作条件、火灾危险性、建筑物体积及外部消防设施的设置情况等综合考虑确定。室外设有消防给水系统且建筑物体积不超过 5000m³ 的建筑物，可不设室内消防给水。

B　灭火器

天然气四级压气站和注气站的压缩机厂房内宜设置气体、干粉等灭火设施，其设置数量应符合现行国家规范《建筑灭火器配置设计规范》（GB 50140）的有关规定。

天然气生产装置采用计算机控制的集中控制室和仪表控制间，应设置火灾报警系统和手提式、推车式气体灭火器。

C　自动报警设施

天然气、液化石油气生产装置区及厂房内宜设置火灾自动报警设施，并宜在装置区和巡检通道及厂房出入口设置手动报警按钮。

4.3.3.3　装卸栈台消防设施

LPG 列车或汽车槽车一旦在装卸过程中发生泄漏，如不能及时保护，可能发生灾难性爆炸事故，因此，火车、汽车装卸液化石油气栈台宜设置消防给水系统和干粉灭火设施。火车消防冷却水量不应小于 45L/s；汽车装卸液化石油气栈台冷却水量不应小于 15L/s，二者冷却水连续供水时间不应小于 3h。

4.3.4　液化石油气储罐区消防设施

4.3.4.1　消防设施的设置

液化石油气罐区总容量大于 50m³ 或单罐容量大于 20m³ 时，所需的消防冷却水量较大，只靠移动式系统难以胜任，所以需设置固定式消防冷却水系统

（由固定消防水池（罐）、消防水泵、消防给水管网及储罐上设置的固定冷却水喷淋装置组成的消防冷却水系统），同时辅助设置水枪（水炮）。燃烧区周围也需用水枪加强保护，以稀释惰化及搅拌蒸气云，使之安全扩散，防止泄漏的 LPG 爆炸着火。因此，燃烧区的周围设置消火栓，并且消火栓的设置数量和工作压力要满足规定的水枪用水量。当高速扩散火焰直接喷射到局部罐壁时，该局部需要较大的供水强度，另外，当固定系统局部遭破坏而冷却不到的地方，此时均应采用移动式水枪、水泡的集中水流加强冷却局部罐壁。

液化石油气罐区设置固定式消防冷却水系统时，其消防用水量应按储罐固定式消防冷却用水量与移动式水枪用水量之和计算。设置半固定式消防冷却水系统（场站设置固定消防给水管网和消火栓，火灾时由消防车或消防泵加压，通过水带和水枪喷水冷却的消防冷却水系统）时，消防用水量不应小于 20L/s。

总容量不大于 50m³ 或单罐容量不大于 20m³ 的储罐区，着火的可能性相对较小，特别是发生沸液蒸气爆炸的可能性小，着火后需冷却的储罐数量少、面积小时可设置半固定式消防冷却水系统。

埋地的液化石油气储罐可不设固定喷水冷却装置。

4.3.4.2 消防冷却水系统的用水量

A 液化石油气储罐区消防用水量

液化石油气储罐和储罐区是站内最危险的设备和区域，一旦发生事故，后果不堪设想。液化石油气储罐区一旦发生火灾，最有效的办法之一是向着火和相邻储罐喷水冷却，使其温度、压力不致升高。具体办法是利用固定喷水冷却装置对着火储罐和相邻储罐喷水将其全覆盖进行降温保护，同时利用水枪进行辅助灭火和保护，故其总用水量应按储罐固定喷水冷却装置和水枪用水量之和来计算，具体计算如下：

液化石油气储罐区的消防用水量依据式（4-1）计算。

$$Q = Q_1 + Q_2 \tag{4-1}$$

式中　Q——储罐区消防用水量，m^3/h；

　　　　Q_1——储罐固定喷水冷却装置用水量，m^3/h；

　　　　Q_2——水枪用水量，m^3/h。

$$Q_1 = 3.6Fq + 1.8\sum_{i=1}^{n} F_i q \tag{4-2}$$

式中　F——着火罐的全表面积，m^2；

　　　　F_i——距着火罐直径（卧式罐按直径和长度之和的一半）1.5 倍范围内各储罐中任一储罐全表面积，m^2；

　　　　q——储罐固定喷水冷却装置的供水强度，取 0.15L/(s·m²)。

固定式消防冷却水系统冷却水供给强度不应小于 $0.15L/(s \cdot m^2)$，保护面积按其表面积计算。距着火罐直径（卧式罐按罐直径和长度之和的一半）1.5 倍范围（范围的计算应以储罐的最外侧为准）内的邻近罐冷却水供给强度不应小于 $0.15L/(s \cdot m^2)$，保护面积按其表面积的 1/2 计算。

全冷冻式液化石油气储罐一般为立式双壁罐，有较厚的保护层，安全设施齐全。其固定式消防冷却水系统中，着火罐及邻罐罐顶的冷却水供给强度不宜小于 $4L/(min \cdot m^2)$，冷却面积按罐顶全表面积计算。着火罐及邻罐罐壁的冷却水供给强度不宜小于 $2L/(min \cdot m^2)$，着火罐冷却面积按罐全表面积计算，邻罐冷却面积按罐表面积的 1/2 计算。

B　辅助水枪或水炮用水量

辅助水枪或水炮用水量应按罐区内最大一个储罐用水量确定，且不应小于表 4-28 的规定。表 4-28 中，水枪用水量应按总容积和单罐容积较大者确定。总容积小于 $50m^3$ 的储罐区或单罐容积小于等于 $20 \ m^3$ 的储罐，可单独设置固定喷水冷却装置或移动式水枪，其消防用水量应按水枪用水量计算。

表 4-28　水枪用水量

罐区总容量/m³	≤500	500～2500	>2500
单罐容量/m³	≤100	≤400	>400
水量/L·s⁻¹	20	30	45

4.3.4.3　固定喷水冷却装置

为了使储罐达到较好的冷却效果，液化石油气球形储罐固定喷水冷却装置宜采用喷雾头。卧式储罐固定喷水冷却装置宜采用喷淋管。消防冷却水系统的控制阀应设于防火堤外且距罐壁不小于 15m 的地点，同时控制阀至储罐间的冷却水管道设过滤器。储罐固定喷水冷却装置的喷雾头或喷淋管的管孔布置，应保证喷水冷却时将储罐表面全覆盖（含储罐的支撑、液位计、阀门等重要部位），并应符合现行国家规范《水喷雾灭火系统设计规范》（GB 50219）的规定。储罐固定喷水冷却装置出口的供水压力不应小于 0.2MPa。

对于液化石油气站内灭火器的设置除符合一般规定外，现行国家规范《石油天然气工程设计防火规范》（GB 50183）给出了详细规定（见表 4-29）。除此之外，还应符合现行国家规范《建筑灭火器配置设计规范》（GB 50140）的规定。

表 4-29　干粉灭火器的配置数量

场　　所	配　置　数　量
铁路槽车装卸栈桥	按槽车车位数，每车位设置 8kg 干粉灭火器 2 具，每个设置点不宜超过 5 具
储罐区、地下储罐组	按储罐台数，每台设置 8kg 干粉灭火器 2 具，每个设置点不宜超过 5 具

续表4-29

场　　所	配 置 数 量
汽车槽车装卸台柱（装卸口）	8kg 干粉灭火器不应少于 2 具
罐瓶间及附属瓶库、压缩机室、烃泵房、汽车槽车库、气化间、混气间、调压计量间、瓶组间和瓶装供应站的瓶库等爆炸危险性建筑	按建筑面积，每 50m² 设置 8kg 干粉灭火器 1 具，且每个房间不应少于 2 具，每个设置点不宜超过 5 具
其他建筑（变配电室、仪表间）	按建筑面积，每 80m² 设置 8kg 干粉灭火器 1 具，且每个房间不应少于 2 具

4.4　消防构筑物

本节所指消防构筑物主要是罐区的防火堤、防护墙、隔堤和隔墙。只有防火堤和防护墙才具有储罐发生泄漏事故时防止液体外流的功能，而隔堤不具备这项功能。若隔堤与防火堤具有相同的功能，由于隔堤可能分别受到两个方向的液体压力，其截面的结构尺寸将比防火堤大得多，这在经济上是不合理的。防火堤和防护墙能使燃烧的流散液体限制在防火堤内，给扑救火灾创造有利条件，即发生火灾事故时可以防止液体外溢流散而使火灾蔓延扩大，减少损失。防火堤主要用于全冷冻式储罐（在低温和常压下盛装液化石油气的储罐）区，防护墙主要用于全压力式球罐区。防护堤、防护墙的设计主要参照现行国家规范《储罐区防火堤设计规范》（GB 50351）和《建筑设计防火规范》（GB 50016）。

4.4.1　防火堤、防护墙

设置防火堤和防护墙的目的是发生火灾时确保液体不外泄，人员能够安全撤离，消防人员便于灭火工作。因此，必须确保防火堤和防护墙的建筑材料和墙体的密闭性。

防火堤用于常压液体储罐组，在油罐和其他液态危险品储罐发生泄漏事故时，它防止液体外流和火灾蔓延的构筑物。用于在常压条件下，由低温使气态变成液态物质（如 LNG）的储罐组时，防火堤称为围堰。防护墙则用于常温条件下，通过加压使气态变成液态物质（如 LPG）的储罐组，在发生泄漏事故时，防止下沉气体外溢的构筑物。

4.4.1.1　防火堤、防护墙设计要求

A　防火堤、防护墙材料

储罐区发生泄漏和火灾时，火场温度达到 1000℃ 以上，防火堤和隔堤只有采用不燃烧的材料建造才能抵抗这种高温烧烤，便于消防灭火工作的进行。因

此，防火堤、防护墙必须采用不燃烧材料建造。

B　密闭性

防火堤和防护墙的密闭性是对防火堤功能提出的最基本要求。现场调研发现，许多储罐区的防火堤的堤身有明显的裂缝，或温度缝处理的不封闭，或管道穿堤处没有密封。这些现象导致防火堤不严密，一旦发生事故，后果不堪设想。因此，进出储罐组的各类管线、电缆宜从防火堤、防护墙顶部跨越或从地下穿过。当必须穿过防火堤、防护墙时，应设置套管并采取有效的密封措施，也可采用固定短管且两端采用软管密封连接的形式。当管道为难燃及可燃材质时，应在防火墙两侧的管道上采取防火措施。

C　消防构筑物附属设施

每一储罐组的防火堤、防护墙应设置不少于2处越堤人行踏步或坡道，并设置在不同方位上。防火堤内侧高度大于或等于1.5m时，应在两个人行踏步或坡道之间增设踏步或逃逸爬梯。

D　消防通道及防护堤、防护墙内地面

相邻液化石油气储罐组的防火堤之间，应设消防车道。全压力式和全冷冻式储罐组的防护墙和防火堤内的地面应予以铺砌，并宜设置不小于0.5%的坡度坡向四周。储存酸、碱等腐蚀性介质的储罐组内的地面应做防腐蚀处理。

4.4.1.2　防火堤、防护墙内储罐布置

全压力式储罐组总容量不应超过 $2 \times 10^4 m^3$，储罐组内储罐数量不应多于12座。全冷冻式储罐组容量不应超过 $3 \times 10^4 m^3$，储罐组内储罐数量不应多于2座。失火时便于扑救，防火堤、防护墙内的储罐布置不宜超过2排，如布置超过2排，当其中1排储罐发生事故时，将对两边储罐造成威胁，必然会给扑救带来较大困难。对于单罐容量小于或等于 $1000m^3$ 且闪点大于120℃的液体储罐，由于其体形较小、高度较低，若中间1排储罐发生事故是可以进行扑救的，同时还可以节省用地，故规定可不超过4排。

4.4.1.3　防火堤、防护墙设计间距

A　防火堤、防护墙与排水设施的间距

沿无培土的防火堤内侧修建排水沟时，沟壁的外侧与防火堤内堤脚线（防火堤内侧或其边坡与防火堤内设计地面的交线）的距离不应小于0.5m。沿土堤或内培土的防火堤内侧修建排水沟时，沟壁的外侧与土堤内侧或培土堤脚线的距离不应小于0.8m，且沟内应有防渗漏的措施。沿防护墙修建排水沟时，沟壁的外侧与防护墙内堤脚线的距离不应小于0.5m。

B　防火堤距储罐的距离

全压力式储罐防火堤内侧基脚线至立式储罐外壁的水平距离不应小于罐壁高

度的 1/2。防火堤内侧基脚线至卧式储罐的水平距离不应小于 3m。全冷冻式液化石油气储罐罐壁与防火堤内堤脚线的距离不应小于储罐最高液位高度与防火堤高度（由防火堤外侧消防道路路面至防火堤顶面的垂直距离）之差。

4.4.1.4 防火堤、防护墙的设计容量及设计高度

A 防火堤、防护墙的有效容量

防火堤的有效容量不应小于其中最大储罐的容量，对于浮顶罐，防火堤的有效容量可为其中最大储罐容量的 1/2。

B 防火堤、防护墙设计高度

防火堤的设计高度应比计算高度高出 0.2m，且其高度应为 1.0～2.2m。全压力式液化石油气储罐组的防护墙高度宜为 0.6m。

4.4.2 隔堤、隔墙

隔堤用于减少防火堤内储罐发生少量泄露（如冒顶）事故时生物污染范围，而将一个储罐组分隔成若干个分区的构筑物。当储罐内为低温液体时，为减小液体骤变成气体前的影响范围，而将一个储罐组分隔成若干个分区的隔堤也称为隔堰。当用于通过加压使气态变为液态物质的储罐组时，称为隔墙。

储罐组内设置隔堤、隔墙的目的是当储罐发生事故时，把这些事故控制在较小的范围内，使污染及扑救在尽可能小的范围内进行，以减少损失。

全压力式液化石油气储罐组，当单罐容量小于 5000m³，且储罐组总容量不大于 6000m³ 时，可不设隔墙。当单罐容量小于 5000m³，且储罐组总容量大于 6000m³ 时，应设置隔墙，隔墙内储罐容量之和不应大于 6000m³。当单罐容量大于或等于 5000m³ 时，应每罐一隔。全冷冻式储罐组应每罐一隔。

全压力式液化石油气储罐组的隔墙高度宜为 0.3m。

隔堤和隔墙必须采用不燃材料建造。隔堤和隔墙亦应设置人行踏步或坡道。

4.5 液化天然气场站消防

液化天然气火灾爆炸危险性大、火焰温度高、辐射热强、易形成大面积火灾，具有复燃、复爆性。考虑液化天然气防火设计的特点，本节单独介绍液化天然气的防火设计。本节内容与前述内容并不冲突，只是针对液化天然气一些特殊规定加以重点说明。例如，储存总容量小于或等于 3000m³ 的液化天然气场站区域布置、消防要求、道路等均参照 4.2～4.3 节相关内容。

本节所指的液化天然气场站主要是指液化天然气供气站和天然气液化站。液

化天然气供气站包括调峰站和卫星站。调峰站主要由液化天然气储罐、小型天然气液化设备、蒸沸气压缩机、输出设备（液化天然气泵、气化器、计量、加臭等）组成。其液化天然气容量一般为 $3 \times 10^4 \sim 1 \times 10^5 m^3$。卫星站是指液化天然气接收和气化站。这种站本身无天然气液化设备，所需液化天然气通过专用汽车罐车或火车专用集装箱罐运来。站内设有液化天然气储罐和输出设备。

按表 4-2 的分类，液化天然气场站内的液化天然气、制冷剂的火灾危险性应划为甲$_A$类。液化天然气场站爆炸危险区域等级范围，应根据释放物质的相态、温度、密度变化、释放量和障碍等条件按国家现行规范的有关规定确定。

4.5.1　场站的区域布置

4.5.1.1　液化天然气场站选址要求

液化天然气属低温液体，一旦液化天然气泄漏，将快速蒸沸成气体，使大气中的水蒸气冷凝形成蒸气云，并迅速向远处扩散，与空气形成可燃气体混合物，遇明火则着火，泄漏到水中则会产生有噪声的冷爆炸。因此，站址应选在人口密度较低且受自然灾害影响小的地区。液化天然气罐区邻近江河、海岸布置时，应采取措施防止泄漏液体流入水域。建站地区及与场站间应有全天候的陆上通道，以确保消防车辆和人员随时进入和站内人员在必要时安全撤离。站址应远离下列设施：大型危险设施（如化学品、炸药生产厂及仓库等）、大型机场（包括军用机场、空中实弹靶场等）、与本工程无关的输送易燃气体或其他危险流体的管线和运载危险物品的运输线路（水路、陆路和空路）。

4.5.1.2　液化天然气场站的区域布置原则

储存总容量较小的液化天然气可参照液化石油气的等级划分和防火间距来设计。这是由于液化石油气场站的工艺和设备比较成熟，并且有丰富的管理经验，但液化天然气在国内刚刚起步，储罐总容积和单罐容积还不能实现最合理匹配，而且液化天然气储罐等级划分与液化石油气也不完全相同。实际使用中如果储罐总容积和单罐容积基本符合表 4-3 的等级划分，且围堰尺寸较小，如液化天然气储存总容量不大于 3000m³ 时，可按表 4-3 中液化石油气储存总容量确定场站等级和表 4-12 中相应等级的液化石油气场站确定区域布置防火间距。液化天然气储存总容量介于 3000m³ 和 $3 \times 10^4 m^3$ 之间时，应根据对现场条件、设施安全防护程度的评价确定，且不应小于根据表 4-12 确定的距离。液化天然气储存总容量大于或等于 $3 \times 10^4 m^3$ 时，与居住区、公共福利设施的距离应大于 0.5km。

4.5.2　场站内部防火间距

单罐容量小于或等于 265m³ 的液化天然气罐成组布置时，罐组内的储罐不应超过 2 排，每组个数不宜多于 12 个，罐组总容量不应超过 3000m³。易燃液体储罐不得布置在液化天然气罐组内。

4.5.2.1　液化天然气设施围堰

A　围堰的设置

操作压力小于或等于 100kPa 的储罐，当围堰与储罐分开设置时，储罐至围堰最近边沿的距离应为储罐最高液位高度加上储罐气相空间压力的当量压头之和与围堰高度之差。当罐组内的储罐已采取了防低温或火灾的影响措施时，围堰区内的有效容积应不小于罐组内一个最大储罐的容积。当储罐未采取防低温和火灾的影响措施时，围堰区内的有效容积应为罐组内储罐的总容积。围堰区均应配有集液池。

B　围堰设计计算

（1）储罐罐壁至混凝土外罐围堰的距离。操作压力小于或等于 100kPa 的储罐，当混凝土外罐围堰与储罐布置在一起组成带预应力混凝土外罐的双层罐时，从储罐罐壁至混凝土外罐围堰的距离由设计确定。根据美国标准 NFPA 59A 规定，围堰区内最小盛装容积包括雪水在内，至少为最大储罐容积的 100％。子母罐应看作单罐设置围堰。

（2）天然气液体收集系统。在低温设备和易泄漏部位应设置液化天然气液体收集系统。其容积对于装车设施来说不应小于最大罐车的罐容量，其他为某单一事故泄漏源在 10min 内最大可能的泄漏量。

（3）围堰必须能够承受所包容液化天然气的全部静压头以及所圈闭液体引起的快速冷却和火灾的影响，另外还应能够承受自然力（如地震、风雨等）的影响，且不渗漏。

4.5.2.2　围堰和集液池至室外活动场所、建（构）筑物的隔热距离

A　围堰区至室外活动场所、建（构）筑物的距离

围堰区至室外活动场所、建（构）筑物的距离的计算可按国际公认的液化天然气燃烧的热辐射计算模型确定，也可使用管理部门认可的其他方法计算确定。在美国标准 NFPA59A 中，围堰为矩形且长宽比不大于 2 时，可用下式决定隔离距离：

$$d = F\sqrt{A} \tag{4-3}$$

式中　d——围堰区至室外活动场所、建（构）筑物的距离，m；

　　　F——热通量校正系数，对于 4000W/m² 为 3.5，对于 9000W/m² 为 2，对于 30000W/m² 为 0.8；

　　　A——围堰的面积，m²。

B 室外活动场所、建（构）筑物允许接受的热辐射量值

在风速为0级、温度21℃及相对湿度为50%条件下，热辐射量达4000W/m² 界线以内，不得有50人以上的室外活动场所；热辐射量达9000W/m² 界线以内，不得有活动场所、学校、医院、监狱、拘留所和居民区等在用建筑物；热辐射量达30000W/m² 界线以内，不得有（即使是能耐火且提供热辐射保护的）在用构筑物。

4.5.2.3 地上液化天然气设施

A 储罐

储存总容量小于或等于265m³ 时，储罐间距可按表4-30确定。储存总容量大于265m³ 时，除满足表4-30中规定的储罐间距外，还应满足4.5.2.2节中的相关规定。

表4-30 储罐间距

储罐单罐容量/m³	围堰区边沿或储罐排放系统至建筑物或建筑界线的最小距离/m	储罐之间的最小距离/m
0.5	0	0
0.5~1.9	3	1
1.9~7.6	4.6	1.5
7.6~56.8	7.6	1.5
56.8~114	15	1.5
114~265	23	相邻储罐直径之和的1/4
大于265	容器直径的0.7倍，但不小于30	（最小为1.5）

多台储罐并联安装时，为便于接近所有隔断阀，必须留有至少0.9m的净距。容量超过0.5m³ 的储罐不应设置在建筑物内。

B 气化器

气化器是液化天然气供气站中将液态天然气变为气态的专有设备。气化器可分为加热式、环境式和工艺蒸发式等类型。加热式又可分为整体式（如浸没燃烧式）和间接加热式。环境式其热取自自然界，如大气、海水和地热水等。常用的气化器为浸没燃烧式和大气式。

气化器距建筑界线应大于30m，整体式加热气化器距围堰区、导液沟和工艺设备的距离均应大于15m。间接加热式气化器和环境式气化器可设在按规定容量设计的围堰区内。

C 放空系统

液化天然气的放空气体可能温度很低，达到-150℃，比空气重。液化天然气放空系统的汇集总管，应经过带电热器的气液分离罐，当放空阀打开时，电加

热自动接通，加热排出的气体使其转化为比空气轻的气体后，排入放空系统。液化天然气禁止排入封闭的排水沟内。

4.5.3　防火设施

液化天然气设施应配置防火措施，其防护程度应根据防火工程原理、现场条件、设施内的危险性，结合站内外相邻设施综合考虑确定。

4.5.3.1　液位报警系统

液化天然气储罐应设双套带高液位报警和记录的液位计、显示和记录罐内不同液相高度的液位计、带高低压力报警和记录的压力计、安全阀以及真空泄放设施。储罐必须配备一套与高液位报警连锁的进罐流体切断装置。液位计应能在储罐运行情况下进行维修或更换，选型时必须考虑密度变化因素，必要时增加密度计，监视罐内液体分层，避免罐内"翻滚"现象发生。

4.5.3.2　监测装置

A　火灾和气体泄漏检测装置

装置区、罐区以及其他存在潜在危险需要经常观测处，应设火焰探测报警装置，相应配置适量的现场手动报警按钮，设连续检测可燃气体浓度的探测报警装置。装置区、罐区、集液池以及其他存在潜在危险需要经常观测处，应设连续检测液化天然气泄漏的低温检测报警装置。探测器和报警器的信号盘应设置在其保护区的控制室或操作室内。

B　监控系统

较大型液化天然气站，设施多、占地大，配置遥控摄像录像系统在控制室对现场出现的情况进行监视，有助于提高场站的安全程度。一般容量大于或等于 $3 \times 10^4 m^3$ 的场站均应配有遥控摄像、录像系统，并将关键部位的图像传送给控制室的监控器上。

4.5.4　消防设施

4.5.4.1　消防水系统

在液化天然气气化站内消防水有着与其他消防系统不同的用途，其不能控制也不能熄灭液化天然气液池火灾，水在液化天然气中只会加速液化天然气的气化，进而增加其燃烧速度，对火灾的控制只会产生相反的结果。在液化天然气气化站内消防水大量用于冷却受到火灾热辐射的储罐和设备或冷却其他可能加剧液化天然气火灾的被火灾吞灭的结构，以减少火灾升级和降低设备的危险。为保护建筑物暴露面、冷却储罐、设备和管道，并控制未点燃的泄漏和溢出，应设置一套供水、配水系统。

A　液化天然气场站的消防水系统的设置

储存总容量大于或等于 265m³ 的液化天然气罐组均应设固定供水系统。采用混凝土外罐与储罐布置在一起组成的双层壳罐，储罐液面以下无开口也不会泄漏。此类储罐，管道进出口在罐顶，因此，应在罐顶泵平台处设置固定的水喷雾系统，供水强度不小于 20.4L/(min·m²)。储罐总容积大于50m³ 或单罐容积大于20m³ 的液化天然气储罐或储罐区应设置固定喷淋装置。液化天然气立式储罐固定喷淋装置应在罐体上部和罐顶均匀分布。

B　消防水系统的计算

（1）固定消防水系统的消防水量计算。固定消防水系统的消防水量计算时，同一时间内的火灾次数应按一次考虑，应以最大可能出现单一事故设计水量，并考虑一定余量后确定。例如，现行国家规范《石油天然气工程设计防火规范》（GB 50183）中规定水量为 200m³/h，现行国家规范《液化天然气（LNG）生产、储运和装运》（GB/T 20368）中规定水量为 63L/s。移动式消防冷却水系统（场站不设消防水源，火灾时消防车由其他水源取水，通过车载水龙带和水枪喷水冷却的消防冷却水系统）应能满足消防冷却水总用水量的要求，对于移动式水枪的延续供水时间，不能少于 2h。

（2）喷淋装置供水强度及保护面积。喷淋装置的供水强度不应小于 0.15L/(s·m²)。着火储罐的保护面积按其全表面积计算，距着火储罐直径（卧式储罐按其直径和长度之和的 1/2）1.5 倍范围内（范围的计算应以储罐的最外侧为准）的储罐按其表面积的 1/2 计算。

（3）液化天然气储罐区消防用水量应按其储罐固定喷淋装置和水枪用水量之和计算。

（4）水枪宜采用带架水枪。水枪用水量不应小于表 4-31 的规定。

表 4-31 中，水枪用水量应按表中储罐总容积或单罐容积较大者确定。总容积小于 50m³ 且单罐容积小于或等于 20m³ 的储

表 4-31　水枪用水量

总容积/m³	≤200	>200
单罐容积/m³	≤50	>50
水枪用水量/L·s⁻¹	20	30

罐或储罐区，可单独设置固定喷淋装置或移动式水枪，其消防用水量应按水枪用水量计算。

（5）消防水池的容量。消防水池的容量应按火灾连续时间 6h 所需最大消防用水量计算确定。当储罐总容积小于 220m³ 且单罐容积小于或等于 50m³ 的储罐或储罐区，其消防水池的容量可按火灾连续时间 3h 所需最大消防用水量计算确定。当火灾情况下能保证连续向消防水池补水时，其容量可减去火灾连续时间内的补水量。

4.5.4.2 其他消防设施

A 泡沫灭火系统

液化天然气泄漏或着火，采用高倍数泡沫可以减少和防止蒸气云的形成。着火时高倍数泡沫不能扑灭火，但可以降低热辐射量。因此，液化天然气场站应配有移动式高倍数泡沫灭火系统。液化天然气储罐总容量大于或等于 $3000m^3$ 的场站，集液池应配固定式全淹没式高倍数泡沫灭火系统，并应与低温探测报警装置连锁。系统的设计参照现行国家规范《泡沫灭火系统设计规范》（GB 50151）的有关规定执行。

B 干粉灭火系统

扑救液化天然气储罐区和工艺装置内可燃气体、可燃液体的泄漏火灾，宜采用干粉灭火。需要重点保护的液化天然气储罐通向大气的安全阀出口管应设置固定干粉灭火系统。

C 紧急切断系统

液化天然气设施应配有紧急停机系统。通过该系统可切断液化天然气，可燃液体、可燃冷却剂或可燃气体源，能停止导致事故扩大的运行设备。该系统应能手动或自动操作，当设自动操作系统时，应同时具有手动操作功能。

D 应急预案

站内必须有书面的应急程序，明确在不同事故情况下操作人员应采取的措施和如何应对，而且必须备有一定数量的防护服和至少两个手持可燃气体探测器。

E 灭火器

用于气体灭火的手提或推车式灭火器应配置在 LNG 设施和槽车内的关键位置。液化天然气气化站内具有火灾和爆炸危险的建（构）筑物、液化天然气储罐和工艺装置应设置小型干粉灭火器，这对初期扑灭火灾避免火势扩大具有重要作用。其设置数量除应符合表 4-32 的规定外，还应符合现行国家规范《建筑灭火器配置设计规范》（GB 50140）的规定。表 4-32 中，8kg 和 35kg 分别指手提式和手推式干粉型灭火器的药剂充装量。驶进工厂的汽车应至少配备 1 台手提干粉灭火器，其容量不能少于 8kg。

表 4-32 干粉灭火器的配置数量

场　　所	配 置 数 量
储罐区	按储罐台数，每台设置 8kg 和 35kg 干粉灭火器各 1 具
汽车槽车装卸台（柱、装卸口）	按槽车车位数，每个车位设置 8kg 干粉灭火器 2 具
气瓶灌装台	设置 8kg 干粉灭火器不应少于 2 具
气瓶组（≤4m³）	设置 8kg 干粉灭火器不应少于 2 具
工艺装置区	按区域面积，每 $50m^2$ 设置 8kg 干粉灭火器 1 具，且每个区域不少于 2 具

4.6 汽车加气站场站消防

由于汽车加气站储存的是易燃和可燃液体和气体，属于爆炸和火灾危险场所，因此，我国制定了《汽车加油加气站设计与施工规范》（GB 50156）和《液化天然气（LNG）汽车加气站技术规范》（NB/T 1001），分别对于加油加气站，加油和液化石油气合建站，液化天然气加气站，液化天然气经液态加压、气化的天然气加气站（L-CNG 加气站），LNG 和 L-CNG 合建站以及液化天然气与加油的合建站的有关安全、消防问题做出详细规定。本节仅对汽车加气站的消防设施和消防给水系统做一介绍，有关汽车加气站的选址、平面布置、安全间距等特殊要求，请参照以上两本规范，在此不再详细阐述。

4.6.1 液化石油气加气站、加油和液化石油气合建站消防

4.6.1.1 液化石油气加气站、加油和液化石油气合建站消防给水系统设置

液化石油气加气站、加油和液化石油气合建站应设消防给水系统。加油站、压缩天然气加气站、加油和压缩天然气合建站可不设消防给水系统。液化石油气加气站、加油和液化石油气合建站的消防给水应利用城市或企业已建的给水系统。当已有的给水系统不能满足消防给水的要求时，应自建消防给水系统。

4.6.1.2 消防给水水量和水压

A 液化石油气加气站、加油和液化石油气合建站消防用水量

液化石油气加气站、加油和液化石油气合建站的生产、生活给水管道宜和消防给水管道合并设置，且当生产、生活用水达到最大小时用水量时仍应保证消防用水量。站的消防水量应按固定式冷却水量和移动水量之和计算。加油和液化石油气加气合建站的消火栓消防用水量不应小于 15L/s，连续消防给水时间不应小于 1h。

B 采用不同储罐时加气站的消防用水量

采用地上储罐的加气站，消火栓消防用水量不应小于 20L/s。总容积超过 $50m^3$ 或单罐容积超过 $20m^3$ 的储罐还应设置固定式消防冷却水系统，其给水强度不应小于 $0.15L/(s \cdot m^2)$。着火罐的给水范围按其全部表面积计算，距着火罐直径与长度之和 0.75 倍范围内的相邻储罐的给水范围按其面积的 1/2 计算。

采用埋地储罐的加气站，一级站消火栓消防用水量不应小于 15L/s；二、三级站消火栓消防用水量不应小于 10L/s。

液化石油气罐地上布置时，连续给水时间不应小于 3h；液化石油气罐埋地敷设时，连续给水时间不应小于 1h。

C 消防水泵

为了确保安全,消防水泵宜设 2 台。当设 2 台消防水泵时,可不设备用泵。当计算出消防用水量超过 35L/s 时,消防水泵应设双动力源。

D 安全间距及消防水出口压力

液化石油气加气站、加油和液化石油气合建站利用城市消防给水管道时,室外消火栓与液化石油气储罐的距离宜为 30~50m。三级站的液化石油气罐距市政消火栓不大于 80m,且市政消火栓给水压力大于 0.2MPa 时,可不设室外消火栓。

固定式消防喷淋冷却水的喷头出口处给水压力不应小于 0.2MPa,移动式消防水枪出口处给水压力不应小于 0.25MPa,并采用多功能水枪。

4.6.1.3 加气站的灭火器材

小型灭火器材是控制储气火灾和扑灭小型火灾最有效的设备,其选型及数量如下:

(1)每 2 台加气机应设置不少于 1 具 8kg 手提式干粉灭火器或 2 具 4kg 手提式干粉灭火器;加气机不足 2 台按 2 台计算。

(2)地上储罐应设 35kg 推车式干粉灭火器 2 台。当两种介质储罐之间的距离超过 15m 时,应分别设置。

(3)地下储罐应设 35kg 推车式干粉灭火器 1 台。当两种介质储罐之间的距离超过 15m 时,应分别设置。

(4)泵、压缩机操作间(棚)应按建筑面积每 50m² 设 8kg 手提式干粉灭火器 1 具,总数不应少于 2 具。

(5)其余建筑的灭火器材配置应符合现行国家规范《建筑灭火器配置设计规范》(GB 50140)的规定。

4.6.2 液化天然气加气站消防

4.6.2.1 液化天然气加气站的设置

一级站的储罐较多,容积较大,加油、加气量大,对周围建(构)筑物及人群的安全和环保方面的有害影响也较大,站前车流量大会造成交通堵塞等问题,所以在城市建成区内不应建一级加气站、一级加油加气合建站。对于城区的边缘地带、城际公路两侧等开阔地带可建一级站。同时,在这些地区提高加气站 LNG 储罐容积,符合今后 LNG 货车的加气需求。

4.6.2.2 道路

车辆的入口和出口应分开设置。LNG 加气站将以大客车、货车为主,要求 LNG 槽车单向车道的宽度不应小于 4.5m,其他单向车道宽度不应小于 4m,双向车道宽度不应小于 7m,以满足大型车辆的行驶要求。道路转弯半径应按行驶车型确定，不宜小于9m。LNG槽车卸车停车位应为平坡，以避免溜车，道路坡度不得大于6%，且坡向站外。站内不应采用沥青路面，因为当加气站发生火灾事故时，沥青将发生熔融而影响车辆撤离和消防工作正常进行。

4.6.2.3 紧急切断装置

LNG加气站、LNG加油加气合建站应设置紧急切断系统，应能在事故状态下迅速关闭重要的LNG管道阀门并切断LNG泵电源。紧急切断阀宜为气动阀。紧急切断阀和LNG泵应设置连锁装置，并具有手动和自动切断的功能。紧急切断系统宜能在以下位置启动：（1）距卸车点5m以内。（2）在加气机附近工作人员容易接近的位置。（3）在控制室或值班室。

4.6.2.4 消防给水系统

A 消防给水系统设置

（1）设置在地上LNG储罐的一、二级LNG加气站、一级油气合建站应设消防给水系统。现行国家规范《石油天然气工程设计防火规范》（GB 50183）规定总容积小于265m³的LNG储罐区不需设固定供水系统。现行国家规范《液化天然气（LNG）汽车加气站技术规范》（NB/T 1001）规定一级LNG加气站LNG储罐的总容积不大于180m³，但考虑到城市建成区建筑物较为稠密，位于城市建成区，设置地上LNG储罐的一、二级LNG加气站和一级油气合建站，一旦发生事故造成的影响可能会比较大，故要求其设消防给水系统以加强LNG加气站的安全性能。

（2）设置在城市建成区外严重缺水地区采用地上LNG储罐的一、二级LNG加气站、一级油气合建站，在满足一定条件时，可不设消防给水系统。

这类场站发生事故造成的影响会比较小，当防火间距和灭火器材数量加倍时，可不设消防给水系统。需要符合的条件如下：

1）LNG储罐、放散管、卸车点与站外建（构）筑物距离应增加1倍以上。

2）LNG储罐之间的净距不应小于4m。

3）LNG站区消防灭火器材的配置应增加1倍。

（3）设置在城市建成区内采用地上LNG储罐的二级LNG加气站、一级油气合建站在符合一定条件下，可不设消防给水系统。

设置地上LNG储罐的二级LNG加气站，当加气站设在市政消火栓保护半径150m以内，且消防给水量不小于15m/s时，二级站可不设消防给水系统。此外，若LNG储罐之间的净距不小于4m，且在罐间设防火墙，防火墙的高度不应低于储罐高度，宽度至两侧防护堤，可减少事故时储罐之间的相互影响，可不设消防给水系统。

（4）设置地下或半地下LNG储罐的各类LNG加气站及油气合建站、设置1

台地上 LNG 储罐的加气站和油气合建站可不设消防给水系统。

设置在地下或半地下 LNG 的储罐及其管路发生事故，泄漏的 LNG 蒸气可较长时间地沉聚在防护堤内，沿地面向外扩散较慢，对周围影响小。设置 1 台地上 LNG 储罐的加气站和油气合建站储罐较小，主要是单罐运行，发生事故时对周围影响较小，故可不设消防水系统。

（5）LNG 设施的消防给水应利用城市或企业已建的给水系统。当已有的给水系统不能满足消防给水要求时，应自建消防给水系统。

B　消火栓

消火栓消防水量应满足下列要求：一级站消火栓消防水量不应小于 20L/s；二级站消火栓消防水量不应小于 15L/s；连续给水时间不应小于 3h。消防水枪出口处给水压力不应小于 0.2MPa，并宜采用多功能水枪。

C　消防水泵

消防水泵宜设 2 台。当设 2 台消防水泵时，可不设备用泵。

4.6.2.5　灭火器

LNG 加气站内应配置 2 台 35kg 推车式干粉灭火器，当两种介质储罐之间的距离超过 15m 时，应分别设置。每台加气机、储罐应设置不少于 2 具 4kg 干粉灭火器。

思　考　题

1. 燃气场站的火灾危险性是如何划分的？
2. 燃气场站的消防设计一般应考虑哪些方面？
3. 燃气场站的消防设施有哪些？
4. 液化天然气场站的消防水的作用与其他场站有什么不同？
5. 汽车加气站消防设计与燃气储配站的消防设计有什么不同？

参 考 文 献

[1] 中国石油天然气集团公司，等. GB 50183—2004 石油天然气工程设计防火规范（2007 年版）[S]. 北京：中国标准出版社，2004.

[2] 公安部天津消防研究所，等. GB 50016—2006 建筑设计防火规范 [S]. 北京：中国标准出版社，2006.

[3] 中国市政工程华北设计研究院，等. GB 50028—2006 城镇燃气设计规范 [S]. 北京：中国建筑工业出版社，2006.

[4] 中国石油集团工程设计有限责任公司西南分公司. GB 50251—2003 输气管道工程设计规范 [S]. 北京：中国计划出版社，2003.

[5] 中国石化集团中原石油勘探局勘察设计研究院，等. GB/T 20386—2006 液化天然气（LNG）生产、储存和装运 [S]. 北京：中国标准出版社，2006.

[6] 中国石油天然气管道工程有限公司，等．GB 50351—2005 储罐区防火堤设计规范［S］．北京：中国计划出版社，2005.

[7] 中国石油化工集团公司，等．GB 50156—2002（2006 版）汽车加油加气站设计与施工规范［S］．北京：中国计划出版社，2002.

[8] 公安部上海消防研究所．GB 50140—2005 建筑灭火器配置设计规范［S］．北京：中国计划出版社，2005.

[9] 张清林，秘义行，胡晨，等．GB 50151—2010 泡沫灭火系统设计规范［S］．北京：中国计划出版社，2010.

[10] 公安部天津消防研究所．GB 50347—2004 干粉灭火系统设计规范［S］．北京：中国标准出版社，2004.

[11] 公安部天津消防科学研究所．GB 50084—2001 自动喷水灭火系统设计规范（2005 年版）［S］．北京：中国计划出版社，2001.

[12] 公安部天津消防科学研究所，等．GB 50219—1995 水喷雾灭火系统设计规范［S］．北京：中国标准出版社，1995.

[13] 公安部上海消防研究所．GB 50338—2003 固定消防炮灭火系统设计规范［S］．北京：中国标准出版社，2003.

[14] 中国市政工程华北设计研究总院，等．NB/T 1001—2011 液化天然气（LNG）汽车加气站技术规范［S］．北京：中国建筑工业出版社，2011.

[15] 顾安忠．液化天然气技术手册［M］．北京：机械工业出版社，2010.

[16] 花景新，刘庆堂，张道远．燃气场站安全管理［M］．北京：化学工业出版社，2007.

[17] 戴路．燃气供应与安全管理［M］．北京：中国建筑工业出版社，2008.

[18] 郭揆常．液化天然气（LNG）应用与安全［M］．北京：中国石化出版社，2008.

[19] 彭世尼．燃气安全技术［M］．重庆：重庆大学出版社，2005.

5 燃气安全管理

【本章摘要】

本章主要是从管理的角度对燃气系统的安全运行进行了介绍。针对燃气场站的验收和新站的投运，主要从土建工程、管道、设备与设施和投运前的准备工作等方面进行了介绍；对压力容器、机泵设备、压缩机、气泵、调压器等设备的运行管理进行了介绍，保证燃气系统安全运行。最后介绍了气瓶在燃气供应过程中的安全使用注意事项，以及管道供应燃气的基本特点和安全运行保障体系。

【关键词】

储配站投运，安全管理，燃气设备，压力容器，安全附件，机泵设备，燃气压缩机，燃气气泵，调压设备，计量设备，气瓶供应，管道供应。

【章节重点】

本章应重点掌握如何对燃气场站与设备的安全运行进行管理。

燃气安全管理的目的是保证企业无事故运行。对事故的狭义理解往往把整个安全工作偏重于火灾、火险，认定爆炸、火灾才算是燃气事故，这是燃气企业内部事故的外部表象和失控恶化，其核心还是管理、技术和人员素质的缺陷。事故应该是广义的，不仅仅是火灾、爆炸，也包含人身事故、设备事故、质量事故、技术事故、工艺事故、信息事故等等。只有所有这些方面都正常工作，才能认为企业此时此刻保持了一种状态，即企业现时安全。安全是动态的，如果将安全看成是静态的，就会就事论事地对待安全管理，不可能在生产经营活动的变化中发现内部联系以及薄弱环节，采取有效措施来杜绝事故苗头，只能忙乱于事后检查。

5.1 燃气场站安全管理

5.1.1 储配站投运

储配站（包括门站）是接收、储存和分配供应燃气的基地，一般由储气罐、加压机房、灌装间、调压计量间、加臭间、变电室、配电间、控制室、消防泵房、消防水池、锅炉房、车库、修理间、储藏室以及生产和生活辅助设施等组成。储配站、门站投产与运行中的有关安全技术问题要从新站的验收和投运两方面考虑。

5.1.1.1　新站的验收

A　新站验收程序

（1）审查设计图纸及有关施工安装的技术要求和质量标准；

（2）审查设备、管道及阀件、材料的出厂质量合格证书，非标设备加工质量鉴定文件，施工安装自检记录文件；

（3）工程分项外观检查；

（4）工程分项检验或试验；

（5）工程综合试运转；

（6）返工复检；

（7）工程竣工验收，合格证书签署。

B　资料验收

（1）工程依据文件，包括项目建议书、可行性研究报告、项目评价报告、批准的设计任务书、初步设计、技术设计、施工图、工程规划许可证、施工许可证、质量监督注册文件、报建审核书、招标文件、施工合同、设计变更通知单、工程量清单、竣工测量验收合格证、工程质量评估报告等。

（2）交工技术文件，包括施工单位资质证书、图纸会审记录、技术交底记录、工程变更单、施工组织设计、开工与竣工报告、工程保修书、重大质量事故分析处理报告、材料与设备出厂合格证及检验报告、各种施工记录、综合材料明细表、竣工图（如总平面图、总工艺流程图、工艺管道图、储罐加工与安装图、土建施工图、给排水与消防设施安装图、采暖及通风施工图）等。

（3）检验合格记录，包括测量记录、隐蔽工程记录、沟槽开挖及回填记录、防腐绝缘层检验合格记录、焊缝无损检测及外观检验记录、试压合格记录、吹扫与置换记录、设备安装调试记录、电气与仪表安装测试记录等。

C　管道验收

管道施工完毕后，除应进行管道沟槽检验、管道敷设质量检验、连接（焊接）质量检验外，还应进行管道系统吹扫、强度和气密性试验。

a　管道系统吹扫

管道应按工艺要求分段进行吹扫，每次吹扫管道的长度不宜超过500m。吹扫管段内设有的孔板、过滤器、仪表等设备应将其拆除，妥善保管，待吹扫后复位。不允许吹扫的设备应与吹扫系统隔离。对吹扫管段要采取临时稳固措施，以保证其在吹扫时不发生位移或强烈振动。吹扫口位置应选择在允许排放污物的较空旷地段，不危及周围人和物的安全。吹扫口应安装有临时控制阀门，阀门按出口中心线偏离垂直线 30°~45°朝空安装。吹扫介质可采用压缩空气，且应有足够的压力和流量。吹扫压力不得大于设计压力，吹扫流速不小于 20m/s。

吹扫顺序应从干管到支管，吹扫出的污物、杂物严禁进入设备和已吹扫过的管道。吹扫时可用锤子敲打管道，对焊缝、弯头、死角、管底等部位应重点敲打，但不得损伤管子及防腐层。吹扫应反复数次，直至在要求的吹扫流速下管道内无杂物的碰撞声，在排气口用白布或涂有白漆的靶板检查，5min 内白布或白靶板上无铁锈、尘土、水分及其他污物或杂物，则吹扫合格。吹扫合格后，应用盲板或堵板将管道封闭，除必需的检查及恢复工作外，不得进行影响管道内清洁的其他作业。吹扫结束后应将所有暂时加以保护或拆除的管道附件、设备、仪表等复位安装并检验合格。

　b　管道强度试验

管道吹扫合格后，即可进行强度试验。强度试验管段一般限于 10km 以内。管道试验时应连同阀门及其他管道附件一起进行。当管道设计压力 $p_N \leqslant 0.4MPa$ 时，试验管段最大长度为 1km；当设计压力为 $0.4MPa < p_N \leqslant 1.6MPa$ 时，试验管段最大长度为 5km；当设计压力为 $1.6MPa < p_N \leqslant 4.0MPa$ 时，试验管段最大长度为 10km。

试验压力可根据管道设计压力确定，当管道设计压力为 $0.01~0.8MPa$ 时，采用压缩空气进行强度试验，强度试验压力为 $1.5p_N$，且不得小于 0.4MPa。当管道设计压力为 $0.8~4.0MPa$ 时，应用清洁水进行强度试验，强度试验压力为 $1.5p_N$。除聚乙烯管（SDR17.6）的试验压力不小于 0.2MPa 外，其他均不小于 0.4MPa。

进行强度试验时，压力应逐步缓升，首先升至试验压力的 50%，应进行初检，如无泄漏、异常，继续升压至试验压力，稳压 1h 后，观察压力计不应少于 30min，无压力降为合格。

　c　严密性试验

严密性试验介质宜采用空气。当设计压力 $p_N < 0.01MPa$ 时，试验压力应为 0.1MPa；当设计压力为 $0.01MPa \leqslant p_N \leqslant 0.8MPa$ 时，试验压力应为设计压力的 1.15 倍，但不小于 0.1MPa；当设计压力为 $0.8MPa < p_N \leqslant 4.0MPa$ 时，严密性试验压力为管道的工作压力。

试验步骤与方法同样应符合现行规范《城镇燃气输配工程施工及验收规范》（CJJ33）的规定。气密性试验的允许压力降由管道内的设计压力决定。

对于低压管道（设计压力 $p_N < 0.01MPa$），同一管径时的允许压力降按式（5-1）计算：

$$\Delta p = 6.47T/d \qquad (5-1)$$

不同管径时的允许压力降按式（5-2）计算：

$$\Delta p = 6.47 \frac{T(d_1 L_1 + d_2 L_2 + \cdots + d_n L_n)}{d_1^2 L_1 + d_2^2 L_2 + \cdots + d_n^2 L_n} \tag{5-2}$$

式中 Δp—— 试验时间内的允许压力降，Pa；

                 T—— 试验时间，h；

                 d—— 管道内径，m；

$d_1, d_2, \cdots, d_n$—— 各管段内径，m；

$L_1, L_2, \cdots, L_n$—— 各管段长度，m。

对于中压、次高压 B 管道（设计压力 $0.01\text{MPa} \leqslant p_N \leqslant 0.8\text{MPa}$），当同一管径时：

$$\Delta p = \frac{40T}{d} \tag{5-3}$$

当不同管径时：

$$\Delta p = \frac{40T(d_1 L_1 + d_2 L_2 + \cdots + d_n L_n)}{d_1^2 L_1 + d_2^2 L_2 + \cdots + d_n^2 L_n} \tag{5-4}$$

对于次高压 A、高压管道（设计压力 $0.8\text{MPa} < p_N \leqslant 4\text{MPa}$），管道的压降率应不大于允许压降率。管道的压降率和允许压降率分别由式（5-5）和式（5-6）计算确定：

$$\delta p = 100[1 - (p_Z T_S)/(p_S T_Z)] \tag{5-5}$$

$$\delta p \leqslant [\delta p] = \frac{500}{\text{DN}} \tag{5-6}$$

式中 δp——压降率，%；

    $[\delta p]$——允许压降率，%；

      DN——管道公称直径，mm；

      T_S——稳压开始时管道内气体的绝对温度，K；

      T_Z——稳压终了时管道内气体的绝对温度，K；

      p_S——稳压开始时管道内气体的绝对压力，$p_S = H_S + B_S$，MPa；

      p_Z——稳压终了时管道内气体的绝对压力，$p_Z = H_Z + B_Z$，MPa；

H_S, H_Z——稳压开始及终了时压力表读数，MPa；

B_S, B_Z——稳压开始及终了时当地的大气压，MPa。

T_S，T_Z，p_S，p_Z 各值均指全线各测点平均值。

当钢管公称直径小于 300mm 时，允许压降率为 1.5%。若压降率超过上述数值时则应设法找出漏气点，并将其消除，然后进行复试，直至合格为止。

在进行气密性试验时，观察时间要延续 24h，在此期间内，由于管道与土壤之间的热传递，管内气体温度会发生变化，从而导致其压力的变化；另外环境大气压的变化也会影响观测结果的准确性。所以，对于压力计实测的压力降应根据大气压力和管内气体温度的变化加以修正，得出实际压力降，实际压力降按下式计算：

$$\Delta p_P = (H_S + B_S) - (H_Z + B_Z)\frac{273 + t_S}{273 + t_Z} \tag{5-7}$$

式中 Δp_P——修正后的实际压力降，Pa；

t_S，t_Z——试验开始和结束时的管内气体温度，℃。

在气密性试验时间内，$\Delta p_P \leqslant \Delta p$，则气密性试验合格。

D 设备与设施验收

a 燃气储罐验收

燃气储罐最常见的是湿式储气罐、圆筒形钢制焊接干式储气罐、球形和卧式定容储罐，其验收内容因结构不同而不同。

（1）湿式储气罐。验收内容包括基础验收、焊接质量检验、水槽注水试验、升降试验、罐体气密性试验等。验收方法、步骤和要求应符合现行规范《金属焊接结构湿式气柜施工及验收规范》（HGJ－212）的规定。

（2）圆筒形钢制焊接干式储气罐。验收内容包括基础验收、焊缝检验、升降试验、罐体气密性试验和基础沉降测量等。验收方法、步骤和要求应符合现行规范《立式圆筒形钢制焊接储罐施工及验收规范》（GB 50128）的规定。

（3）球形储罐。验收内容包括基础验收、零部件检查与安装验收、焊接与焊缝检验、热处理、水压强度试验、气密性试验和基础沉降测量等。验收方法、步骤和要求应符合现行规范《球形储罐施工及验收规范》（GB 50094）的规定。

（4）卧式储罐。验收内容包括基础验收、储罐安装验收、水压强度试验、气密性试验等。其验收方法、步骤和要求可参照现行规范《球形储罐施工及验收规范》（GB 50094）的规定。

b 机泵房设备验收

机泵房设备主要是压缩机和液体泵（如加压机、烃泵，简称机泵）。其验收内容包括设备一般检查、试运转和试车。

（1）机泵房设备一般检查。机泵及附属设备应有的产品说明书和质量合格证书，机泵房燃气工艺流程应符合设计要求，检查设备基础及安装位置，管道系统是否完整，有无错装与漏装，机泵的润滑系统、冷却系统和设备性能是否满足工艺要求等。

（2）机泵试运转。检查配电设施是否正确、完好，是否符合防爆技术要求，机泵设备各部件连接、调整是否符合要求，机泵设备关键部位、安全防护装置、安全附件是否安装正确且正常完好，人工盘动设备可转动部件有无卡涩现象等。

（3）机泵设备试车。机泵设备试车包括无负荷试车、半负荷试车和满负荷试车，检查是否正常。

c　调压计量站设备验收

调压计量站设备验收包括站内调压设备及计量设备出厂合格证和设备清洗加油记录、阀门泄漏试验、仪表的调整和标定、强度试验、气密性试验和通气置换等。

d　消防设施验收

消防设施验收包括站内消防疏散通道、疏散指示标志、禁火标志、防火间距、防火墙、消防水池、消防水泵房、消防给水装置和固定灭火装置、通风及排烟装置、火灾自动报警装置、自动喷淋装置和移动式灭火器材等。消防设施的检查验收应符合设计图纸和现行规范《建筑设计防火规范》（GB 50016）的规定。

e　配电设备验收

配电设备验收包括站内配送电设备与电气元器件产品合格证书、配电房设备安装、防爆电气设备与线路安装、防雷装置、接地和接零装置、防静电系统、室内外照明、应急照明和备用电源发电机组安装等。其检查验收应符合设计图纸和《新编电气装置安装工程施工及验收规范》的规定。

f　监测、监视设备验收

监测、监视设备验收包括自动报警装置、工艺系统运行参数传输装置、监视器、中控室设备的安装和调试等。其检查验收应符合设计图纸和相关技术规范的规定。

E　土建工程验收

土建工程包括站内的建（构）筑物、站外护坡及消防隔离带等。站内包括车间厂房、办公楼、门卫室、道路、场地（包括不发火花地面）、围墙、排水排洪沟等。其检查验收应符合设计图纸和现行规范《建筑工程施工质量验收统一标准》（GB 50300）和其他相关技术规范的规定。

5.1.1.2　新站的投运

A　新站投运前的准备工作

门站、储配站建成验收合格后，在确定已具备投运的前提条件下，首先必须制定投运方案。投运方案主要包括以下内容：成立投运组织机构，做好人员安排和培训，并有分工负责，落实指挥和操作具体事项；做好物料、器材、工具等物资准备；制定应急措施，防止投运时意外事故的发生；确定投运系统范围，并作出系统图；制定置换方案，确定置换顺序，安排放散位置，分段进行置换；置换完毕后，系统处于带气状态，再按工艺设计要求实施装置开车。

B　站内置换

门站、储配站在建成投运时，应先进行系统置换。置换是燃气工艺装置、设备投入运行的第一步，其目的是将空气从系统中排除，并充入燃气或惰性气体，使之满足运行状况。在置换过程中，由于燃气与空气混合有可能发生事故，所以置换是一项比较危险的工作。因此，在置换前应制定完整的置换方案，做好充分准备，全部过程应有组织、有步骤地进行。

门站、储配站的置换顺序原则上应先置换储罐，再置换工艺管道系统，最后安排机泵等燃气设备的置换。

高压储罐置换通常采用水-气置换法。以液化石油气定容储罐置换为例：在罐区数个储罐中选定其中一个（或第一组）储罐（假定1号罐），将其灌满清洁水，然后封闭储罐。将置换气源与储罐气相管连接，打开罐底部的气相阀和液相阀，同时打开第二个（或第二组）待置换储罐（假定2号罐）的罐底部入口液相阀和罐顶上的排气阀，这时打开置换气源（气相）进入1号罐，并依靠气相燃气压力和水的自身压力将水压入2号罐内，当发现2号罐顶溢出水时，说明1号罐已充满燃气气体，此时应立即关闭1号罐的气、液相阀门，即1号罐置换完毕。最后一个储罐在置换时，水要从排污阀口排放，直至排放见到燃气，即置换完毕。照此方法，继续置换其他储罐，直至置换完罐区全部储罐。储罐罐内充入气态燃气后，方可输入液态燃气。采用水-气置换时，应注意每一个被置换储罐必须保证完全充满水，不得留有无水空间。

5.1.2 站区运行安全管理

站区工艺装置运行涉及燃气管道系统、储存装置、压送装置、调压计量装置等多个方面，它是一个输配储存物料的工艺系统。如果在运行过程中，系统中某一环节发生损坏或泄漏事故，整个场站都将受到影响，甚至会造成灾害。因此，站区运行管理是安全管理的重中之重。

5.1.2.1 工艺管道运行安全管理

燃气输送管道是按工艺设计要求布置于站区的，它将输、储设备联系成一个输转物料的整体。站区燃气管线有地上敷设和埋地敷设两种方式。地上敷设的管线日常检查比较方便，容易及时发现问题和进行检修，但管线来往穿插，妨碍交通，也使消防扑救造成困难。埋地敷设的管线易受土壤腐蚀且不易及时发现泄漏。

站区工艺管道通常有焊接连接和法兰连接两种方式。焊接连接不易泄漏，但是管线检修时不能拆卸移动，动火焊接会增加施工难度和危险性；法兰连接拆卸方便，可以将需要动火检修的管线移至安全地带进行施工，但是平时法兰容易泄漏。

站区工艺管道运行安全应从工艺指标的控制、正确操作、巡回检查和维护保养几方面保证。

A 工艺指标的控制

（1）流量、压力和温度的控制。流量、压力、温度和液位是燃气管道使用中几个主要的工艺控制指标。操作压力和操作温度是管道设计、选材、制造和安装的依据。只有严格按照燃气管道安全操作规程规定的操作压力和操作温度运行，才能保证管道的使用安全。

（2）交变载荷的控制。城镇燃气由于用气量的不断变化，使输配管网中常常出现压力波动，引起管道产生交变应力，造成管材的疲劳、破坏。因此，运行中应尽量避免不必要的频繁加压和卸压以及过大的温度波动，力求均衡运行。

（3）腐蚀性介质含量控制。在用燃气管道对腐蚀性介质含量及工况有严格的工艺控制指标。腐蚀介质含量的超标必然对管道产生危害，使用单位应加强日常监控，防止腐蚀介质超标。

B 正确操作

操作人员要熟悉站区工艺管道的技术特性、系统结构、工艺流程、工艺指标、可能发生的事故及应采取的安全技术措施。在运行过程中，操作人员应严格控制工艺指标，正确操作，严禁超压、超温运行；加载和卸载的速度不要过快；高温或低温（-20℃以下）条件下工作的管道，加热或冷却应缓慢进行；管道运行时应尽量避免压力和温度的大幅度波动；尽量减少管道的开停次数。

C 巡回检查

操作人员要按照岗位责任制的要求定期按巡回检查线路完成各个部位和项目的检查，并做好巡回检查记录。对检查中发现的异常情况应及时汇报和处理。巡回检查的项目主要有各项工艺操作指标参数、运行情况、系统的平稳情况，管道连接部位、阀门及管件的密封泄漏情况，防腐、保温层完好情况，管道振动情况和管道支吊架的紧固、腐蚀和支承情况，阀门等操作机构润滑情况，安全阀、压力表等安全保护装置运行状况，静电跨接、静电接地及其他保护装置的运行与完好状况等。

D 维护保养

经常检查燃气管道的防腐措施，避免管道表面不必要的碰撞，保持管道表面完整，减少各种电离、化学腐蚀。阀门的操作机构要经常除锈上油并定期进行活动，保证开关灵活。安全阀、压力表要经常擦拭，确保其灵活、准确，并按时进行检查和校验。燃气管道因外界因素产生较大振动时，应隔断振源，发现摩擦应及时采取措施。静电跨接、接地装置要保持良好完整，及时消除缺陷，防止故障发生。禁止将管道及支架作为电焊的零线、起重工具的锚点和撬抬重物的支点。对管道底部和弯曲处等薄弱环节，要经常检查腐蚀、磨损等情况，发现问题及时处理，及时消除跑、冒、滴、漏。定期检查紧固螺栓完好状况，做到齐全、不锈蚀，丝扣完整，连接可靠。对高温管道，在开工升温过程中需对管道法兰连接螺栓进行热紧；对低温管道，在降温过程中需进行冷紧。对停用的燃气管道应及时排除管内的燃气并进行置换，必要时做惰性气体保护。

5.1.2.2 罐区的安全管理

罐区的运行范围主要包括接收、储存、倒罐等作业。罐区的运行管理和操作由罐区运行班负责，需严格执行压力容器工艺操作规程和岗位操作规程。罐区安全管理必须做到实时、准确，且记录齐全。

A 储罐安全管理

储罐（压力容器）安全管理包括投用前准备、运行控制、使用管理及安全注意事项等。

B 防护堤安全管理

防护堤要用非燃烧材料建造，一般使用砖石砌堤体或钢筋混凝土预制板围堤等。防护堤的高度及罐壁至防护堤坡脚距离应符合规范规定的要求。防护堤的人行踏步不应少于两处。严禁在防护堤上开洞，各种穿过防护堤的管道都要设置套管或预留孔，并进行封堵。

C 罐区安全巡查

罐区安全巡查主要是针对储罐、工艺管道及安全设施。

（1）工艺条件方面的检查，主要检查操作压力、操作温度、流量、液位等是否在安全操作规程的范围内。

（2）设备状况方面的检查，主要检查储罐、工艺管道各连接部分有无泄漏、渗漏现象；设备、设施外表面有无腐蚀，防腐层和保温层是否完好；重要阀门的启、闭与挂牌是否一致，连锁装置是否完好无损；支承、支座、紧固螺栓是否完好，基础有无下沉、倾斜；设备及连接管道有无异常振动、磨损等现象。

（3）安全附件方面的检查，主要检查安全附件（如压力表、温度计、安全阀、流量计等）是否在规定的检验周期内，是否保持良好状态。检查压力表的取压管有无泄漏或堵塞现象，同一系统上的压力表读数是否一致；安全阀有无冻结或其他不良的工作状况；检查安全附件是否达到防冻、防晒和防雨淋的要求等。

（4）其他安全装置的检查，主要检查防雷与防静电设施、消防设施与器材、消防通道、可燃气体报警装置、安全照明等是否齐全、完好。

5.1.2.3 机泵房的安全管理

机泵房在输送燃气时，会不可避免地聚集一定浓度的燃气，因此火灾、爆炸的危险性较大，必须采取严格的安全管理措施。

机泵房的全部建（构）筑物应采用耐火材料建造，机泵房耐火等级不宜低于二级。地面宜采用不燃、不渗油、打击不产生火花的材料。机泵房应考虑泄压面。门窗开在泵房的两端，门向外开（不准使用拉闸门），窗户的自然采光面积不小于泵房面积的 1/6，室内通风良好。房顶没有闷顶夹层，房基不与机泵基础连在一起。机泵房必须配备固定灭火设施和便携式灭火器材。

机泵房内的照明灯具、电机、开关及一切线路都必须符合设计规定和防爆要求。机泵房内禁止安装临时性、不符合工艺要求的设备和敷设临时管道。对机泵房内的设备要定期巡查，设备运行记录必须做到实时、齐全和有效。

5.1.2.4　调压站的安全管理

A　调压站运行安全管理

调压站验收合格后，将燃气通到调压站外总进口阀门处，然后再进行调压站的通气置换工作。

每组调压器前后的阀门处应加上盲板，然后打开旁通管、安全装置及放散管上的阀门，关闭系统上的其他阀门及仪表连接阀门。将调压站进口前的燃气压力控制在等于或略高于调压器给定的出口压力值，然后缓慢打开室外总进口阀门，将燃气通入室内管道系统。利用燃气压力将系统内的空气赶入旁通管，经放散管排入大气中，待取样分析合格（可点火试验）后，再分组拆除调压器前后的盲板，打开调压器前的阀门，使燃气通过调压器。调压器组内的空气仍由放散管排出室外。此时，调压站的全部通气置换工作即完成，最后关闭室内所有阀门。应注意每组调压器通气置换经取样分析合格后，方可进行下一组通气置换工作。

将调压站进口燃气压力逐渐恢复到正常供气压力，然后按下列步骤启动调压器。首先，缓慢打开一组调压器的进口阀门。这时，如果没有给调压器或指挥器弹簧加压，出口压力将等于零值。若是直接作用式调压器，由于压盘、弹簧的自重及进口压力对阀门的影响，出口压力会升到某一数值，待薄膜下燃气压力与膜上压盘、弹簧的自重相平衡，出口压力就不再升高了。然后慢慢给调压器或指挥器的弹簧加压，使调压器出口压力值略高于给定值，慢慢打开调压器出口阀门，根据管网的负荷和要求的压力对弹簧进行调整，注意观察出口压力的稳定情况。当该调压站达到满负荷时，调压器的出口压力应能保持在正常范围内。最后进行关闭压力试验。在调压器满负荷时，能保证出口压力稳定的情况下，逐渐关闭调压器出口阀门，观察出口压力的变化，最后将出口阀门全部关闭，并要求出口压力不超过规定值。关闭压力一般是调压器设定的出口压力的 5% ~ 10%。

B　调压站维护安全管理

调压站应建立定期检修制度。调压站内检修的主要内容有：拆卸并清洗调压器、指挥器、排气阀的内腔及阀口，擦洗阀杆和修补已磨损的阀门；更换失去弹性或漏气的薄膜、阀垫及密封垫；更换已疲劳失效的弹簧和变形的传动零件；吹洗指挥器的信号管，疏通通气孔；加润滑油使之动作灵活。

检修完并组装好的调压器应按规定的关闭压力值进行调试，以保证调压器自动关闭严密。投用后调压器出口压力波动范围不超过±8%为检修合格。

除检修调压器外，还应对过滤器、阀门、安全装置及计量仪表进行清洗、加油；更换损坏的阀垫；检查各法兰、丝扣接头有无漏气，及时修理漏气点；检查水封的油质和补充油位；最后进行设备及管道的除锈、刷漆。

定期检修时，必须由两名以上熟练的操作工人，严格遵守安全操作规程，按预先制定且经上级批准的检修方案执行。

调压站的其他附属设备也应安排维修检查，检修时应保证室内空气中燃气浓度低于爆炸极限，防止意外事故发生。

室内调压站的建筑物应采用耐火材料建造，地面宜采用不燃、不渗油、打击不产生火花的材料，建筑物及安全设施必须齐全、完好。

5.1.2.5　灌瓶间的安全管理

灌瓶间的全部建（构）筑物应采用耐火材料建造，耐火等级应为一级。地面应采用不燃、不渗油、打击不产生火花的材料。灌瓶间内必须配备固定灭火设施和便携式灭火器材。

灌瓶间必须按规定要求划分空瓶区、实瓶区、检验区以及倒残区。灌瓶间必须留出消防安全通道，并禁止气瓶占用通道。

灌瓶间内的设备必须要有可靠的接地和防静电措施。灌瓶间内禁止安装临时性、不符合工艺要求的设备和敷设临时管道。灌瓶间内的照明灯具、电机及一切线路和开关等设施都必须符合设计规定和防爆要求。

5.1.3　辅助生产区安全管理

辅助生产区主要是指站场内的供配电房、锅炉房以及消防泵房等，其安全管理主要以设备、建筑物完好为重点。

5.1.3.1　供配电房的安全管理

A　保持电气设备正常运行

电气设备运行中产生的火花和危险温度是引起火灾的主要原因之一。因此，保持供配电设备的正常运行对于防火、防爆具有重要的意义。供配电设备应在电压、电流、温升等参数的额定值允许范围内运行，应保持电气设备足够的绝缘能力和电气连接良好。

电气设备线路的电压、电流也不得超过额定值，导线的载流量应在规定范围内。防爆设备的最高表面温度应符合防爆电气设备极限温度和温升的规定值。电气设备、线路应定期进行绝缘试验，保持绝缘良好。应经常保持电气设备整洁，防止设备表面污脏、绝缘下降。做好导线可靠连接措施以及电气设备的接地、接零、防雷、防静电措施。

电气设备运行应按安全操作规程执行，不发生误操作事故，更换灯管、电气测试等都必须在断电后进行。备用电源发电机组应保持完好，且应定期启动运行。

B 供配电房的安全检查

供配电房安全检查主要包括检查供配电设备是否完好、是否正常运行，并做好现场记录；检查供配电房建筑物设施是否完好、建筑结构是否有漏水现象；检查供配电房防鼠、防火、防洪、防雷击等措施是否落实到位；检查供配电设备指示牌、操作牌悬挂是否正确，各种标志是否齐全、清晰；检查供配电设备及其计量仪表以及绝缘工器具、绝缘保护用品是否在规定的检验周期内；检查供配电房内的环境卫生和设备卫生状况。

5.1.3.2 锅炉房的安全管理

保持锅炉设备正常运行是锅炉房安全管理的重要内容，它包括工艺条件方面的检查（锅炉设备的操作压力、温度、水位等是否在安全操作规程的规定范围内）、设备状况方面的检查（锅炉设备及连接管道有无异常振动、磨损等现象）和安全附件方面的检查（锅炉设备上的安全附件压力表、温度计、安全阀等是否在规定的检验周期内，是否保持良好状态）。

锅炉房的安全管理主要是检查锅炉设备是否完好、运行是否正常、工艺参数是否在限额范围以内、现场记录是否齐全、有效；检查锅炉配套设施（包括管线、调压装置、水软化装置、汽水分离装置等）是否完好并符合安全技术要求；检查锅炉水位计的实际水位是否处在正常范围；检查安全附件是否齐全且在定期校验有效期限以内；检查锅炉房的照明、配电线路和设备是否完好，运行是否正常；检查锅炉设备指示牌、操作牌悬挂是否正确；检查固定灭火设施、灭火器材是否齐全、完好；检查锅炉房建筑结构、防雷与防静电设施是否完好；检查锅炉房的环境卫生和设备卫生状况等。

5.2 燃气设备安全管理

5.2.1 压力容器安全管理

5.2.1.1 概述

压力容器是指盛装气体或者液体，承载一定压力的密闭设备，其范围规定为最高工作压力大于或者等于 0.1MPa（表压），且压力与容积的乘积大于或等于

2.5MPa·L的气体、液化气体和最高工作温度高于或等于标准沸点的液体的固定式容器和移动式容器；盛装公称工作压力大于或等于0.2MPa（表压），且压力与容积的乘积大于或等于1.0 MPa·L的气体、液化气体和标准沸点等于或低于60℃液体的气瓶；氧舱等。

容器（或称储罐）器壁内外部存在着一定压力差的所有密闭容器，均可称为压力容器。压力容器器壁内外部所存在的压力差称作压力荷载，由于容器器壁承受压力荷载，所以压力容器也称作受压容器。压力容器所承受的这种压力荷载等于人为地将能量进行提升、积蓄，使容器具备了能量随时释放的可能性和危险性，就会泄漏和爆炸。这种可能性和危险性与容器的介质、容积、所承受的压力荷载以及结构、用途等有关。因此，加强压力容器的安全技术管理是实现燃气生产安全的重要环节。

容器是燃气生产的主要设备之一，常用储存燃气的容器多数属于压力容器。

A　容器的分类

储存燃气的容器种类繁多，根据不同的要求，可以有许多分类的方法。

a　按压力等级分类

（1）低压容器（代号L）0.1MPa≤p<1.6MPa；

（2）中压容器（代号M）1.6MPa≤p<10MPa；

（3）高压容器（代号H）10MPa≤p<100MPa；

（4）超高压容器（代号U）p≥100MPa。

b　按使用特点分类

（1）固定式容器；

（2）移动式容器（包括罐车和气瓶）。

c　按安全重要程度分类

（1）第一类容器（代号为I）；

（2）第二类容器（代号为Ⅱ）；

（3）第三类容器（代号为Ⅲ）。

B　压力容器的代号标记

压力容器的注册编号的前三个代号：第一个代号表示容器的类别；第二个代号表示容器的压力等级；第三个代号表示容器的用途（C表示储存容器、B表示球形罐、LA表示液化气体汽车罐车、LT表示液化气体铁路罐车）。例如："ⅢHB"，其中，"Ⅲ"表示第三类容器，"H"表示高压容器，"B"表示球形罐。

5.2.1.2　压力容器的安全监察

A　安全监察的重要性

压力容器是一种比较容易发生安全事故，而且事故造成的危害又格外严重的特种设备。特别是储存燃气的压力容器，由于储存的是易燃易爆介质，工作压力高，一旦发生意外，可能会带来灾难性的后果，严重威胁社会稳定和人民的生命财产安全。

压力容器内储存的介质一般都是较高压力的气体或液化气体。容器爆破时，这些介质瞬间卸压膨胀，释放出很大的能量，这些能量能产生强烈的空气冲击波，使周围的厂房、设备等遭到严重破坏。容器爆破以后，容器内的介质外泄，还会引起一系列的恶性连锁反应，使事故的危害进一步扩大。

此外，间接事故所造成的危害也不容忽视，如容器腐蚀穿孔或密封元件等发生的泄漏，会导致人员的中毒伤亡和环境污染。燃气泄漏会间接造成爆炸。

从使用技术条件方面来说，压力容器的使用技术条件比较苛刻，压力容器要承受较高的压力载荷，工况环境也比较恶劣。在操作失误或发生异常情况时，容器内的压力会迅速上升，往往在未被发现情况下，容器即已破裂。容器内部常常隐藏有严重的缺陷（裂纹、气孔、局部应力等），这些缺陷若在运行中不断扩大，或在适当的条件（使用温度、压力等）下都会使容器突然破裂。

在使用管理上，如购买无压力容器制造资质厂家生产的设备作为承压设备，并避开注册登记和检验等安全监察管理，非法使用这些设备，将留下无穷的后患。无安全操作规程，无持证上岗人员和相关管理人员，未建立技术档案，无定期检验管理，使压力容器和安全附件处于盲目使用和盲目管理的失控状态，擅自改变使用条件，擅自修理改造，甚至带病操作，违章超负荷、超压生产或安全监察部门管理不到位等，都可能造成严重的后果。

B　安全监察依据

a　法律、法规

(1)《中华人民共和国安全生产法》中华人民共和国主席令第 70 号；

(2)《国务院关于特大安全事故行政责任追究的规定》中华人民共和国国务院令第 302 号；

(3)《特种设备安全监察条例》中华人民共和国国务院令第 549 号；

(4)《国务院对确需保留的行政审批项目设定行政许可的决定》中华人民共和国国务院令第 412 号。

b　行政规章

(1)《城市燃气安全管理规定》建设部、劳动部、公安部令第 10 号；

(2)《锅炉压力容器压力管道特种设备事故处理规定》质检总局令第 2 号；

(3)《液化气体汽车罐车安全监察规程》劳动部劳发 262 号；

(4)《气瓶安全监察规定》质检总局令第 46 号。

c　规范性文件

(1)《压力容器压力管道设计单位资格许可与管理规则》国质检锅［2002］

235 号；

(2)《压力容器定期检验规则》（TSG R7001—2004）；

(3)《压力容器安全技术监察规程》国质检锅［1999］154 号；

(4)《固定式压力容器安全技术监察规程》（TSG R0004—2009）；

(5)《气瓶安全监察规程》国质检锅［2000］250 号。

C　监察实施办法

压力容器的安全监察过程分设计、制造、安装、使用、检验、维修改造等环节。2002 年 11 月 1 日施行的《中华人民共和国安全生产法》，对压力容器等特种设备的使用有强制性规定。生产经营单位使用涉及生命安全、危险性较大的特种设备以及危险品的容器运输工具必须按照国家有关规定，由专业生产单位生产，并经取得专业资质的检测、检验机构检测、检验合格，取得安全使用证或者安全标志，方可投入使用。因此，压力容器选购、安装、使用、维修改造都必须按相关的法规进行。

使用单位必须向有制造许可证的制造单位选购压力容器，并满足安全性、适用性和经济性。订购前需要求制造单位出示有省级以上质量技术监督部门签发盖印的《压力容器制造许可证》或要求提供复印件。压力容器出厂时，制造单位应向用户至少提供如下技术文件和资料：竣工图样、产品质量证明书及产品铭牌的拓印件、压力容器产品安全质量监督检验证书、产品合格证、《压力容器安全技术监察规程》第 33 条要求提供的强度计算书等资料，移动式压力容器还应提供产品说明书（含安全附件使用说明书）、随车工具及安全附件清单、底盘使用说明书等。

5.2.1.3　压力容器的安全附件

压力容器的安全附件是指为了保障压力容器安全运行，安装在压力容器上或装设在有代表性的压力容器系统上的一种能显示、报警、自动调节或自动消除压力容器运行过程中可能出现不安全因素的所有附属装置。

常用的安全附件有安全阀、紧急切断装置、爆破片、液位计、压力表、温度计等。

A　安全附件的分类与设置要求

a　安全附件的分类

根据安全附件的作用，按其使用性能或用途可将压力容器的安全附件分为四大类。

(1) 连锁装置。连锁装置是指能依照设定的工艺参数自动调节，保证该工艺参数稳定在一定的范围内的控制机构。连锁装置包括紧急切断阀、减压阀、调节器、温控器、自动液面计等。连锁装置能起到防止人为操作失误的作用。

（2）报警装置。报警装置是指压力容器在运行过程中出现的温度、压力、液位、反应物或反应物配比等出现异常时能自动发出声响或其他明显报警信号的仪器，如压力报警器、温度监控报警器、液位报警器、气体浓度报警器等。

（3）计量显示装置。计量显示装置是指用来显示容器运行时内部介质的实际状况的装置，如压力表、温度计、液面计、自动分析仪等。

（4）安全泄压装置。安全泄压装置是指当容器或系统内介质压力超过额定压力时，能自动地泄放部分或全部气体，以防止压力持续升高而威胁到容器的正常使用的自动装置，如安全阀、爆破片等。在压力容器的安全装置中，安全泄压装置是最常用而且也是最关键的防止容器终极事故的装置，是容器安全装置中的最后一道防线。

b   安全附件的设置要求

为使安全附件能真正发挥确保压力容器安全运行的作用，必须对安全附件的设置提出一定的要求。

（1）安全附件的设置原则。凡《压力容器安全技术监察规程》适用范围内的压力容器，均应装设安全泄压装置。用于储存燃气的压力容器（通用性气瓶除外）必须单独装设安全泄压装置。压力容器安全阀不能可靠工作时，应装设爆破片装置，或采用爆破片装置与安全阀装置组合结构。凡串联在组合结构中的爆破片在动作时不允许产生碎片。压力容器最高工作压力低于压力源压力时，在通向压力容器进口管道上必须装设减压阀。压力容器上应装设能反映压力容器承压部位真实压力的压力表。对有气液介质，特别是液体介质占有较大空间或液体介质的标准沸点低于工作温度的压力容器，在装设安全附件时必须包括液位计。压力容器所装设的安全附件必须按国家有关规程、规定和要求进行校验（包括安装前校验和使用期间的定期校验）和维护。安全附件的装设位置应便于观察和维修。

（2）安全附件的选用要求。压力容器的安全附件的设计、制造应符合《压力容器安全技术监察规程》和相应国家标准或行业标准的规定。使用单位必须选用有制造许可证单位生产的产品。储存燃气介质的压力容器，应在安全阀或爆破片的排出口装设导管，将排放介质引至安全地点，并进行妥善处理。安全阀、爆破片的排放能力不得小于压力容器的安全泄放量。如果压力容器在设计时采用最大允许工作压力作为安全阀、爆破片的调整依据，则应在设计图样上和压力容器铭牌上注明。压力容器的安全阀、压力表、液位计等应根据介质的最高工作压力和温度等参数正确地选用。

B   安全阀

安全阀是一种超压防护装置，它是压力容器最为重要的安全附件之一。

安全阀按其结构主要分为杠杆重锤式、弹簧式和脉冲式。压力容器上普遍采用弹簧式安全阀。

弹簧式安全阀按气体排放方式可分为全封闭式、半封闭式和开放式，储存燃气的压力容器多采用开放式安全阀；按启闭件开启程度可分为全启式和微启式，储存燃气的压力容器一般采用全启式安全阀；按安装方式可分为外部安装式（带调节圈式）和内置式，其中带调节圈式安全阀常用于固定式压力容器；内置式安全阀常用于移动式压力容器（如汽车罐车）。

弹簧式安全阀的优点是体积小、重量轻、灵敏度高、安装位置不受严格的限制，缺点是作用在阀杆上的力随弹簧的变形而发生变化，当温度较高时，必须注意弹簧的隔热及散热问题。弹簧式安全阀的弹簧力一般不超过 2000N，过大过硬的弹簧不利于精确的工况。

新安全阀安装前，应根据使用工况进行调试校验后才能安装使用。调试校验应由当地质量技术监督部门认可的安全附件校验站调试校验，并出具校验合格证。

安全阀的装设位置应便于日常检查、维护和检修。安装在室外露天的安全阀应有防止气温低于 0℃ 时阀内水分冻结、影响安全排放的可靠措施。安全阀应垂直安装，并应装设在压力容器液面以上的气相空间部分，或装在与压力容器气相空间相连的管道上。

压力容器与安全阀之间的连接管和管件的通径，其截面积不得小于安全阀的进口截面积，其接管应尽量短而直，以尽量减少阻力，避免使用急弯管、截面局部收缩等增加阻力甚至会引起污物积聚而发生堵塞等的配管结构。装设排放导管的安全阀，排放导管的内径不得小于安全阀的公称直径，并有防导管内积液的措施。燃气储罐如安装两个以上安全阀，不能共用一根排放导管。

安全阀与压力容器之间若装设截止阀，必须保证全开启状态，并加铅封或锁定挂牌标识，截止阀的结构和通径不应妨碍安全阀的安全泄放。

一般情况下，安全阀的开启压力应调整为容器正常工作压力或检验单位调整到允许使用工作压力的 1.05～1.10 倍，但不得大于容器的设计压力。固定式压力容器上安全阀的开启压力不得超过设计压力的 1.05 倍；移动式压力容器上安全阀的开启压力应为罐体设计压力的 1.01～1.10 倍，回座压力不应低于开启压力的 0.8 倍。

安全阀在安装前以及压力容器在用的安全阀必须进行校验或定期检验。安全阀定期检验应按《压力容器安全技术监察规程》的规定，每年至少应校验一次，并且在安全阀安装前的第一次校验时，开始建立该安全阀的校验档案。要使安全阀经常处于良好状态，保持灵敏可靠和密封性能良好，必须加强安全阀的维护和检查。发现安全阀有泄漏迹象时，应及时修理更换。禁止用增加负荷的方法

（如加大弹簧的压缩量）来减除阀的泄漏。弹簧若因腐蚀导致弹力降低或老化失效、产生永久变形，应更换弹簧。密封面若有机械损伤或腐蚀，要用研磨或车削后再研磨的方法修复或更换。阀杆弯曲变形或阀芯与阀座支承面偏斜，应重新装配或更换阀杆等部件。阀瓣在导向套中摩擦阻力大或阀杆、阀芯被卡住时，要进行清理、调整、修理或更换部件。

要经常保持安全阀清洁，防止阀体弹簧等锈蚀或被油垢脏物侵蚀，防止安全排放管被油垢或其他异物堵塞。装设在室外露天的安全阀还要有防冻措施。

C　紧急切断装置

在燃气储配工艺系统中，若管道或附件突然破裂发生严重泄漏、阀密封失效致使介质流速过快、环境发生火灾等紧急状况，紧急切断装置的作用是迅速切断燃气通路，防止容器内的介质大量外泄，避免事故发生或减小事故影响。紧急切断装置包括紧急切断阀、油（气）管道控制系统。

紧急切断阀按结构形式可分为角式和直通式。其中，角式（内置式）紧急切断阀多用于移动式压力容器（如汽车槽罐）；直通式紧急切断阀多用于固定式容器。按操纵方式可分为机械（手动）牵引式、油压操纵式、气动操纵式和电动式四种。储存燃气的容器一般都使用油压操纵式和气动操纵式紧急切断阀。

油压式或气压式紧急切断阀应保证在工作压力下全开，并持续放置48h不致引起自然闭止；紧急切断阀自始闭起，应在10s内闭止。

受液化气体直接作用的部件，其耐压试验压力应不低于容器设计压力的1.5倍，保压时间应不少于10min；耐压试验前、后，分别以0.1MPa和容器设计压力进行气密性试验；受油压或气压直接作用的部件，其耐压试验压力应不低于工作介质最高工作压力的1.5倍，保压时间应不少于10min。

紧急切断阀制成后必须经耐压试验和气密试验合格。紧急切断阀在出厂前应根据有关规定和标准的要求进行振动试验和反复操作试验合格。

D　爆破片装置

爆破片装置由爆破片本身和相应的夹持器组成。爆破片又称防爆片或防爆膜，它是通过爆破元件（膜片）在规定压力下发生断裂而排出介质使压力容器内压力降低。爆破片是一种断裂型的安全泄压装置，只能一次性使用，且泄压时不可调控，生产必须由此而中断。因此，只适用于安全阀不宜使用的场合。另外，燃气介质容器上的爆破片不宜选用铸铁或碳钢等材料制造的膜片，以免膜片破裂时产生火花，在容器外引起燃烧爆炸。

按照爆破片的断裂特征可以将爆破片分为剪切型、弯曲型、正拱普通拉伸型、正拱开缝型、反拱型等。

常用的正拱开缝型和反拱型爆破片结构基本相同，只是凸型膜片安装正反方向不同。

正拱开缝型爆破片膜片厚度较大，刚性好；由于孔带宽度可以调整，所以可以获得任意的动作压力；开裂的程度大，有利于气体排放；膜片的加工精度要求高，制造困难，内衬的密封膜易破裂。

反拱型爆破片膜片的动作压力较易控制；膜片使用寿命长；膜片加工组装精度要求高。

爆破片装置与容器的连接应为直管，通道面积不得小于膜片的泄放面积。爆破片的排放出口应装设导管（移动容器例外），将排放介质引至安全地点。爆破片一般应与容器液面以上的气相空间相连。

E　液位计

液位计是显示容器内液面位置变化情况的装置。盛装燃气的容器（包括球罐、卧式储罐和汽车罐车）都必须安装液位计，以防止容器超装而导致超压事故。

液位计的种类有玻璃管式、板式、浮子或浮标式、雷达测控式、自动化仪表式等。储存燃气的压力容器禁止使用玻璃管式液位计。

储存燃气的压力容器常用的液位计有板式和旋转管式两种。板式液位计多用于无颠簸振动工况，如固定式压力容器上。旋转管式液位计主要用于移动式压力容器上（如汽车罐车）。

液位计必须灵敏准确，结构牢固，操作方便，精度等级不低于2.5级。液位计在安装前应按有关规范规定进行压力试验，试验合格后，方可进行安装。液位计应安装在便于观察的位置，如安装位置不便于观察，则应增加辅助设施。液面计最高和最低安全液位应作出明显的标记。旋转管式液位计露出罐外部分应加以保护。

F　压力表

压力表是用来测量压力容器内介质压力最常见的一种计量仪表。它可以很直观地显示容器内介质的压力，使操作人员可根据其指示的压力进行操作，将压力控制在允许范围内。

压力表的种类有弹簧元件式、液柱式、活塞式和电接点式4类。燃气压力容器上使用的压力表一般为弹簧元件式，而且大多数又是单弹簧管式压力表。

单弹簧管式压力表按其位移转换机构的不同，可分为扇形齿轮式和杠杆式两种，其中最常见的是扇形齿轮单弹簧管式压力表。

选用的压力表必须与容器内的介质相适应，可按压力表使用说明书在适用范围内选用。选用的压力表的量程必须与容器的工作压力相适应。压力表的量程最好为容器工作压力的2倍，最小不应小于1.5倍，最大不应大于3倍。选用的压力表的精度应与容器的压力等级和实际工作需要相适应。压力表的精度是以它的允许误差占表盘刻度极限值的百分数按级别表示的。储存燃气的中、高压容器使用的压力表精度不应低于1.5级。选用压力表的表盘直径必须与容器的现场操作环境相适应。如观察距离较远，表盘应选大一些，压力表表盘直径最常用的规格有100mm和150mm两种。

压力表安装前应进行校验，根据容器的最高许用压力在刻度盘上画出最高工作压力警戒线，注明下次校验的日期，并加铅封。应特别注意，警戒线不能涂画在表盘玻璃上，以免玻璃转动使操作人员产生错觉而造成事故。压力表的装设位置应便于观察、清理和检修，且应避免受热辐射、冻结或强烈的震动。压力表与容器之间应设置球阀、旋塞阀或针形阀，并应有开启标志和锁紧装置。

在生产操作前，应检查压力表是否处于完好状态，如压力容器处于常压状态，表针应指示在"0"位或停止在限止钉处，否则应通过排空来检查压力表是否有故障，排除故障后方可开车生产。在生产操作中，严禁碰撞、震动压力表，不得随意拆开铅封及封面玻璃。

压力表应保持清洁，表盘上的玻璃要明亮清晰，使表盘内指示针指示的压力值清楚易见。要经常检查压力表指针松动、弹簧管的泄漏、外壳的锈蚀情况以及影响压力表准确指示的其他缺陷。检查压力表指针的转动与波动是否正常，检查连接管上的旋塞阀是否处于全开状态。压力表的连接管要定期吹洗以免堵塞。

压力表必须按国家有关规范规定并由具有法定资质的计量检定机构进行定期校验。用于燃气工艺装置上的压力表应每半年校验一次，校验合格后应加铅封，并建立档案。

5.2.1.4　压力容器的定期检验

压力容器的定期检验是指在压力容器的设计使用期限内，每隔一定的时间，依据《压力容器定期检验规则》规定的内容和方法，对其承压部件和安全装置进行检查或做必要的试验，并对它的技术状况作出科学的判断，以确定压力容器能否继续安全使用。

A　压力容器定期检验的目的与要求

对压力容器进行定期检验是为了了解压力容器的安全状况，及时发现问题，及时修理和消除检验中发现的缺陷，采取适当措施进行特殊监护，从而防止压力容器安全事故的发生，保证压力容器在检验周期内安全运行。通过定期检验，进一步验证压力容器设计的结构、形式是否合理，制造和安装质量的优劣以及缺陷的发展情况等。

由于压力容器是一种盛装易燃、有毒介质并有爆炸危险的特殊设备，因此从事压力容器定期检验工作的检验单位和检验人员必须具有一定的资格。《压力容器定期检验规则》规定，压力容器定期检验工作必须由具有资格的检验单位和考试合格的检验员承担，其资格认可和考试规则应符合《特种设备检验检测机构核准规则》及《锅炉压力容器压力管道及特种设备检验人员资格考核规则》的要求。经核准的检验单位和鉴定考核合格的检验人员可以从事允许范围内相应项目的检验工作，超出允许范围所进行的检验工作一概视为无效。同时，该检验单位和检验员要为此承担相应的后果和责任。

压力容器使用单位应根据生产工艺特点和压力容器的安全状况制定年度检验计划，并报当地锅炉压力容器安全监察机构。检验前，使用单位应主动配合检验单位为审查被检容器提供必要的技术资料和方便，做好现场的一切准备工作。固定式压力容器的年度检查可以由使用单位的压力容器专业人员进行，也可以由国家质检总局核准的检验检测机构（以下简称检验机构）持证的压力容器检验人员进行。

为了确保被检设备、检验设备及检验人员的安全，检验单位和使用单位都应充分重视检验过程中的安全问题，精心组织，并制定周密的施工方案，防患于未然。压力容器定期检验应采取的安全技术措施如下：

（1）首先应将检验人员进入的工作场所与某些可能产生事故的危险因素严格地隔离开来，即隔断容器、设备、管道之间以及与介质、水、电、气等动力部分的联系。其次，要把被检容器与运行中的容器作有效地隔离，防止介质外泄发生意外事故。隔断应选用盲板，并关闭阀门，隔断位置要明确地指示出来。切断与容器有关的电源后，应挂上严禁送电的标志。

（2）在进入容器前应将容器上的人孔和检查孔全部打开，使空气对流一定的时间。检查中要保持通风良好，一般情况下应保证自然通风，必要时应强制通风。

（3）进入容器检验前必须对容器进行置换、清洗等技术处理，并对容器内的气体进行取样，分析合格后方可进入操作。检验过程中容器内部气体成分的安全分析主要内容包括容器内部燃气与空气混合体积比，空间燃气合格浓度小于0.3%；容器内部氧气含量（体积比）应在18%～23%之间。

（4）进入容器检验时应使用12V或24V低压电源。检测仪器、设备和工具的电源超过36V时，必须绝缘良好并有可靠的接地。

（5）检验人员进入检验场所前应穿戴符合安全要求的工作服及其他防护用品。进行射线探伤时应计算出安全距离，采取可靠的屏蔽措施并做好辐射区的警戒工作。在进行压力试验时不得在升压过程中进行检验工作。

（6）在检验过程中必须要有专人在容器外监护，并有可靠的联络措施。监护人员应坚守岗位，尽职尽责。

（7）为应对检验过程中的突发事件必须制定安全技术应急措施，包括应急组织、应急堵漏工具和应急消防设备、器材等。

B　压力容器的定期检验周期

年度检查是指为了确保压力容器在检验周期内的安全而实施的运行过程中的在线检查，每年至少一次。

全面检验是指压力容器停机时的内外部检验。全面检验应当由检验机构进行。其检验周期为：安全状况等级为1、2级的，一般每6年一次；安全状况等级为3级的，一般每3~6年一次；安全状况等级为4级的，其检验周期由检验机构确定。用于储存燃气的压力容器，安全状况等级为4级及以下的应予以更新，不应再用于储存燃气。

C　压力容器的定期检验项目

年度检查是指不停机的在线检查。检查项目包括使用单位压力容器安全管理情况检查、压力容器本体及运行状况检查和压力容器安全附件检查等。检查方法以宏观检查为主，必要时进行测厚、壁温检查和腐蚀介质含量测定、真空度测试等。

全面检验的具体项目包括宏观（外观、结构以及几何尺寸）、保温层、隔热层和衬里、壁厚、表面缺陷、埋藏缺陷、材质、紧固件、强度、安全附件、气密性以及其他必要的项目。检验的方法以宏观检查、壁厚测定、表面无损检测为主，必要时可以采用以下检验检测方法：超声检测、射线检测、硬度测定、金相检验、化学分析或者光谱分析、涡流检测、强度校核或者应力测定、气密性试验及声发射检测等。

D　压力容器的安全状况等级评定

压力容器的安全状况等级是根据检验结果进行评定的，并以等级的形式反映出来，以其中评定项目等级最低者作为最终评定结果的级别。压力容器安全状况共划分为5个级别。

（1）1级。压力容器出厂技术资料齐全；设计、制造质量符合有关法规、标准的要求；在法规规定的定期检验周期内，在设计条件下能安全使用。

（2）2级。出厂技术资料基本齐全；设计、制造质量基本符合有关法规和标准的要求；根据检验报告，存在某些不危及安全、可不修复的一般性缺陷；在法规规定的定期检验周期内，在规定的操作条件下能安全使用。

（3）3级。出厂技术资料不够齐全；主体材质强度、结构基本符合有关法规和标准的要求；对制造时存在的某些不符合法规、标准的问题或缺陷，根据检验报告未发现由于使用而发展或扩大；焊接质量存在超标的体积缺陷，经检验确定不需要修复；在使用过程中造成的腐蚀、磨损、损伤、变形等缺陷，其检验报告确定为能在规定的操作条件下按法规规定的检验周期安全使用；经安全评定的，其评定报告确定为能在规定的操作条件下，按法规规定的检验周期安全使用。

（4）4级。出厂资料不全；主体材质不符合有关规定或材质不明，或虽属选用正确，但已有老化倾向；强度经校核尚满足使用要求；主体结构有较严重的不符合有关法规、标准的缺陷，根据检验报告，未发现由于使用因素而发展或扩大；焊接质量存在线性缺陷；在使用过程中造成的磨损、腐蚀、损伤、变形等缺陷，其检验报告确定为不能在规定的操作条件下按法规规定的检验周期安全使用；对经安全评定的，其评定报告确定为不能在规定的操作条件下，按法规规定的检验周期安全使用，必须采取有效措施，进行妥善处理，改善安全状况等级，否则只能在限定的条件下使用。

（5）5级。缺陷严重，难以或无法修复，无修复价值或修复后仍难以保证安全使用的压力容器，应予判废。

对安全状况等级定在4、5级的压力容器，不应再用于储存燃气，原则上应进行更新设备，以提高在用压力容器的安全状况等级。

5.2.1.5　压力容器的使用管理

A　压力容器的投用

压力容器安装竣工并经调试验收后，在投入使用前或者投入使用后30日内，使用单位应向属地特种设备安全监察管理部门办理使用登记手续，取得《特种设备使用登记证》。

a　投用前的准备工作

投用前应从规章制度、人员及设备几方面做好基础管理工作。压力容器投入运行前，必须制定容器的安全操作规程和各项管理制度，使操作人员做到操作有章可依，有规可循。同时，初次运行还必须制定容器运行方案，明确人员分工、操作步骤和安全注意事项等。

压力容器投用前容器必须办理好报装手续，由具有相应资质的施工单位负责施工，并经竣工验收，在规定的时限内办理使用登记手续，取得质量技术监督部门颁发的《特种设备使用登记证》。

现场管理工作需要检查安装、检验、修理工作遗留的辅助设施，如脚手架、临时平台、临时电线等是否已拆除，容器内有无遗留工具、杂物等；检查电、气等供给是否已恢复，道路是否畅通，操作环境是否符合安全运行条件；检查系统中压力容器连接部位、接管等连接情况，该抽的盲板是否抽出，阀门是否处于规定的启闭状态；检查附属设备、安全附件是否齐全、完好；检查安全附件灵敏程度及校验情况，若发现其无产品合格证或规格、性能不符合要求或逾期未校验情况，不得使用；检查容器本体表面有无异常，是否按规定做好防腐、保温及绝热工作。

b　压力容器的试运行

试运行前需进一步对容器、附属设备、安全附件、阀门及关联设备做进一步确认检查。确认设备管线吹扫贯通；确认容器的进出口阀门启闭状态、关联设备和安全附件处于同步工作状态；确认容器、设备及管线的置换和气体取样分析合格；确认操作人员符合上岗条件，安全操作规程和管理制度得到贯彻落实；确认应急计划已落实。

在确认以上工作完成后即可按操作规程要求，按步骤先后进（投）料，并密切注意工艺参数（温度、压力、液位、流量等）的变化，对超出工艺指标的参数应及时调控；操作人员要沿工艺流程线路跟随介质流向进行检查，防止介质泄漏或流向错误；注意检查阀门的开启度是否合适，并密切注意工艺参数的变化。

B　压力容器的运行控制

压力容器的运行控制主要是对工艺参数和交变荷载的控制。

压力控制要点是控制容器的操作压力在任何时候都不能超过最大工作压力。温度控制要点主要是控制其极端工作温度。常温下使用的压力容器主要控制介质的最高温度，低温下使用的压力容器主要控制介质的最低温度，并保证容器壁温不低于设计温度。储存气液共存的容器应严格按照规定的充装系数进行充装，以保证在设计温度下容器内有足够的气相空间。对流量、流速的控制主要是控制其对容器不造成严重的冲刷、冲击和引起震动等，操作人员应密切注意出口流量和进口流量的变化和配比。

交变荷载作用会导致容器疲劳破坏，因此，要尽量使介质的压力、温度和流速升降平稳，避免突然开、停车或不必要的频繁加压和卸压。

运行控制有手动控制和自动连锁控制两种。其中自动连锁控制系统较为复杂，运行工艺参数一般是通过总控室的控制仪表来操控实现。

C　压力容器的使用管理

a　安全技术管理工作内容

使用单位的技术负责人（主管厂长或总工程师）必须对压力容器的安全技术管理负责，并应指定具有压力容器专业知识的工程技术人员具体负责安全技术管理工作。

使用单位必须贯彻执行国家有关压力容器的安全技术规程，制定压力容器安全管理制度和安全技术操作规程；必须参加压力容器使用前的相关管理工作，并对容器的订购、安装、检验、验收和试车全过程进行跟踪；必须持压力容器有关技术资料到当地压力容器安全监察机构逐台办理使用登记；必须做好容器运行、检验、维修改造、报废、安全附件校验及使用状况的技术审查和检查工作，并逐级落实岗位责任制度和安全检查制度，建立并规范压力容器技术档案管理；必须做好压力容器事故应急救援和事故管理工作；必须对压力容器操作人员和安全管理人员进行培训考核，相关人员取得压力容器安全监察部门颁发的《特种设备作业人员证》，方可上岗作业。

使用单位应当向质量技术监督部门报送当年年度压力容器数量和变动情况的

统计表，编制压力容器年度定期检验计划并负责实施。每年年底应将下一年度的检验计划上报当地质量技术监督部门。

　　b　技术档案管理

技术档案管理包括压力容器登记卡，压力容器出厂随机技术资料（包括产品合格证、质量证明书、竣工图、制造单位所在地的质量技术监督部门签发的压力容器产品制造安全质量监督检验证书、容器强度计算书、安全附件产品质量证明书等），安装技术文件和资料（包括工程竣工后，施工单位完整地提交安装全过程的《压力容器安装交工技术文件汇编》），检验、监理和试运记录，有关技术文件和资料，修理方案、技术改造方案及有关质量检验报告，现场记录等技术资料，安全附件校验、修理、更换记录，有关事故的记录和处理报告（包括试运行中安装单位有关人员现场处理故障的记录等）以及使用登记有关文件资料。

　　c　安全使用管理制度

为保证压力容器的安全使用，应制定管理人员职责、操作人员职责和安全操作规程等内容，包括容器操作工艺技术指标、岗位操作方法（含开、停车操作程序和注意事项）、安全操作基本要求、重点检查项目和部位、运行中出现异常现象的判断和处理方法以及防止措施、维护保养方法、紧急情况报告程序、应急预案的具体操作步骤和要求。

　　d　维护保养

维护保养需要做到及时消除燃气泄漏现象，保持完好的防腐层和保温层，减少或消除容器的冲击和振动，维护保养好安全装置，保持容器表面清洁等。

　　D　压力容器的安全注意事项

容器开始加载时介质流速不宜过快，加压时要分阶段进行，在各阶段保压一定时间后再继续加压，直至达到规定的压力。容器运行期间还应尽量避免压力、温度的频繁和大幅度波动，以防止在交变荷载作用下，导致疲劳破裂。

操作时严格执行工艺指标可防止容器超压、超温、超量、超载运行。

容器（储罐）运行期间要坚持现场巡回检查和定期检查。其巡回和定期检查内容包括检查容器本体结构是否有变形、裂纹、腐蚀等缺陷；容器上的管道、阀门是否完好，有无泄漏；检查安全阀、压力表、温度计、液位计等安全附件及泄压排放装置是否齐全完好；检查压力、温度、液位等工艺参数值是否在设计限定范围以内；检查防雷、防静电装置及消防喷淋等设施是否齐全完好；检查各项管理制度、应急预案的落实执行情况；检查容器的防腐层、保温绝热层是否完好；检查设备基础沉降等情况。

压力容器严禁边运行边检修，特别是严禁带压拆卸、拧紧螺栓等操作。容器出现故障时必须按规程要求停车卸压，并按检修规程办理检修交出证书。容器检修应严格执行检修安全技术规程。

5.2.2 机泵设备安全管理

5.2.2.1 概述

燃气输配是燃气储存设备、压送设备和管道输送系统组成的连续化生产过程。根据燃气输配工艺条件的需要，压送设备必须满足系统压力、温度、介质的分离或混合以及液体输送等各项要求。燃气压送的机械设备有压缩机、风机和气泵等，如常用的泵和压缩机（简称机泵设备），它们是燃气生产中不可缺少的。由于燃气是易燃易爆的危险介质，这就要求机泵设备必须具有可靠的密封性和防爆性，避免介质泄漏而发生火灾爆炸事故。此外，机泵设备常常在高压、高温或超低温工况条件下运行，运行技术参数控制要求非常严格，也容易发生故障，一旦出现意外，就有可能酿成灾难性的后果。所以，加强机泵设备的安全管理显得非常重要。

机泵设备安全管理首先要把好设备安装质量关。机泵设备安装时必须符合设计文件、机器说明书要求以及现行国家规范《压缩机、风机、泵安装工程施工及验收规范》（GB 50275）的规定。

A　机泵设备安装前的准备工作

机泵设备安装前应具备完整的技术资料：设备出厂合格证明书、设备的试运行记录及有关重要零部件的质量检验证书、设备的安装图、基础图、总装配图、易损件图、安装平面布置图和使用说明书、设备出厂装箱清单、有关安装规范和安装说明以及经批准的施工组织设计或施工方案。

设备开箱检查验收应由施工单位、建设单位或设备监理单位的人员参加，按装箱单进行。设备及各零部件若暂不安装，应采取适当措施加以保护，防止变形、锈蚀、老化、损坏或丢失，尤其是与设备配套的电气仪表及备件，应由各专业人员进行验收，妥善保管。

B　机泵设备的基础检查与验收

基础是设备安装的根基，属于地下隐蔽工程。设备安装前应对基础进行严格的检查。基础检查验收应按下列顺序进行：

（1）安装前基础施工单位应提交质量证明书、测量记录及其他施工技术资料；基础上应明显地标出标高基准线、纵横中心线，相应建筑物上应标有坐标轴线；设计要求进行沉降观察的设备基础应有沉降观测水准点。

（2）设备安装单位应按以下规定对基础进行复查：基础外观不应有裂纹、蜂窝、空洞及露筋等缺陷；基础的各部位尺寸、位置等质量要求应符合现行国家规范《混凝土结构工程施工质量验收规范》（GB 50204）的规定；混凝土基础强度达到设计要求后，周围土方应回填、夯实、整平，预埋地脚螺栓的螺纹部分应无损伤，地脚螺栓孔的距离、深度和孔壁垂直度、基础预埋件等符合规范规定要求。

（3）设备就位应按设计图样并根据有关建筑物的轴线、边缘线和标高基准复核基础的纵横中心线和标高基准线，并确定其安装基准线。

C 机泵设备的安装

基础检查合格后，机泵即可吊装就位，机座的找平与找正是安装过程的重要工序，找平、找正的质量直接影响到机泵的正常运转和使用寿命。

在没有特别规定时，机泵上作为定位的基准面、线和点，对安装基准线所在的面及标高的允许偏差，应符合以下规定：与其他设备无机械联系时，平面位置及标高的允许偏差为 ±5mm；与其他设备有机械联系时，平面位置允许偏差为 ±2mm，标高允许偏差为 ±1mm。

机泵找平找正时，安装基准测量面应选择机泵上加工精度较高的表面或联轴器的端面及外圆周面。安装基准的水平度和垂直度的允许偏差、主动轮与被动轮相对位移量、轴与轴之间的平行度允差、联轴器间的端面间隙等必须符合相关规范规定或机泵技术文件的规定。

机泵底座与基础的固定一般采用地脚螺栓。地脚螺栓的埋设可采用预埋法或二次灌浆法，地脚螺栓与混凝土基础结合必须良好。螺栓拧紧后应保证露出螺母外 1.5~3 个螺距。

机泵在拆卸前应测量拆卸件有关零部件的相对位置或配合间隙。结合机泵装配图的序号作出相应的标志和记录。拆卸的零部件经清洗、检查合格后，才允许进行装配，组装时必须严格遵守技术文件的规定。分散供货需要在现场组装的机泵设备，零部件清洗且检查合格后按技术文件规定进行组装。机泵或部件在封闭前应仔细检查和清理，其内部不得有任何异物存在。各零部件的配合间隙应符合技术文件规定的要求。安装后不易拆卸、检查、修理的油箱等部件，装配前应做渗漏检查。机泵上较精密的螺纹连接件或高于 220℃ 条件工作的连接件及配合件等，装配时应在其配合表面涂上防咬合剂。

D 机泵设备的试车与验收

机泵及附属设备、管道系统安装完毕后，必须进行试车验收，合格后方可投入使用。

试车前要求机泵及附属设备、管道系统、水电仪表设施均已竣工，且经检查符合试车要求；安装过程中的各项原始记录和交工技术资料齐备；机泵各部位紧固件已按规定拧紧，无松动现象；用手盘动主轴数转，灵活无阻滞现象；机泵各部位所用油脂的规格、数量符合技术文件的规定；与机泵相关联的设备、管道系统已进行吹扫和置换，并经检验合格；试车操作人员经专门技术培训，并取得机泵设备操作资格证书；试车方案已经技术负责人签署生效。

机泵试车时为保证安全，应把整个试车分成几个阶段进行。在试车过程中不能过早或过快地增加负荷，以免发生设备安全事故。

无负荷试车时要清理现场，准备好试车用的工具、仪器及材料。按试车方案的规定，操作进口和出口处的阀门及安全附件。首先开动油泵和注油器，并检查供油情况。无问题后再按步骤进行无负荷试车（机器说明书指明必须带液试车的液泵除外）。一般无负荷试车分多阶段进行，每一阶段无负荷试车都应检查设备运行的技术指标，经确认合格再进入下一阶段试车。对无负荷试车中发现的问题，应立即停车检查，及时排除故障，并经检查合格，方可进入下一阶段的试车。

带负荷试车是在无负荷试车合格的前提条件下分阶段进行的，且应坚持负荷分层次逐渐增加的原则。每阶段试车都应检查设备运行的技术指标，一般运行每隔30min记录一次，将运行情况和检查发现的问题记录在案，以便停车后处理。分阶段带负荷试车合格，其工作压力和排气（液）量均达到全负荷，连续运行无异常情况，即可办理验收移交手续。

机泵带负荷试车合格后应按有关规定办理验收移交。验收移交必须在建设、监理和施工单位技术负责人及施工人员的共同参与下进行。验收时应对机泵设备安装过程中出现的问题及处理方法进行详细的说明，对设备安装的重点、要点进行全面的检查，并在交工文件中加以详细说明，对安装质量进行综合评定。经双方认定合格，在验收合格证明书上履行签字手续。施工单位在办理移交时要对施工技术文件和资料整理成册，与设备一并移交。施工技术文件和资料包括施工合同，竣工图，施工组织设计或施工方案，现场签证及施工记录，隐蔽工程记录，施工用材产品合格证及质检记录，各项实测、检查及试验记录，无负荷和带负荷试车记录，设计变更、设备开箱检查记录，说明书、随机技术资料及验收报告等。

5.2.2.2　燃气压缩机

在燃气输配系统中，压缩机是用来压缩气态燃气、提高燃气压力并压送燃气的设备，是燃气输配工艺装置中的重要设备之一。

A　压缩机的分类

压缩机的种类很多，按其工作原理可分为两大类：即容积型压缩机和速度型压缩机。在燃气输配系统中，常用的结构形式主要有活塞式、转子式和离心式。

活塞式压缩机通常适宜在高压工况条件下工作，输出的压力高，但排气量较小。滑片式压缩机通常压力不高，流量也较小，是一种中、低压压缩机。罗茨回转式压缩机的优点是当转速一定而进出口压力稍有波动时，排气量不变，转速与排气量之间保持恒比关系；转速高，没有气阀及曲轴等装置；重量轻，应用方便。缺点是当压缩机有磨损时影响效率；当排出的气体受到阻碍时，压力逐渐升高，因此出气管上必须安装安全阀。离心式压缩机的优点是输气量大而连续，运行平稳；机组外形小，占地面积少；设备重量轻，易损部件少，使用寿命长，便于维修；机体内不需要润滑，气体不会被润滑油污染；电机超负荷危险性小，易于自动化控制。缺点是在高速下的气体与叶轮表面有摩擦损失；气体在流经扩压器、弯道和回流器的过程中也有摩擦损失。因此，其效率比活塞式压缩机低，对压力的适应范围也较窄，并会出现喘振现象。

B 压缩机运行安全管理

输送燃气的压缩机必须采用防爆型电动机，其配电线路和操作开关也必须采取防爆措施。压缩机进、出口管道上应安装压力表和安全阀，进气口端还要安装过滤阀，以免介质中的杂物进入机体内，造成设备损伤。过滤阀中的滤网要定期检查清理，以免堵塞。安全附件和仪表必须完好，工作灵敏且在检验有效期内。

以操作活塞式压缩机为例，开机前要认真检查并确认进气口管道内无液态燃气，这是关系到压缩机安全运行至关重要的问题，操作时一定要倍加注意。开机后要检查机内润滑油的压力是否正常，否则要立即停车检修。当容器或管道中的压力达到规定值时，应及时降低压缩机的排气量或停机，防止压力过高引起事故。

压缩机在运行过程中，必须进行定期巡查，并做好运行记录，发现问题后及时停机处理。

5.2.2.3 气泵

燃气气泵是指输送液化天然气、液化石油气以及丙烷、乙烯、液氨等类似挥发性液体的压送设备，主要用于液态燃气的装卸、倒罐等。它与压缩机一样，也是燃气输配工艺装置中的重要设备之一。

A 离心式气泵

燃气气泵按工作原理分为离心泵、轴流泵、叶片式混流泵和计量泵等。在燃气输配工艺装置中使用最多的是离心式气泵，如液化石油气储配站常用的 YQB 系列离心式气泵（简称烃泵），YQB 系列离心式气泵的规格性能参数见表5-1。

表5-1 YQB 系列离心式气泵的规格性能参数

型 号	流量 /m³·h⁻¹	进口压力 /MPa	工作压差 /MPa	转速 /r·min⁻¹	电机功率 /kW	进口直径 /mm	出口直径 /mm	温度范围 /℃	质量 /kg
YQB4.5-5	4.5		≤0.4	720	2.2	30	30		96
YQIM4.5-5A	2.8			560	1.5				92
YQB15-5	15.5			780	5.5	50	50		110
YQB15-5A	12			620	4				114
YQB15-5B	8.5	≤1.0	≤0.6	460	4			−40 ~ +40	118
YQB35-5	35			780	15	75	75		166
YQB35-5A	28			620	11				168
YQB35-5B	20			460	7.5				174
YQB60-3.6	60		≤0.36	550	15	100	80		288
YQB60-3.6A	45			450	5				286

离心式气泵的吸入口通常呈水平方向，出口向上，从皮带轮方向看泵的转动为顺时针。离心泵还有一个重要的技术参数，即液体的吸上高度。由于叶轮转动产生离心力使泵入口处形成真空，使离心泵具有吸上液体的能力。假设在叶轮的入口处达到绝对真空，在外界 101.325kPa（1 个大气压）的作用下，只能将水柱升举 10.3m 高度。在 10.3m 的吸入高度范围内，水泵安装离水面越高，则需要泵入口的真空度越大，也就是叶轮入口处压力更低些才能把水吸上来。实际上，叶轮入口处不可能达到绝对真空，该处的液体总有一定的饱和蒸气压，且与温度相对应。如果叶片入口处的绝对压力等于或稍低于工作温度下液体的饱和蒸气压，泵内的液体就会处于沸腾状态，生成大量的蒸气泡，气泡中充满着自液体中析出的气体。这时气泡随液体一起进入叶轮，由于离心力的作用，液体的压力又逐渐升高，气泡所受的压力急剧加大，故迅速凝结，使气泡破裂而消失。由于气泡破裂得非常快，因此周围的液体就以极高的速度冲向气泡原来所占的空间，产生强烈的冲击力，即水锤作用，其频率可达每秒 2～3 万次，打击叶片表面，久而久之，使叶片严重损伤。与此同时，还伴随着很大的响声，使泵振动，效率降低，甚至造成液体断流。这种由气泡产生和破裂的过程所引起的现象称为气蚀现象。在燃气生产过程中，气泵运行过程中不允许发生气蚀现象。

　　B　离心泵的安全装置

泵的进、出口应安装压力表，以显示进、出口端的工况压力，便于操作。为防止停泵时出口管道中的高压液体反冲到泵内，造成叶轮反转，使泵的部件损坏和轴封泄漏，泵的出口管道上应安装止回阀。为避免系统压力过高而损坏气泵，泵的出口端宜安装可调节过流阀，过流阀的起跳工作压力一般为泵的允许工作压力的 1.05 倍。一旦气泵出口端的压力超过允许的工作压力，过流阀就开启泄压，以保证气泵始终处在额定工作压力工况条件下工作。

此外，为了在开车时使泵工作平稳，防止泵在启动时的负荷陡升，损坏气泵，宜在泵进口和出口管道之间安装旁通管，并在旁通管上加装隔离阀门。

　　C　气泵运行安全管理

气泵必须采用防爆型电动机，其配电线路和操作开关也必须采取防爆措施。气泵出口应配置安全阀、压力表、溢流阀，有的还应配置温度计和流量计。其安全附件和仪表必须完好、工作灵敏且在检验有效期内。根据气泵的工作效能，充分考虑电动机功率安全系数，以免电动机因过载而发生燃烧，引起事故。

气泵工作前应保证泵体和吸入管充满液体介质，并关闭出口阀，打开旁通阀。启动电机，待电机运转正常后再打开出口阀，同时缓慢关闭旁通阀，使泵的工作负荷平稳上升，直至泵达到正常运转状态。气泵不得空转，以免过热起火，有水冷系统的气泵，其冷却水温应低于 60℃。设备检修时管线上应装盲板，以防止物料倒流。

停泵时关闭电机和出口阀门。长期停泵时应排净泵内和管道中的液体，以保证安全。

5.2.3 调压、计量设备安全管理

压力和流量是燃气生产中必不可少而又极其重要的工艺参数，所以，调压和计量设备的安全运行对于正确地反映生产操作，实现生产过程的自动控制，保证工艺装置的生产安全和用气安全，显得十分重要。

5.2.3.1 调压设备的安全管理

调压设备主要是指燃气调压器，其安全管理的内容主要是保证调压器在设定的调压范围内连续、平稳地工作。在生产实践中，调压器除了在工作失灵时需要检修外，还应建立定期安全检修制度。对于负荷大的区域性调压站、调压器及其附属设备需每3个月检修一次，对于一般中低压调压设备需每半年检修一次。

A 调压器的检修内容

调压器检修内容包括：拆卸并清洗调压器、指挥器、排气阀的内腔及阀口，擦洗阀杆和研磨已磨损的阀口；更换失去弹性或漏气的薄膜；更换阀垫和密封垫；更换已疲劳失效的弹簧；吹洗指挥器的信号管；疏通通气孔；更换变形的传动零件或加润滑油使之动作灵活；组装和调试调压器等。

调压器应按规定的关闭压力值调试，以保证调压器自动关闭严密。投入运行后，调压器出口压力波动范围不超过规定的数值时为检修合格。

B 调压附属设备的检修内容

调压附属设备包括过滤器、阀门、安全装置及计量仪表等。其安全检修内容有：清洗加油；更换损坏的阀垫；检查各法兰、丝扣接头有无漏气，并及时修理漏气点；检查及补充水封的油质和油位；管道及设备的除锈、刷漆等。

进行调压设备定期安全检修时必须有两名以上经专门技术培训的熟练工人，一人操作，一人监护，严格遵守安全操作规程，按预先制定且经上级批准的检修方案执行。操作时要打开调压站的门窗，保证室内空气中燃气浓度低于爆炸下限。

5.2.3.2 计量设备的安全管理

计量设备主要指燃气流量计（表）、气瓶灌装秤和电子汽车衡等设备。其安全管理的内容主要是保持设备的灵敏准确，并进行必要的维护和定期校验。主要工作有以下几点：

（1）计量设备应经常保持清洁，计量显示部位要明亮清晰。

（2）计量设备的连接管要定期吹洗，以免堵塞；连接管上的旋塞要处于全开启状态。

（3）经常检查计量设备的指针或数字显示值波动是否正常，发现异常现象，要立即处理。

（4）防止腐蚀性介质侵入并防止机械振动波及计量设备。

（5）防止热源和辐射源接近计量设备。

（6）站区电子计量设备的接线和开关必须符合电气防爆技术要求。

（7）遇雷电恶劣天气，应停止电子计量设备运行并及时切断设备电源，防止雷电感应损坏设备。

（8）计量设备必须由法定计量资质的检定机构进行定期校验，校验合格后应加铅封；在用的计量设备必须是在校验有效期限以内，校验资料应建档，专人管理。

（9）气瓶灌装秤和电子汽车衡每年至少校验一次；燃气流量计（表）每24个月至少校验一次；膜式燃气表8级（6m³以下）首次检定，使用6年更换。

5.2.4　气瓶供应与安全管理

5.2.4.1　气瓶供应与安全使用

气瓶供应是燃气供气常见的方式。气瓶供应按气瓶的数量分为单瓶供应和瓶组供应，其中多数是单瓶供应；按供气状态又可分自然气化和强制气化两种形式。

A　液化石油气气瓶供应

液化石油气单瓶供应系统是家庭日常生活中应用最普遍的一种燃气供应形式，单瓶供应全部的用气设备一般安装在厨房里。液化石油气单瓶供应是一个自然气化系统。气瓶自然气化供气是依靠气瓶自身显热和吸收周围介质的热量而自然气化的。容器气化能力的大小，受液温、压力、液量、介质组分等因素的影响和制约。

液化石油气瓶组供应是指两个及两个以上气瓶成组供气形式。由于瓶组供应一般用于居民小区、工业或公共建筑用户等用气量较大的场所，所以瓶组供应多数采用 YSP118 或 YSP118 – II 型气瓶。瓶组供应是将气瓶分组连接，一组为使用瓶组，另一组为备用瓶组。使用瓶组与备用瓶组的连接可用管道直接连接，然后通过调压器调压送入管道，但多数是通过自动切换装置和调压器送入管道的。

瓶组供应有自然气化和强制气化两种供气形式。瓶组自然气化工艺系统具有工艺简单、投资少、建设周期短、供气灵活等优点，其缺点是气化率低，供气量受到限制。瓶组供应强制气化工艺系统可向用气单位提供组分、热值和压力稳定的液化石油气。气化量（气化速率）不像自然气化那样受容器的个数、湿表面积大小和外部条件的影响。液化石油气气化后，如仍保持气化时的压力输送，可能会出现再液化现象。因此，气化后的气体应尽快降到适当的压力或继续加热提高温度，使气体处于过热状态，然后再输送。

B 天然气气瓶供应

居民小区及工业用液化天然气低温绝热气瓶瓶组供气工艺系统与液化石油气强制气化系统相似，采用两组气瓶供气，一组为使用瓶组，另一组为备用瓶组。液态燃料从气瓶中导出，通过管道和阀门进入热交换器，吸热气化，经气液分离器、调压器和流量计后，输入供气管道。

C 液化石油气气瓶的安全使用

新气瓶（包括检验后的气瓶）在投入使用前要进行抽真空处理。抽真空合格的气瓶应在气瓶显著位置进行标识，以免混杂未抽真空的气瓶进入充装区，防止发生意外。

目前，我国普遍执行的是定量充装办法，充装后的气瓶还要按规定在验斤秤上复验充装量，防止超装。

对于按原标准生产的液化石油气钢瓶，国家标准《液化石油气充装站安全技术条件》（GB 17267—1998）列出了不同规格液化石油气钢瓶质量充装允许偏差，其灌装合格标准应符合表 5-2 的规定。

表 5-2 原标准钢瓶的充装量及充装允许偏差

气瓶型号	充装量/kg	充装允许偏差/kg	气瓶型号	充装量/kg	充装允许偏差/kg
YSP-0.5	≤0.5	0.45±0.05	YSP-10	≤10	9.5±0.3
YSP-2.0	≤2.0	1.9±0.1	YSP-15	≤15	14.5±0.5
YSP-5.0	≤5.0	4.8±0.2	YSP-50	≤50	49.0±1.0

新标准中尚没有配套的灌装合格标准。目前，各燃气公司在灌装新标准钢瓶时，对容积与原标准相同的钢瓶，其灌装合格标准仍参照《液化石油气充装站安全技术条件》（GB 17267—1998）中所列出的充装允许偏差，但灌装质量上偏差不得超过表 5-3 中规定的充装量。

液化石油气气瓶必须直立放置，不允许卧放，更不准倒置，这是保证气瓶安全使用的重要一环。气瓶应放置在通风干燥的地方，不要放置在地下室或没有通风的密闭室内。在厨房中使用气瓶时，要有良好的通风条件，并将气瓶放置在通风干燥、便于开关操作、容易搬动和便于检查漏气的地方。为防止气瓶过热和瓶内压力过高，气瓶应远离热源，不要将气瓶放置在采暖炉或散热器旁。为避免气瓶受灶具火焰的烘烤，二者之间应保持 0.5～1.0m 的距离。气瓶不能放在阳光下暴晒，更不允许用开水烫或用明火烘烤。

表 5-3　新标准常用钢瓶型号和参数

气瓶型号	钢瓶内直径/mm	公称容积/L	充装量/kg	钢瓶净重/kg	备　注
YSP4.7	200	4.7	1.9	3.4±0.2	
YSP12	244	12.0	5.0	7±0.3	
YSP26.2	294	26.2	11.0	13±0.6	
YSP35.5	314	35.5	14.9	16.5±0.6	
YSP118	400	118	49.5	47±1.5	
YSP118-Ⅱ	400	118	49.5	47±1.5	用于气化装置的 LPG 储存设备

　　减压阀和瓶阀之间是靠螺纹（左旋或称反扣螺纹）旋接的，每次换气时要装卸一次。拆卸减压阀之前，要检查进气口密封圈是否老化、变形或脱落，并先把气瓶阀关紧。减压阀卸下后应放在干燥、清洁的地方，防止堵塞和进气口密封圈脱落。

　　换回的气瓶装上减压阀后，不要急于点火使用，要先检查一下是否有漏气现象。瓶阀本身如有缺陷会出现漏气；减压阀手轮没有拧紧、密封圈脱落或损坏会出现漏气；胶管老化、烧损、开裂或连接太松会出现漏气；灶具转芯门密封不严也会出现漏气。这些容易漏气的部位，应逐一用肥皂水加以涂抹，若连续起泡即为漏气点。如果以上检查均未发现漏气点，但室内液化石油气的气味依然很浓，就应检查气瓶瓶体是否漏气，检查方法也是用肥皂水涂抹。检查时要特别注意检查瓶阀与瓶口的连接处、环焊缝、上下两端易受腐蚀和易受机械损伤的部位。

　　检查用气设备漏气时不可以直接用明火去检漏。如果存在漏气点，漏出的气就会被点燃，这样形成的漏气火焰是难以控制的。如果室内闻到浓重的液化石油气气味，就说明用气设备发生了漏气，要冷静地进行处理。首先打开门窗，加强室内外空气的对流。由于液化石油气比空气重，地面附近积存较多，可用笤帚扫地，将其向室外驱散，以降低室内空气中液化石油气的浓度，然后检查漏气点，并采取措施进行适当处理。在处理漏气过程中，室内绝不能带进明火，也不要开关电器，以防引起爆炸。

　　液化石油气正常火焰呈浅蓝色、无烟，内外两层火焰清晰可见，而且紧贴火孔燃烧。如果在燃烧时出现红黄色火焰或者冒黑烟，说明空气混合量不足，燃烧不充分。此时需要适当调节灶具的调风板，加大空气的供应量，使火焰逐渐变短，直至达到完全燃烧。如果火焰发紫，火苗不稳定，甚至发生脱火现象，说明空气量过大，此时需要适当关小灶具的调风板，减少空气供应量，直至达到完全燃烧。

刚点火时，若空气量过大，还容易产生回火现象，有的甚至从调风板处向外冒火苗，点火时应先将调风板适当调小些，点燃后再调至所需位置。用火结束时，宜先关闭气瓶阀，熄火后接着将灶具开关旋至"关"的位置，只有在气瓶阀和灶具阀都完全关闭的情况下，方可离开，这样才安全。

燃气胶管应使用专用耐油胶管，长度不应超过 3m，橡胶管不得穿墙越室，并定期检查，发现老化或损坏要及时更换。

燃器具每次使用后必须要将开关扳回到关闭位置，每次使用前必须确认其开关在关闭的位置上才可通气点火。

D 天然气气瓶的安全使用

a 压缩天然气（CNG）气瓶的安全使用

CNG 气瓶必须具有完整的出厂资料，包括产品合格证、质量证明书和监督检验报告等。使用单位（或个人）应持 CNG 钢瓶出厂资料及有效期内的 CNG 钢瓶定期检验报告到市（地）级质量技术监督部门办理使用登记，纳入统一管理。车用 CNG 气瓶使用登记证必须随车携带。

CNG 气瓶必须按照现行标准《汽车用压缩天然气钢瓶定期检验与评定》（GB 19533）的规定进行定期检验，经检验合格且在有效检验周期内安全使用。CNG 气瓶使用期及检验周期为：出租车 CNG 气瓶首次检验周期为 2 年，使用期不超过 5 年；公交及其他 CNG 气瓶首次检验周期为 3 年，使用期不超过 10 年。

安装在气瓶上的附件（如易熔合金塞、瓶阀等）应由 CNG 气瓶检验机构统一更换，严禁私自装、拆。

CNG 气瓶的使用单位（或个人）应对 CNG 气瓶操作人员进行相关安全技术培训，以保证操作人员具有必要的安全作业知识。CNG 气瓶的使用单位（或个人）应对 CNG 气瓶进行经常性维护保养，并定期进行自检，将到期检验的气瓶及时送检，对超过使用期的气瓶及时更新，确保 CNG 气瓶的安全使用。随车报废或到期检验不合格的 CNG 气瓶，应由车管部门和特种设备检验机构人员到现场进行监督确认，经确认报废的 CNG 气瓶交由特种设备检验机构统一处理，并及时办理使用登记注销手续。

b 液化天然气（LNG）低温绝热气瓶的安全使用

在装卸、储存、运输过程中，应密切监测 LNG 低温绝热气瓶的蒸发量，控制气瓶内 LNG 蒸发率不大于表 5-4 的规定值。

为防止低温绝热气瓶内 LNG 出现分层或形成所谓的"翻滚"现象，在实际操作时应采取以下安全措施：根据 LNG 的密度等因素，设计合理的 LNG 充装工艺；设置必要的循环工艺系统；监控 LNG 蒸发速率；LNG 中的氮含量应低于 1%（摩尔分数）；避免在同一气瓶（或储罐）内储存品质相差较大的 LNG；定期检测瓶内 LNG 的液位、温度、压力等。

表 5-4   液化天然气绝热瓶的主要参数

型 号	DPL-175C	DPL-210C	DPW580-410-1.6
几何容积/L	175	210	410
有效容积/L	157	189	369
蒸发率（液氮）/%	2.1	2.0	1.9
工作压力/kPa	1.37		1.6
安全阀起跳压力/kPa	1.59		1.76
爆破片爆破压力/kPa	2.62		
钢瓶净重/kg	125	140	375
充装量/kg	67	81	157
外形尺寸/mm	$D505 \times H1530$	$D505 \times H1730$	$D2200 \times W668 \times H980$

在装卸、运输和使用 LNG 低温绝热气瓶时，应注意保护气瓶上各种安全附件，防止损坏而导致意外。LNG 低温绝热气瓶（或储罐）内部压力应控制在允许的工艺参数范围以内，内部压力过高或出现负压都会对气瓶构成潜在的危险。对 LNG 低温绝热气瓶进行灌装或紧急情况时的排液，切忌速度过快。否则，瓶内可能形成负压而构成危险因素。

LNG 低温绝热气瓶在使用过程中，与之相连接的管道、设备等表面会形成低温。因此，对于接触低温的操作人员，一定要穿戴特殊防护服，防止皮肤直接接触而冻伤。对于低温设备、管道和阀门，设计上应考虑安全操作问题，要求进行采取保冷、防冻等措施。

在 LNG 低温绝热气瓶瓶组间内，应安装固定式可燃气体探测器；操作人员应配置便携式气体浓度报警器。

5.2.4.2   气瓶储存与管理

燃气气瓶由于瓶内存储的是易燃易爆介质，而且存储压力很高，若遇到不标准的或不利的储存条件，很可能引起灾害性的安全事故。因此，必须高度重视气瓶的储存条件和保管工作。

A   气瓶库房的安全要求

气瓶库房（瓶库）的选址建设必须经过燃气行政主管部门、规划和公安消防等部门的批准。瓶库的建筑必须按现行规范《城镇燃气设计规范》（GB 50028）要求进行，其耐火等级、安全间距和建筑面积必须符合国家规范《建筑设计防火规范》（GB 50016）的有关规定。瓶库必须是单层建筑，其高度一般不应低于 4m，屋顶应为轻型结构，并应采用强制通风换气装置，必要时应配备消防喷淋装置。

瓶库不应设在建筑物的地下室、半地下室，瓶库内不应有地沟暗道。瓶库的安全出口数目不宜少于两处，库房的门窗均需向外开以便人员疏散和泄爆。瓶库应有足够的爆炸泄压面积，泄压面积与库房容积之比值宜采用 0.05 ~ 0.22m²/m³。

瓶库内地面应平坦，且为混凝土不发火花地面，瓶库墙、柱应采用钢筋混凝土或砖块结构。瓶库内的照明、换气装置等电气线路与设备，均应为防爆型。瓶库如不在避雷装置保护区域内，则必须装设避雷设施。瓶库内应安装可燃气体自动报警装置。瓶库内应设置消防灭火器材，其中手提式灭火器（5kg 以上）不应少于 2 只。

瓶库最大存瓶数不应超过 3000 只，如库房用密闭防火墙分隔成单室，每个单室存放瓶数不应超过 500 只。为了便于气瓶装卸和减少气瓶的损伤，一般应设置装卸平台，其宽度一般为 2m，高度根据气瓶主要运输工具的高度确定。

瓶库与民用建筑物应保持一定的防火间距，防火间距参见表 5-5。

表 5-5　瓶库与民用建筑物的防火间距（m）

建筑物		储气量	
		≤10t	>10t
民用建筑、明火或散发火花地点		25	30
其他建筑　耐火等级	一、二级	12	15
	三级	15	20
	四级	20	25

B　瓶库的管理

瓶库的管理应当确定一名瓶库主要负责人为安全防火责任人，全面负责瓶库安全管理工作，并落实逐级防火责任。应建立、健全各项安全管理制度，包括安全检查和值班巡查制度。瓶库工作人员应经过安全技术培训，熟悉燃气理化性质，了解气瓶及安全附件的结构原理、操作要领，掌握消防灭火知识和堵漏技能，熟练使用消防器材，并经考试合格后方可上岗作业。组织定期安全检查和日常值班巡查，切实消除安全隐患。建立应急预案和义务消防组织，定期开展预案演练和自防自救活动。现场记录要做到齐全、规范、真实。

入库前要检查并确认气瓶有无漏气、瓶体有无损伤，气瓶外表面的颜色、警示标签与标识、封口等是否合格。如不符合要求或有安全隐患，应拒绝入库。按入库单的气瓶规格和数量，仔细核对实际入库数量。

瓶库内实（重）瓶与空瓶要分隔码放，并且要标识清楚。瓶库内不准进行气瓶维修作业，不准排放燃气，严禁瓶对瓶过气。气瓶码放时不得超过两层（其中 YSP118 型气瓶只准单层摆放），并留有适当宽度的通道。

气瓶出入库登记手续要齐全，经手人要履行签字手续。登记内容应包括：收发日期、气瓶规格与数量、气瓶使用登记编号、收瓶来源及发瓶去处等详细资料。瓶库账目要清楚，气瓶规格和数量要准确，并按时进行盘点，做到账、物相符。瓶库值班管理人员应按安全管理要求，严格履行交接班手续。

5.2.4.3　气瓶定期检验

气瓶的定期检验是指气瓶在出厂后的运行中，每间隔一定的时间周期，对气瓶（包括对瓶阀及其他安全装置）进行必要的检查和试验的一种技术手段。其目的是早期发现气瓶存在的缺陷，以防止气瓶在充装和使用过程中发生事故。

目前，我国对燃气气瓶的定期技术检验，有《液化石油气钢瓶定期检验与评定》（GB 8334）和《汽车用压缩天然气钢瓶定期检验与评定》（GB 19533）正在施行。由于汽车用压缩天然气钢瓶随车使用，定期检验管理比较规范。LPG钢瓶在市场上广泛流通使用，不仅总量巨大且管理难度大，定期检验矛盾比较突出。以下仅针对液化石油气气瓶定期检验进行讨论。

A　检验范围、周期以及检验项目

国家标准《液化石油气钢瓶定期检验与评定》（GB 8334）适用于公称容积为4.7L、12L、26.2L、35.5L、118L可重复充装的民用液化石油气钢瓶（以下简称钢瓶）。

对在用的 YSP4.7 型、YSP12 型、YSP26.2 型和 YSP35.5 型钢瓶，自制造日期起，第一次至第三次检验的检验周期均为 4 年，第四次检验有效期为 3 年；对在用的 YSP118 型钢瓶，每 3 年检验一次。对使用期限超过 15 年的任何类型钢瓶，登记后不予检验，按报废处理。

当钢瓶受到严重腐蚀、损伤以及其他可能影响安全使用的缺陷时，应提前进行检验。库存或停用时间超过一个检验周期的钢瓶，启用前应进行检验。

钢瓶定期检验项目包括外观检验、壁厚测定、容积测定、水压试验或残余变形率测定、瓶阀检验、气密性试验等。

B　检验工艺流程

检验工艺流程如图 5-1 所示。

见证点 W（witness point），即可追溯的检验记录。它既可以见证检验工作状态，也可以见证检验质量管理体系运转的有效情况。

检验点 E（examination point），是指必须由持证检验员亲自进行检验的环节。

控制点 C（control point），是指为保证该工序处于良好的受控状态，在一定的条件下需要重点控制的、难以确定评定其质量的关键工序。

停止点 H（hold point），质保工程师和持证检验员共同确认后，方可进行的工序（质保工程师必须在图 5-1 中 W12 项上签字）。

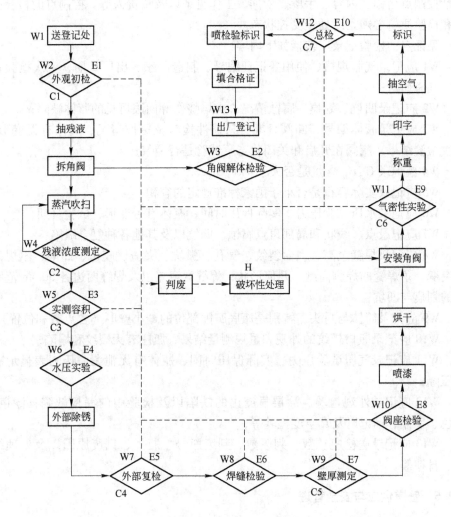

图 5-1　检验工艺流程

注：1. 图例说明：□ 操作工序；◇ 检验工序；

→检验工作流程线；--▶判废处理工作流程线

2. 执行国家标准《液化石油气瓶阀》（GB 7512—2006）安装不可拆卸瓶阀的钢瓶，在定期检验时，瓶阀解体检验工序将自动取消。

C　检验质量控制

检验控制点设置关系到安全性的检验工序，如瓶内残气浓度的测定。检验工艺上有特殊要求的关键工序也应设置控制点，如壁厚检验、水压试验及气密性试验。

检验控制点 C 的控制内容应与见证点 W 记录相对应。控制点检验一览表应包括控制点名称、内容、手段、依据、工作见证以及负责人等。控制点的检验内容和检验质量必须始终处于受控状态。

见证点的检验记录应包括如下内容：

W1 应记录气瓶规格、使用登记证编号、制造厂家、出厂日期、上次检验日期、气瓶质量；

W2 应记录凹坑、划痕、腐蚀情况、火焰烧伤等肉眼可见的瓶体缺陷；

W3 应记录阀体编号、卸阀日期、易损件检验及更换情况、阀体有无变形、螺纹检验结果、瓶阀在开启和关闭状态下试验是否漏气；

W4 应记录 C_mH_n 含量是否大于 4‰；

W5 应记录实际容积是否小于国家标准规定的容积；

W6 应记录水压试验压力、实际保压时间、瓶体有否变形、试验日期；

W7 应记录点、线状和局部斑点腐蚀、凹坑以及其他各种复合缺陷；

W8 应记录焊缝余高、表面裂纹、气孔、弧坑、夹渣、咬边、凹陷、不规则的突变；角焊缝的焊脚高度、几何形状；焊缝宽窄差以及焊缝两边各 50mm 范围内的划痕与凹坑；

W9 应记录筒体与封头，特别是瓶底腐蚀部位的最小壁厚（含点数和位置）；

W10 应记录瓶口螺纹的外观和量规测量结果、瓶座有无裂纹和塌陷；

W11 应记录气压试验压力、实际保压时间、瓶体有无泄漏、压力表显示有无压降；

W12 应记录外观检验、涂层显露出的缺陷以及检验中的漏检缺陷；漆色、字色、字体、标记以及真空度检验等；

W13 应记录送检瓶总数、判废数、判废瓶号、瓶类、判废原因以及处理结果、日期等。

5.2.5　管道供应与安全管理

5.2.5.1　管道建设

A　压力管道概述

a　压力管道的定义

压力管道是指利用一定的压力，用于输送气体或者液体的管状设备，其范围规定为最高工作压力大于或者等于 0.1MPa（表压）的气体、液化气体、蒸气介质或者可燃、易燃、有毒、有腐蚀性、最高工作温度高于或等于标准沸点的液体介质，且公称直径大于 25mm 的管道（包括其附属的安全附件、安全保护装置和与安全保护装置相关的设施）。

压力管道不是简单意义上承受压力的管道，而是中华人民共和国国务院令第 549 号发布《特种设备安全监察条例》限定范围内的管道。

b 压力管道的分类与分级

《压力管道安全管理与监察规定》将压力管道按用途划分为：

（1）长输管道（GA类）。

长输管道是指产地、储存库、使用单位间用于输送商品介质的管道。

符合下列条件之一的长输管道为GA1级：输送有毒、可燃、易爆气体介质，设计压力$p_N > 1.6MPa$的管道；输送有毒、可燃、易爆液体介质，输送距离（指产地、储存库、用户间用于输送商品介质管道的直接距离）$L \geqslant 200km$且管道公称直径$DN \geqslant 300mm$的管道；输送浆体介质，输送距离$L \geqslant 50km$，且管道公称直径$DN \geqslant 150mm$的管道。

GA1级范围以外的长输管道为GA2级。

（2）公用管道（GB类）。

公用管道是指城市或乡镇范围内用于公用事业或民用的燃气管道和热力管道。公用管道级别划分：燃气管道为GB1级；热力管道为GB2级。

（3）工业管道（GC类）。

工业管道是指企业、事业单位所属的、用于输送工艺介质的管道、公用工程管道及其他辅助管道。

符合下列条件之一的工业管道为GC1级：输送《职业性接触毒物危害程度分级》（GBZ 230）中规定毒性程度为极度危害介质的管道；输送《石油化工企业设计防火规范》（GB 50160）及《建筑设计防火规范》（GB 50016）中规定的火灾危险性为甲、乙类可燃气体或甲类可燃液体介质，且设计压力$p_N \geqslant 4.0MPa$的管道；输送可燃流体介质、有毒流体介质，设计压力$p_N \geqslant 4.0MPa$，且设计温度$\geqslant 400℃$的管道；输送流体介质，且设计压力$p_N \geqslant 10.0MPa$的管道。

GC1级范围以外的工业管道为GC2级。

在各行各业中，针对各自不同的工艺要求和管道运行状态，压力管道有不同的分类方法，并在国家标准中进行了规定，例如《工业金属管道工程施工规范》（GB 50235）、《石油化工有毒、可燃介质钢制管道工程施工及验收规范》（SH 3501）、《石油化工管道设计器材选用通则》（SH 3059）、《城镇燃气设计规范》（GB 50028）以及《输油输气管道线路工程施工及验收规范》（SY 0401）等。

c 燃气压力管道的基本特点

长距离输送和城镇输配的燃气管道绝大部分为埋地敷设。燃气输配管道工艺流程一般比较简单，但成分要求严格，输送压力要求稳定。城镇燃气管道均为常温输送。由于城镇人口与建（构）筑物稠密，各种地下管线和设施较多，管线间应保证必要的安全间距；公用管道一般输送压力较低，以避免燃气泄漏而发生安全事故。

长输燃气管道输送距离一般较长，常穿越多个行政区，甚至可能穿越国界，所以要求有较高的输送压力，中途大多还要设加压站。同时，管线可能经过各种地质条件地区，如穿越沙漠、永久冻土层、地震带及容易产生泥石流等险恶地段，并有可能穿越大山、湖泊与河流，必须做好管道路由选择工作。

　　B　燃气管道安全监察

　　为了确保输送燃气的压力管道设计、安装、使用的安全，国家质检总局和地方质监部门依据原劳动部劳发〔1996〕140号《压力管道安全管理与监察规定》以及有关地方性法规、规章的规定，对燃气压力管道设计、生产、安装、使用、检验检测、监理环节实施全过程监察检验。

　　a　监察依据

　　(1)《中华人民共和国安全生产法》（中华人民共和国主席令第70号）；

　　(2)《国务院关于特大安全事故行政责任追究的规定》（中华人民共和国国务院令第302号）；

　　(3)《特种设备安全监察条例》（中华人民共和国国务院令第549号）；

　　(4)《国务院对确需保留的行政审批项目设定行政许可的决定》（中华人民共和国国务院令第412号）；

　　(5)《压力管道安全管理与监察规定》（劳动部劳发〔1996〕140号）；

　　(6)《城市燃气安全管理规定》（建设部、劳动部、公安部第10号令）；

　　(7)《锅炉压力容器压力管道特种设备事故处理规定》（质检总局令第2号）；

　　(8)《压力容器压力管道设计单位资格许可与管理规则》（国质检锅〔2002〕235号）；

　　(9)《压力管道元件制造单位安全注册与管理办法》（质技监局锅发〔2000〕07号）；

　　(10)《压力管道元件型式试验机构资格认可与管理办法》（质技监局锅发〔2000〕07号）；

　　(11)《压力管道安装单位资格认可实施细则》（质技监局锅发〔2000〕99号）；

　　(12)《压力管道元件制造单位安全注册与压力管道安装许可证评审机构资格认可与管理办法》（质技监局锅发〔2000〕07号）；

　　(13)《压力管道安装安全质量监督检验规则》（国质检锅〔2002〕83号）；

　　(14)《压力管道使用登记管理规则》（TSG D5001—2009）。

　　b　安全监察体系

　　为保证燃气压力管道的设计、制造、安装、使用、检验、监理全过程各个环节的安全，避免安全事故的发生，需要建立一个科学的、强有力的安全监察体系。压力管道安全监察体系如图5-2所示。

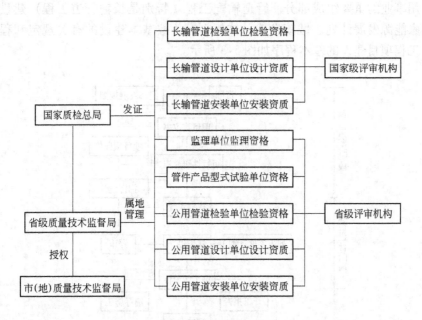

图 5-2 安全监察体系图

c 安全监察的基本内容

如上所述，燃气管道按用途可分为长输燃气管道 GA 类、公用燃气管道 GB1 类和工业燃气管道 GC 类（储配场站和工业生产用燃气工艺管道）。这三类燃气管道均属于压力管道安全监察范围内。

工业燃气管道根据设计压力不同，进行分级安全监察；使用单位自行设计、安装的燃气管道需经主管部门批准，并报省级（或市地级）质量技术监督部门备案。

公用燃气管道建设必须符合城市发展规划、消防和安全的要求；设计审查和竣工验收应有当地质量技术监督部门派出的安全监察员参加；燃气管道施工时，施工单位需征得有关管理和使用单位同意，并经双方商定，采取相应安全保护措施后方可施工，所在地质量技术监督部门应对此进行监督检查。

长输燃气管道安全监察人员由国家质检总局培训、考核、发证；检验单位应具备相应条件，其检验资格证由国家质检总局颁发；新建、扩建、改建的长输燃气管道施工前，建设单位应向国家质检总局备案，工程竣工验收应有国家质检总局派出的安全监察员参加。

C 管道工程建设

a 基本建设程序

城镇燃气管道工程是城镇的基础设施，它与供水、供电、公共交通一样是城镇公用事业的重要组成部分。管道输配工程（特别是长输管道工程）建设应依据国家能源发展计划、城镇发展总体规划，并按基本建设的有关规定和程序实施。工程项目建设的基本程序如图5-3所示。

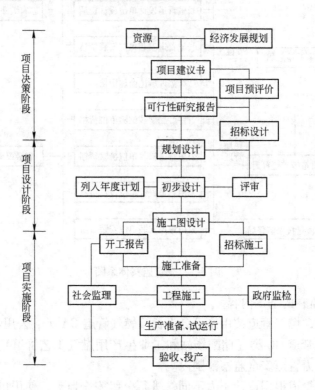

图5-3 项目建设基本程序

b 管道工程施工阶段的基本内容与要求

城镇燃气管道安装是保证燃气管道安全的一个重要环节，安装质量直接影响燃气管道的安全运行和使用。

根据《压力管道安全管理与监察规定》，国家对压力管道实施安装许可制度。城镇燃气管道是公用压力管道，燃气场站内的工艺管道是工业压力管道，还有长输燃气管道，都属于压力管道安全监察范畴。因此，燃气管道安装单位必须持有质量技术监督行政部门颁发的压力管道安装许可证。其安装单位资格认可的评审工作由质量技术监督行政部门认可的评审机构进行。燃气管道安装单位必须具备以下基本条件：法人或法人授权的组织；健全的质量管理体系和管理制度；保证燃气管道安装和管理所需的技术力量；满足现场施工要求的完好的生产设备、检测手段和管道预制场地；具有安装合格产品的能力等。

质量体系文件可分为三个层次，如图5-4所示。层次A为质量手册，其内容为按规定的质量方针和目标，以及选用的 GB/T 19001-ISO 9001 系列标准描述质量体系；层次 B 为质量体系程序，其内容为描述实施质量体系要素所涉及的各职能部门文件；层次 C 为质量文件，如各种质量表格、报告和作业指导书等详细的作业文件。

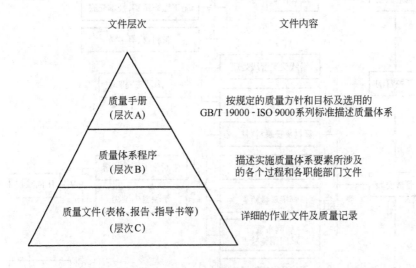

文件层次   文件内容

质量手册
（层次 A）

质量体系程序
（层次 B）

质量文件(表格、报告、指导书等)
（层次 C）

按规定的质量方针和目标及选用的
GB/T 19000 - ISO 9000 系列标准描述质量体系

描述实施质量体系要素所涉及
的各个过程和各职能部门文件

详细的作业文件及质量记录

图 5-4 典型的质量文件层次图

工程施工阶段是工程项目实体形成的过程，也是工程项目质量具体实现的过程，因此，必须对施工的全过程进行监控，对每道工序、分项工程、分部工程和单位工程进行监督、检查和验收，使工程质量的形成处于受控状态。

管道安装质量控制程序如图 5-5 所示。根据质量控制点的重要程度和特点，可以将质量控制点分为：

文件见证点 R（review point），需要进行文件见证的质量控制点；

现场见证点 W（witness point），对于复杂关键的工序、测试要求进行旁站监督的质量控制点；

停止见证点 H（hold point），对于重要工序节点、隐蔽工程、关键的试验验收点，必须由监检人员和质保工程师共同进行确认，且在未得到确认签字前不得自行检验，也不得自行转入下道工序的质量控制点；

检验见证点 E（examination point），必须由持有检验上岗证的人员亲自进行检验的质量控制点；

日常巡检点 P（patrol point），指监检人员在施工现场巡查施工人员执行工艺规程情况、工序质量状况和各种程序文件的贯彻情况。

c 管道工程验收阶段的基本内容与要求

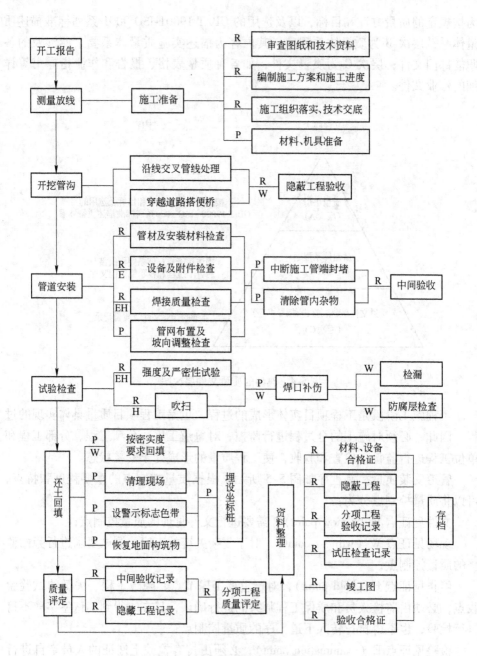

图 5-5 管道安装质量控制程序图

在燃气管道施工阶段，对各分部工程质量都应根据相关技术标准和验收规范逐项进行检查验收，尤其是隐蔽工程，如管道地基、焊接和防腐等项目，应在隐蔽前及时进行中间检查验收，以确保工程质量。

工程竣工验收一般由设计、施工、监理、建设或运行管理单位及有关主管部门的代表共同组成验收机构进行验收，验收应按以下程序和要求进行：

（1）工程竣工验收应以批准的设计文件、国家现行的相关规范标准、施工合同、工程施工许可文件等为依据。

（2）工程竣工验收的基本条件应符合下列要求：完成工程设计和合同约定的各项内容；施工单位在工程完工后对工程质量已自检合格，并提出《工程竣工报告》；工程资料齐全；有施工单位签署的工程质量保修书；监检单位对工程质量检查结果予以确认，并出具《工程质量检验报告》；分部分项工程质量检查、试验合格及工程施工记录齐全完整。

（3）竣工资料的收集、整理工作应与工程施工同步，工程完成后应及时做好整理和移交。竣工资料包括以下几个方面：

1）工程依据文件，包括项目建议书、可行性研究报告、项目评价报告、批准的设计任务书、初步设计、技术设计、施工图、工程规划许可证、施工许可证、质量监督注册文件、报建审核书、招标文件、建设合同、设计变更通知单、工程量清单、竣工测量验收合格证、工程质量评估报告等。

2）交工技术文件，包括施工单位资质证书、图纸会审记录、技术交底记录、工程变更单、施工组织设计、开工与竣工报告、工程保修书、重大质量事故分析处理报告、材料与设备出厂合格证及检验报告、监理总结报告、各种施工记录、竣工图等。

3）检验合格记录，包括测量记录、隐蔽工程记录、沟槽开挖及回填记录、防腐绝缘层检验合格记录、焊缝无损检测及外观检验记录、试压合格记录、吹扫与置换记录、设备安装调试记录、电气与仪表安装测试记录等。

（4）工程竣工验收办法。工程完工后，施工单位按施工规范规定完成验收准备工作，向监理部门提出验收申请。监理部门对施工单位提交的《工程竣工报告》、竣工资料以及其他材料进行初审，合格后提出《工程竣工评估报告》，向建设单位提出验收申请。建设单位组织勘探、设计、监理、施工单位以及政府主管部门对工程进行验收。

验收合格后参加验收单位代表签署验收纪要。建设单位及时将竣工资料、文件归档，并办理工程移交手续。验收不合格应提出书面意见和整改内容，签发整改通知，限期整改。整改完成后需重新验收。整改书面意见、整改内容、整改通知应编入竣工资料中。

5.2.5.2 管道运行管理

A 运行管理基本要求

城镇燃气管道是一项服务于社会的公共基础设施，与人民群众的生活息息相关，其安全管理关系到广大用户安全用气和生命财产的安全，对社会的稳定和发展具有重要的意义，必须引起高度重视。同时，在用燃气管道运行安全管理又是一项专业技术性很强的管理工作，管道燃气经营单位必须建立并规范组织保证体系，运用科学的管理手段和方法，按照标准的工作程序，实时监测监控，规范操作和检修，切实预防管道设施的失效或超负荷运行，以确保安全生产。

a　组织保证体系

管道燃气经营单位除应建立强有力的行政管理体系外，还应根据国家安全生产法律法规的规定，结合管道燃气运营的特点，建立一个完整的、分工明确的、各司其职而又密切配合和协作的运行安全管理体系，以确保管道设施系统安全、可靠地运行。

（1）管理机构。

燃气管道运行重在安全管理。安全管理机构的设置要充分考虑安全生产的实际需要，并且要建立有权威、有执行力的安全管理领导组织。通常，管道燃气经营单位的安全管理组织机构分为三个层次，即企业安全管理决策层（最高领导层）、职能处室管理层和基层单位安全生产执行层。安全管理组织体系如图5-6所示。

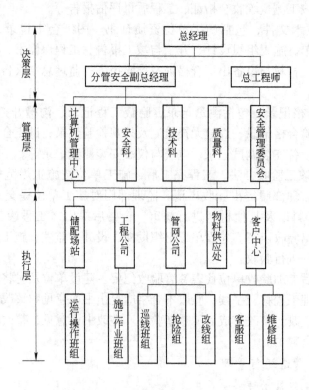

图5-6　安全管理组织体系

（2）管理职能。

决策层的主要职能是贯彻执行国家安全生产相关法律法规的规定，确保安全生产；负责安全生产方针、目标、指标的确定，颁布企业内部规章制度和安全技术标准；建立并规范安全生产保证体系，确保各级安全管理组织的有效运行；保证安全生产投入的有效实施，提供必要的资源；组织制定并实施安全事故应急救援预案；对安全事故进行处理并对重大安全技术问题做出决策；任命各级安全生产管理者代表，落实安全责任。

管理层的主要职能是贯彻并实施健康、安全、环保、质量法规和技术标准；负责编制和制定企业内部各项规章制度、质量和技术标准，并监督其实施；对生产过程各个环节进行协调和监督，对重大技术安全问题进行研讨和评估，提出对策意见；组织从业人员进行安全生产教育和培训，保证从业人员持证上岗，推行职业资格证制度；编制专项工作年度计划，并负责组织实施，定期向上级主管部门报告工作；查找安全隐患和缺陷，并督促及时整改，对事故进行调查、分析并提出处理意见；参与生产过程中的质量、技术、安全监督检查。

执行层的主要职能是执行有关燃气管道安全管理法规和技术标准；执行工艺操作规程；执行持证上岗操作和职业资格证制度；执行现场巡回检查制度；编制并上报本部门年度检验、修理和更新改造计划；负责本单位管道设施的规范操作、使用、管理和维护工作；参与新建、改建管道工程的竣工验收；参与事故调查分析；定期开展事故应急救援预案演练。

b 管理制度

管道燃气经营单位应根据城镇燃气输配的实际情况，建立一套科学、完整的管理制度，并在贯彻实施中不断地进行补充和完善。其主要内容包括：各职能部门的工作职责范围；企业内部工作标准、工作程序；各类人员岗位职责；设备管理制度及设备修理、更新改造管理制度；各类设备安全操作规程；安全检查、巡查巡线制度；安全教育（包括三级安全教育、持证上岗教育等）制度；值班及交接班记录制度；工程施工管理制度；劳动卫生、安全防护管理制度；特种设备使用登记、状态监测、定期检验、维修改造管理制度；安全附件和仪表定期校验、修理制度；管线动火、动土作业施工管理制度；事故管理制度；用户管理及客户服务制度；信息与档案管理制度等。

c 操作管理

管道燃气运营单位应根据生产工艺要求和管道技术性能，制定安全操作规程，并严格实施。其安全操作管理内容包括：操作工艺控制指标，即最高和最低工作压力、最高和最低操作温度、压力及温度波动范围、介质成分等控制值；岗位操作法，开停车的操作程序及注意事项；运行中应重点检查的部位和项目；运行中的状态监测及可能出现的异常现象的判断、处理方法；隐患、事故报告程序及防范措施；安全巡查范围、要求及运行参数信息的处理；停用时的封存和保养方法。

遇到以下异常情况必须立即采取应急技术措施：介质压力、温度超过材料允许的使用范围，且采取措施后仍不见效；管道及管件发生裂纹、鼓瘪、变形、泄漏或异常振动、声响等；安全保护装置失效；发生火灾等事故且直接威胁正常安全运行；阀门、设备及监控装置失灵，危及安全运行。

B 管道置换

燃气管道的置换是投运前准备工作最重要的环节，置换合格并确认无泄漏后才可以投入运行。

燃气管道置换有间接置换法和直接置换法两种方法。

（1）间接置换法通常使用安全气体（如氮气）进行置换，即向管道内充氮气至工作压力，然后排放至工作压力的25%左右，如此反复至少三次。此方法在置换过程中安全可靠，其缺点是工序繁多，费用较高。

（2）直接置换法是直接用燃气置换空气。该工艺操作简单、迅速，在新老管道连通后，即可利用燃气压力将燃气送入新管道系统置换管内的空气，取样试验合格后即可投入运行。

由于在燃气直接置换空气过程中，燃气的浓度有一段时间在爆炸极限范围内，此时在常温、常压下遇火就会爆炸，所以从安全角度上讲，这种方法有一定的危险性。但如果采取相应的安全措施，燃气直接置换工艺是一种既经济又快捷的置换方法。

直接置换工艺采用的燃气压力不宜过低或过高。过低会增加置换时间；过高则因直接排放流速增加，管壁有产生静电放电的可能，若管内存在有碎石等硬块，因高速气流而滚动，会产生火花，从而导致危险。故用燃气直接置换空气其最高压力不得大于 4.9×10^4 Pa；一般中压燃气管道采用 $9.8 \times 10^3 \sim 1.96 \times 10^4$ Pa 的压力置换；低压燃气管道可用原有低压管道的燃气置换。

无论采用间接法还是直接法置换，放散管的数量、直径和放散管的位置都应根据管道的长度和现场条件确定，但管道末端均应设放散管，防止"盲肠"管段内空气无法排放。放散管口应远离居民住宅及明火位置，离地面高度应大于2.5m。放散管下部设取样阀门。放散管口径设计：一般工作管径在 DN500 以上时，放散管径宜采用 DN75~100；管径在 DN300 以下时，放散管口径不宜小于工作管径的1/3。

管道工程竣工验收后准备置换，要求有竣工图，且吹扫及试压记录资料齐全，制定通气置换方案，经主管部门批准并下达任务。置换前应对管道设施（包括放散阀、排水阀等）进行认真的检查，确认完好；对暂不通气的支管起端的阀门后加设盲板，排净凝水缸中的积水；通气前各阀门均应关闭严密。

确认置换准备工作就绪后，拆除输入端的盲板，进行接线作业。对管线较长或较复杂的管道系统，应先置换主管道，合格后再分别置换各分支管线。控制放散管处的压力和阀门的开度，以控制管内气体的流速，管内各部位流速应始终小于5m/s。置换过程中，放散管处设专人看守，站在上风向处，并对操作过程记录。放散管口设立警戒线，周围20m范围内严禁火种，并禁止闲散人员靠近。

置换需在被置换管段末端取样，使用气体分析仪化验分析，含氧量小于2%，通气置换为合格；或者用球胆取样，到防火警戒区以外做点火试验，如果火焰没有内锥，不是蓝焰，而是红黄色火焰，认为试验合格。在不停止放散的情况下，连续三次取样试验合格，可认定通气置换工作完成。

在用燃气管道设施，如需动火检修、接线或长期停用时，需停气置换，这种置换称为反置换或停车置换。一般可采用空气吹扫置换燃气，也可以采用氮气或蒸汽。反置换也要制定置换方案，所采用的设备、仪器、材料和施工方法与投运前置换大致相同。停车置换前，严禁拧动管道上各部位阀门或拆卸管道、设备，严禁在管道和设备周围动用明火或吸烟。置换前应将凝水缸、过滤器中的残液放净，并在阀门法兰处设置盲板，将停气管线与非停气管线隔断。当用空气吹扫置换时，取样点火试验，点不着后，即可进行含氧量分析，当连续三次取样化验分析，含氧量均不低于20%，则置换合格。使用空气置换合格的管道系统，不得随意直接在管道上动焊、动火作业。一般应采用蒸汽或氮气吹扫，置换合格后，方可进行明火作业。

C 管道投运

燃气管道置换合格，管道系统中已充满燃气后，应将需要动火的作业和关系到管道系统安全运行的修理、调整等工作全部完成，在确认系统合格，无不安全因素存在时，才能考虑投产运行。

在确认燃气管道已具备投运的前提条件下，营运单位必须制定管道投运技术方案。其主要内容包括设立管道投运组织机构，指派有关技术、安全和营运管理负责人，安排压力管道持证操作人员进行操作；投运管道系统范围确认，并作出系统图；投运管道的管径、压力、长度应分段标在系统图上，并要明确表示阀门、阀井、放散口位置；制定燃气管道置换方案，确定置换气体；确定置换顺序，安排放散口位置，分段进行置换；确定投运时间，预先将相关信息公布。

燃气管道的试压是保证管道安全运行的重要环节。因此，在燃气管道投运前应严格审查强度试验与气密性试验记录，确认投入使用的管道压力试验合格。为清除管道内在施工过程中存留的泥土杂物，在工程竣工前，施工单位应对建成的管道按规范规定的要求进行吹扫，以保证管道内的清洁。投运前应检查吹扫记录，并进行确认。燃气管道吹扫、试压合格后，管道应进行封闭，以避免管道受到污染。封闭前要进行认真的检查，并填写管道封闭记录。在管道投运前还应审查管道封闭记录与检查现场封闭情况。

D　管道运行日常管理

燃气管道在投入运行后，即转入运行日常管理。在用燃气管道由于介质和环境的侵害、操作不当、维护不力或管理不善，往往会发生安全事故。因此，必须加强日常管理，强化控制工艺操作指标，严格执行安全操作规程，坚持岗位责任制，认真开展巡回检查和维护保养，这样才能保证燃气管道的安全运行。

a　运行操作要求

压力管道属于特种设备监察管理范畴。因此，对燃气管道运行操作提出以下要求：

操作人员必须经过质量技术监督机构的专门培训，取得《特种设备作业人员证》后方可独立上岗作业。要求操作人员必须熟悉燃气管道的技术特性、系统原理、工艺流程、工艺指标、可能发生的事故及应采取的措施；掌握"四懂三会"，即懂原理、懂结构、懂性能、懂用途，会使用、会维护保养、会排除故障。在管道运行过程中，操作人员应严格控制工艺指标、严禁超压、超温，尽量避免压力和温度的大幅度波动。加载和卸载时的速度不要过快；高温或低温条件下工作时，加热或冷却应缓慢进行。尽量减少管道的开停次数。

b　工艺指标的控制

流量、压力和温度是燃气管道使用中几个主要的工艺控制指标，也是管道设计、选材、制造和安装的依据。操作时应严格控制燃气管道安全操作规程中规定的工艺指标，以保证安全运行。

燃气输配管网系统中常会反复出现压力波动，引起管道产生交变应力，造成管材疲劳、破坏。因此，运行中应尽量避免不必要的频繁加压、卸压和过大的温度波动，力求均衡运行。

在用燃气管道对腐蚀介质含量及工况有严格的工艺指标控制要求。腐蚀介质含量超标，必然对管道产生危害。因此，应加强日常监控，防止腐蚀介质超标。

c　巡回检查

燃气管道使用单位应制定严格的管道巡回检查制度。制度应结合燃气管道工艺流程和管网分布的实际情况，做到检查维修人员落实到位、职责明确，检查项目、检查内容和检查时间明确。检查人员应严格按职责范围和要求，按规定巡回检查路线，逐项、逐点检查，并做好巡回检查记录，发现异常情况及时报告和处理。巡回检查的主要项目有：各项工艺操作参数、系统运行情况；管道接头、阀门及管件密封情况，对穿越河流、桥梁、铁路、公路的燃气管道要定期重点检查有无泄漏或受损；管道防腐层、保温层是否完好；管道振动情况；管道支、吊架的紧固、腐蚀和支承情况，管架、基础的完好状况；阀门等操作机构的润滑状况；安全阀、压力表等安全保护装置的运行状况；静电跨接、静电接地、抗腐蚀阴极保护装置的运行及完好状况；埋地管道地面标志、阀井的完好情况；埋地管道覆土层的完好情况；管道调长器、补偿器的完好情况；禁止管道及支架作电焊的零线搭接点、起重锚点或撬抬重物的支点及其他缺陷等。

d 维护保养

维护保养是延长管道设施使用寿命的基础。日常维护保养的主要内容有：

（1）对管道受损的防腐层进行及时维修，以保持管道表面防腐层的完好，对阴极保护电位达不到规定值的，要及时更换修复；

（2）阀门操作机构要经常除锈上油并定期进行操作活动，以保证开关灵活，要经常检查阀杆处是否有泄漏，发现问题要及时处理；

（3）管线上的安全附件要定期检验和校验，并要经常擦拭，确保灵活、准确；

（4）管道附属设备、设施上的紧固件要保持完好，做到齐全、无锈蚀和连接可靠；

（5）管件上的密封件、密封填料要经常检查，确保完好无泄漏；

（6）管道因外界因素产生较大振动时，应采取措施加强支承，隔断振源，消除摩擦；

（7）静电跨接、静电接地要保持完好，及时消除缺陷，防止故障发生；

（8）停用的燃气管道应排除管内的燃气，进行置换，必要时充入惰性气体保护；

（9）及时消除跑、冒、滴、漏；

（10）对高温管道，在开工升温过程中需对管道法兰连接螺栓进行热紧；对低温管道，在降温过程中需要进行冷紧。

E 管道运行信息化管理

为了适应燃气管网现代化的管理要求，管道燃气经营企业应建立综合信息管理系统。该系统由燃气输配管理（DMS）子系统、燃气经营管理子系统和客户信息管理子系统组成。由于该系统结构复杂，以下仅介绍燃气输配管理子系统。

燃气输配管理（DMS）子系统是由监控及数据采集（SCADA）系统、地理信息（GIS）系统和管网仿真系统组成的，如图5-7所示。

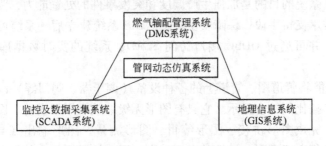

图 5-7 燃气输配管理系统构成

a　DMS 系统

DMS 系统结合计算机、信息与控制技术优势，面向燃气输配管理，整合了 SCADA 系统和 GIS 系统，充分利用管网的数据信息，建立燃气管网运行模型，从而形成统一的管理平台和人机界面。其目标是：由于 DMS 系统信息反馈实时性高，调度人员可根据系统提供的信息全面、实时掌握系统运行参数和管网运行工况，更好地解决供需矛盾，以满足工商业和居民用气的需要；提高调度人员发现事故和分析事故的预见性，一旦出现异常情况，可以及时采取有效措施，防止事故的发生和蔓延，保证系统的安全；根据管网运行工况及各环节的运行数据等有关信息，进行综合分析、优化调度，编制合理、经济的供气方案，使整个供气管网在经济合理、安全的状态下运行，节省资源，减少对环境的污染。其最终目标是在生产、储存、输配、供应、销售过程中的组织管理工作合理，效率提高，经济效益显著。

DMS 系统设计应遵循技术先进、设备性能稳定可靠、功能齐全、易于扩展、操作维修方便、投资合理的原则。

b　SCADA 系统

SCADA 系统是一个局域网加广域网的综合网络系统。在调度中心与门站、储配站、线路阀室等组成骨干网络，它们之间采用 DDN 或 SDH 通信，门站、储配站及线路阀室实现视频传输。

SCADA 系统应具有的功能包括：实时数据采集和处理、图形显示、报警管理、数据归档和管理、系统热备切换、遥控、远程诊断、组态和远程编程、数据库管理、安全维护、在线帮助、系统扩展等。

SCADA 系统监控软件基于"客户机-服务器"结构，主要功能包括：支持冗余服务器和网络、全开放式设计、模块化组态开发、分布式客户机-服务器体系结构、支持离线组态和在线组态、提供一个直观而对用户友好的操作界面、强大的图形编辑功能和图形库、实时过程监视、SQL/ODBC 关系数据库连接、报警与报警管理、扩展能力、报告生成与管理、支持调度管理平台、安全访问等。

c　GIS 系统

建立 GIS 系统的目的是加强生产调度和突发事件的处置能力，为生产调度提供高效率的技术支持手段，保障安全供气。GIS 系统建立后，系统可以显示静态的管网信息，并可通过 ODBC 接口访问 SCADA 系统的实时数据库，实现资源共享。

GIS 系统能将管道图、管道上的各种设备（调压器、阀门等）以及基础地形图进行分层、按比例综合显示。它具有图形无级缩放、平滑漫游、图形鹰眼、图形协同校正，完成图形拼接、图形编辑、图形测量、图形输出（导出及打印）等功能，可进行空间图形与属性的双向查询，可对输配网络中的管道设备做多种形式的统计，将统计结果对应台账以及表格、图表，对抢修决策进行分析、停气降压分析及测量工程管理。

d 数据分析系统

业务数据分析平台是在 SCADA 系统提供的燃气管网运行工况实时数据、GIS 系统提供的燃气管网相关设备属性资料的基础上，建立相应的数据模型，对管线的压力分布进行分析和模拟，以优化储气调峰；对用户的用气负荷进行预测，以合理安排供气计划；对管线的泄漏情况进行分析，以及时发现泄漏点，控制泄漏，减少事故和损失；对管网的安全运行进行风险评估，以合理优化设备维修更新计划。

5.2.5.3 管道的检验

根据《压力管道安全管理与监察规定》，压力管道使用单位负责本单位的压力管道安全管理，制定压力管道定期检验计划，安排附属仪器仪表、安全保护装置、测量调控装置的定期校验和检修工作。

在燃气输配系统中，场站内的工艺管道属工业管道的安全监察范围，定期检验应按国质检锅〔2003〕108 号《在用工业管道定期检验规程》（试行）执行，即定期检验分为在线检验和全面检验。关于城镇运行的其他燃气管道定期检验，虽然国家还没有出台相应的规程，但也应进行一般性检查（外部检查）与全面检验，其中全面检验可参照《在用工业管道定期检验规程》（试行）执行。

A 城镇燃气管道外部检查

为保证燃气管道的安全运行，燃气管道管理与使用部门应在加强日常维护保养和巡回检查的基础上，每年定期对燃气管道系统进行一次外部检查，并对检查中发现的安全问题及时处理，暂时不能处理的也应有计划、有步骤地逐步解决。

燃气管道系统的外部检查可由燃气管理与使用部门负责主持，并由质量技术监督部门监督进行，也可由有资质的检验单位进行，检验人员应由质量技术监督部门培训、考核合格的专业人员担任。外部检查的主要内容是：

（1）外观检查，检查管道有无裂纹、腐蚀、变形。外观检查的重点部位包括工艺流程中的重要部位、与重要设备连接的管道、施工安装条件差的管段、负荷变化频繁的管段及在施工、运行中已发现比较薄弱并存在安全隐患的管段。

（2）泄漏检查，主要检查管件、焊缝、阀门、伸缩器连接处有无泄漏。

（3）安全附件检查，包括安全阀、压力表、调压装置等附件的检查，检查其灵敏性和工作性能是否完好。

（4）防腐、绝热层检查，检查跨越、入土端与出土端、裸露管段、阀室前后的管道的绝热层与外防腐层是否完好；对设有外加电源阴极保护的管段或采用牺牲阳极保护的管道检测是否完好，并判断保护装置是否正常工作。

（5）电绝缘性能测试，绝缘法兰及跨越支架经绝缘性能测试，各种接地电阻是否符合规范要求。

（6）管道支架和基础检查，检查有无变形、倾斜、下沉等。

（7）燃气成分测定，对城镇燃气管道内介质腐蚀进行分析。

（8）检查评定，外部检查进行完毕后，应根据有关检验规程要求填写在用燃气管道一般性检验原始资料审查报告，并对检查结果进行分析，对出现异常的燃气管道应采取措施使其恢复正常，并应做好在用燃气管道外部检查结论报告。检查结论评定分为允许运行、监督运行、停止运行。检查结果未发现问题，不存在安全运行不利因素的允许运行；检查发现缺陷，但经采取措施后能保证在检验周期内安全运行的监督运行；检查发现缺陷，采取措施后仍影响安全运行的，应停止运行，进一步检查、整改。

B　在线检验

在线检验是在运行条件下对在用工业管道（场站内的燃气工艺管道）进行的检验，在线检验每年至少一次。

在线检验工作可由使用单位进行，根据具体情况制定检验计划和方案，安排检验工作。使用单位也可将在线检验工作委托给具有压力管道检验资格的单位进行。使用单位应制定在线检验管理制度，从事在线检验工作的检验人员需经专业培训，并报省级或其授权的地（市）级质量技术监督部门备案。

在线检验一般以宏观检查和安全保护装置检验为主，必要时进行测厚检查和电阻值测量。管道的下述部位一般为重点检查部位：压缩机、泵的出口部位；补偿器、三通、弯头（弯管）、大小头、支管连接及介质流动的死角等部位；支吊架损坏部位附近的管道组成件以及焊接接头；曾经出现过影响管道安全运行的问题的部位；处于生产流程要害部位的管段以及与重要装置或设备相连接的管段；工作条件苛刻及承受交变载荷的管段。

上述在线检验项目是在线检验的一般要求，检验人员可根据实际情况确定实际检验项目和内容，并进行检验工作。

在线检验开始前，使用单位应准备好与检验有关的管道平面布置图、管道工艺流程图、单线图、历次在线检验及全面检验报告、运行参数等技术资料，检验人员应在了解这些资料的基础上对管道运行记录、开停车记录、管道隐患监护措施实施情况记录、管道改造施工记录、检修报告、管道故障处理记录等进行检查，并根据实际情况制定检验方案。在线检验的一般程序如图5-8所示。

宏观检查的主要检查项目和内容如下：

（1）泄漏检查，主要检查管道及其他组成件泄漏情况。

（2）绝热层、防腐层检查，主要检查管道绝热层有无破损、脱落、跑冷等情况；防腐层是否完好。

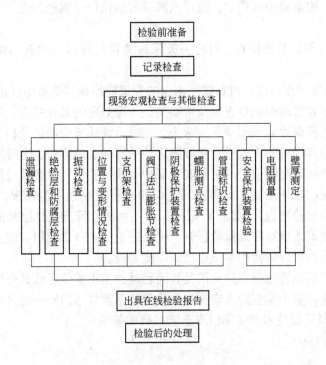

图 5-8　在线检验的一般程序

（3）振动检查，主要检查管道有无异常振动情况。

（4）位置与变形检查，主要检查管道位置是否符合安全技术规范和现行国家标准的要求；管道与管道、管道与相邻设备之间有无相互碰撞及摩擦情况；管道是否存在挠曲、下沉以及异常变形等。

（5）支吊架检查，主要检查支吊架是否脱落、变形、腐蚀损坏或焊接接头开裂；支架与管道接触处有无积水现象；恒力弹簧支吊架转体位移指示是否越限；变力弹簧支吊架是否异常变形、偏斜或失载；刚性支吊架状态是否异常；吊杆及连接配件是否损坏或异常；转导向支架间隙是否合适，有无卡涩现象；阻尼器、减振器位移是否异常，液压阻尼器液位是否正常；承载结构与支撑辅助钢结构是否明显变形，主要受力焊接接头是否有宏观裂纹。

（6）阀门检查，主要检查阀门表面是否存在腐蚀现象；阀体表面是否有裂纹、严重缩孔等缺陷；阀门连接螺栓是否松动；阀门操作是否灵活。

（7）法兰检查，主要检查法兰是否偏口，紧固件是否齐全并符合要求，有无松动和腐蚀现象；法兰面是否发生异常翘曲、变形。

（8）膨胀节检查，主要检查波纹管膨胀节表面有无划痕、凹痕、腐蚀穿孔、开裂等现象；波纹管波间距是否正常、有无失稳现象；铰链型膨胀节的铰链、销轴有无变形、脱落等损坏现象；拉杆式膨胀节的拉杆、螺栓和连接支座有无异常现象。

（9）阴极保护装置检查，对有阴极保护装置的管道应检查其保护装置是否完好。

（10）蠕胀测点检查，对有蠕胀测点的管道应检查其蠕胀测点是否完好。

此外，还有管道标识检查以及检验员认为有必要的其他检查。对需重点管理的管道或有明显腐蚀和冲刷减薄的弯头、三通、管径突变部位及相邻直管部位应采取定点测厚或抽查的方式进行壁厚测定。采取抽查的方式，进行防静电接地电阻和法兰间的接触电阻值的测定。安全保护装置检验按相关要求进行。

在线检验的现场检验工作结束后，检验人员应根据检验情况，按照《在用工业管道定期检验规程》（试行）附件二《在用工业管道在线检验报告书》的规定，认真、准确地填写在线检验报告。检验结论分为可以使用、监控使用和停止使用。在线检验报告由使用单位存档，以便备查。

在线检验发现管道存在异常情况和问题时，使用单位应认真分析原因，及时采取整改措施。重大安全隐患应报省级质量技术监督部门安全监察机构或经授权的地（市）级质量技术监督部门安全监察机构备案。

C　全面检验

a　检验周期

全面检验是按一定的检验周期在在用工业管道停车期间进行的较为全面的检验。安全状况等级为 1 级和 2 级的在用工业管道，其检验周期一般不超过 6 年；安全状况等级为 3 级的在用工业管道，其检验周期一般不超过 3 年。管道检验周期可根据具体情况适当延长或缩短。

经使用经验和检验证明可以超出上述规定期限安全运行的管道，使用单位向省级或其委托的地（市）级质量技术监督部门安全监察机构提出申请，经受理申请的安全监察机构委托的检验单位确认，检验周期可适当延长，但最长不得超过 9 年。

属于下列情况之一的管道，应适当缩短检验周期：新投用的管道（首次检验周期）；发现应力腐蚀或严重局部腐蚀的管道；承受交变载荷可能导致疲劳失效的管道；材料产生劣化的管道；在线检验发现存在严重问题的管道；检验人员和使用单位认为应该缩短检验周期的管道。

b　检验资格

在用工业管道全面检验工作由已经获得质量技术监督部门资格认可的检验单位进行，取得在用压力管道自检资格的使用单位可以检验本单位自有的在用压力管道。从事全面检验工作的检验人员应按《锅炉压力容器压力管道及特种设备检验人员资格考核规则》的要求，经考核合格，取得相应的检验人员资格证书

（具备全面检验人员资格即具备在线检验人员资格）。

检验单位和检验人员应做好检验的安全防护工作，严格遵守使用单位的安全生产制度。

c 检验计划

使用单位负责制定在用工业管道全面检验计划，安排全面检验工作，按时向负责对其发放压力管道使用登记证的安全监察机构或其委托的检验单位申报全面检验计划。

d 检验准备

（1）检验资料。

检验单位和检验人员在检验前应做好资料审查和制定检验方案等检验准备工作，并对以下资料和资格证明进行审查：燃气管道设计单位资格、设计图纸、安装施工图及有关计算书；燃气管道安装单位资格、竣工验收资料（含安装竣工资料、材料检验）；管道组成件、管道支承件的质量证明文件；在线检验（或一般性检查）要求检查的各种记录及该检验周期内的历次在线检验报告；管网系统运行资料，如燃气管道登记表、基本参数、技术状况、隐患缺陷、日常维护管理、巡查等有关记录；检验人员认为检验所需要的其他资料。

检验单位和检验人员应根据资料审查情况制定检验方案，并在检验前与使用单位落实检验方案。

（2）现场准备。

使用单位应进行全面检验的现场准备工作，确保所提供检验的管道处于适宜的待检验状态；提供安全的检验环境，负责检验所必需的辅助工作（如拆除保温、搭脚手架，打磨除锈，配起重设置，提供检验用电、水、气等），并协助检验单位进行全面检验工作。全面检验的一般程序如图5-9所示。

e 全面检验项目

管网系统外部宏观检查项目有：在线检验的宏观检查所包括的相关项目及要求；检查支吊架（墩）的间距是否合理；对有柔性设计要求的管道，管道固定点或固定支吊架之间是否采

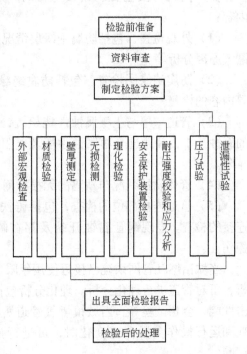

图5-9 全面检验的一般程序

用自然补偿或其他类型的补偿器结构；检查管道组成件有无损坏，有无变形，表面有无裂纹、皱褶、重皮、碰伤等缺陷；检查焊接接头（包括热影响区）是否存在宏观的表面裂纹或其他缺陷；检查管道是否存在明显的腐蚀，管道与管架（墩）接触处等部位有无局部腐蚀。检查门站、储配站、调压站中的设备、管道、阀门运行状况，运行参数是否正常，有无漏气等不安全因素；有无出口压力超高现象；安全放散系统是否正常工作。

利用燃气检漏仪对城镇燃气各级压力管道沿线及阀井、套管、检查管、凝水缸等进行漏气检查。必要时应检查燃气管线临近的下水井等是否有燃气泄漏。重点检查穿越铁路、高速公路、主干道及河流的管道，检查穿越两端的阀门井、补偿器与检查管是否正常工作。检查管道的基础、护坡是否沉降、塌陷。

根据城镇燃气各级压力管网的设计、制作、施工安装与运行管理资料的分析，结合现场调查，确定埋地钢管腐蚀防护系统非开挖检测的重点管段位置。以非开挖检测技术检测管段的腐蚀防护系统是否有效，一般包括管道防腐层参数、防腐绝缘层破损点、牺牲阳极及外加电源阴极保护效果（埋地钢管的牺牲阳极及外加电源阴极保护效果的测定，应根据在用压力管道的有关检验规定进行）。

根据资料分析与燃气管线检漏和腐蚀防护系统的非开挖检测结果，确定全面检验需开挖的管段位置、数量与目的。开挖后的燃气管道主要进行以下检验内容：

（1）外观检查，包括防腐绝缘层情况、管道材质、连接情况、漏气点位置、漏气原因分析等。

（2）防腐绝缘层检查，包括防腐绝缘层结构、厚度、黏结力及耐电压试验等内容的检测。

（3）管道壁厚与土壤腐蚀性能检查，包括管道剩余壁厚的测定、计算管道的腐蚀速率，并通过土壤腐蚀性能及电阻率的测定，校核计算管道可继续使用年限。

（4）管体腐蚀状况与缺陷的无损检测。

（5）管道连接部位的检查，包括铸铁管接口、塑料管连接部位与钢管焊缝连接的检查。发现钢管腐蚀开裂及存在缺陷的焊缝或可疑部位均应进行无损探伤。

当城镇燃气管网系统已接近使用年限，在进行全面检验时应根据情况综合分析，可对管道进行理化分析。理化分析包括化学成分、力学性能、硬度检测、冲击性能、金相试验等。当城镇燃气管道腐蚀厚度减薄率大于10%、燃气介质改变和运行操作参数调整变化时，可进行强度校核与应力分析，也可进行强度试验。

安全附件的检验是全面检验的重要内容，主要检验压力表、温度计、安全阀及紧急切断装置等，检验周期与要求应根据在用压力管道检验规程进行。必要时应对管道的内壁腐蚀进行检测。

经全面检验的燃气管道一般应进行压力试验。压力试验应按《城镇燃气输配工程施工及验收规范》（CJJ33）相关要求进行。

f　检验安全注意事项

检验中的安全事项应达到以下要求：影响管道全面检验的附设部件或其他物体，应按检验要求进行清理或拆除；为检验而搭设的脚手架、轻便梯等设施，必须安全牢固，便于进行检验和检测工作；高温或低温条件下运行的燃气管道，应按照操作规程的要求缓慢地升温或降温，防止造成损伤；检验前，必须切断与管道或相邻设备有关的电源，拆除保险丝，并设置明显的安全标志；如需现场射线检验时，应隔离出透照区，设置安全标志。

全面检验时应符合下列条件：将管道内部介质排除干净，用盲板隔断所有燃气的来源，设置明显的隔离标志；对管道进行置换、清洗，置换要采用安全气体；进入管道内部检验所用的灯具和工具的电源、电压应符合现行国家标准《安全电压》（GB 3805）的规定；检验用的设备和器具应在有效的检定期内，经检查和校验合格后方可使用。

g　全面检验记录与检验报告

城镇燃气管道全面检验后应如实记录检验的全过程情况，按压力管道全面检验规定认真填好记录表，并出具全面检验报告。

全面检验记录包括在用燃气管道原始资料审查报告、在用燃气管道外防腐检测记录表、在用燃气管道内部检查记录表、在用燃气管道壁厚检测记录表、在用燃气管道焊缝、承插口检测报告、在用燃气管道均匀腐蚀检测数据记录表、在用燃气管道压力试验记录、在用燃气管道敷设土壤环境调查表、在用燃气管道理化检验报告、在用燃气管道安全附件检验报告、在用燃气管道综合评价报告及在用燃气管道全面检验结论报告。

全面检验工作结束后，检验人员应根据检验情况和所进行的检验项目，按照《在用工业管道全面检验报告书》的规定，认真、准确地填写。安全状况等级按照检验规程的要求评定。检验报告由检验员签署，加盖检验单位印章。检验报告一般在燃气管道投入使用之前送交使用单位。

h　缺陷处理

对在全面检验中发现的超标缺陷，应进行及时处理，以免发生安全事故。对如果检查中发现采取一定措施即可修复的管道缺陷，可在现场采用打磨、焊接、更换零部件等方式消除缺陷。如果检查中发现的缺陷是在一个较大的管段范围内的问题，则可以对某些局部管段进行改造直至局部更换，以达到燃气管道安全运行的目的。如果检查中发现全面性的问题，如气质改变（人工燃气转换成天然气）、参数改变（压力提高）、原管材连接方式不适应要求等，则应对原有燃气管网进行改造或全部更换原有管道或管件。

i 安全评估

对在检查中发现管道系统缺陷多、牵涉面广的，需要进行认真分析，应由质量技术监察部门确认的评审单位进行安全评估，以确认缺陷是否影响燃气管道安全运行到下一检验周期，对影响安全运行的缺陷，需制定缺陷处理方案。

缺陷修复前，使用单位应制定修复方案，相关文件记录应存档。缺陷的修复应按有关规范的要求进行。缺陷修复后，应由原检验单位确认合格后，管道方可投入使用。

D 安全状况分级与评定

压力管道的安全状况以等级表示，分为 1 级、2 级、3 级和 4 级四个等级。

（1）1 级。安装资料齐全，设计、制造、安装质量符合有关法规和标准要求；在设计条件下能安全使用的压力管道。

（2）2 级。安装资料不全，但设计、制造、安装质量基本符合有关法规和标准要求，存在某些不危及安全但难以纠正的缺陷，且取得设计、使用单位同意，经检验机构监督检验，出具证书，在设计条件下能安全使用的新建、扩建的压力管道，或者材质、强度、结构基本符合有关法规和标准要求，存在某些不符合有关规范和标准的问题和缺陷，经检验机构检验，检验结论为 3～6 年的检验周期内和规定的使用条件下能安全使用的在用压力管道。

（3）3 级。在用压力管道材质与介质不相容，设计、安装、使用不符合有关法规和标准要求，存在严重缺陷，但使用单位采取有效措施，经检验机构检验，可以在 1～3 年检验周期内和限定的条件下使用的在用压力管道。

（4）4 级。缺陷严重，难以或无法修复，无修复价值或修复后仍难以保证安全使用，检验结论为判废的压力管道。

城镇燃气管道统一按上述标准来评定其安全状况等级。在用燃气压力管道的安全状况等级定级工作，由承担该压力管道全面检验工作的机构负责，检验机构应当在《在用压力管道全面检验报告书》中明确安全状况等级。

5.2.5.4 管道燃气的安全使用

管道燃气用户一般分为居民生活用户、公共建筑用户、建筑物采暖用户和工业企业用户四类。管道燃气供应与瓶装燃气供应是两种完全不同的燃气输配方式，二者客户服务的内容和要求也有很大的不同。气瓶供气客户服务主要围绕着气瓶配送快捷化、气源质量和重量、气瓶安全使用等内容，燃气供应商为客户提供的服务一般是因客户订气需要或投诉而往往处于被动状态；管道燃气供应单位则着重于定期上门服务，为客户提供主动式、全方位的服务。

管道燃气的安全使用应遵守有关安全用气的规定。管道燃气经管道输送到用户的灶前，要经过多个控制阀门，这些阀门可以在检修或泄漏时及时切断气源。通常户内管道仅有几米长，压力小，气量少，即使发生意外漏气现象，只要及时将入户阀门关闭，是不会发生危险的。

为保证燃气的安全使用，作为用户还要注意在燃气阀门井、凝水缸、小区调压柜、入户总阀门附近，严禁堆放杂物、堵塞通道，严禁吸烟和燃放鞭炮，严禁在管道设施上牵挂电线、绳索或者晾晒衣物。

已通管道气的用户，不得同时使用瓶装气或轮换使用，以免发生意外。连接户内钢管与橡胶管间的阀门，每次用气完后应将其关闭。外出和晚间入睡前，牢记关闭灶前管道球阀。

户内管道燃气设施应由具有燃气管道及燃器具安装资质的单位施工，切勿自行安装。用户不得擅自改动燃气管道设施，不得将燃气流量计、调压器及阀门密闭安装在橱柜中；不得将燃气管道直接埋墙暗敷，铜管、铝塑复合管可在符合规范情况下暗装，但埋墙部分不得有接头；不得将管道穿越卧室，表具等管道设施不得安装在浴室内。

如遇燃气供应突然中断，应及时关闭入户阀门，并与供气公司客户中心联系，排除故障后，在接到正常供气通知后，方可继续用气。如遇漏气或者燃器具出现故障，应立即关闭管道上的阀门，并通知供气公司派人检修。

管道燃气用户应主动配合供气公司客户服务人员对户内管道设施进行定期安全检查，以保证安全用气。

思 考 题

1. 新建储配站如何进行验收？
2. 燃气储配站投运前的置换工作如何进行？
3. 压力容器定期检验所采取的安全技术措施有哪些？
4. 压力容器有哪些定期检验项目？
5. 调压装置及其附属设备的检修内容是什么？
6. 燃气气瓶应如何使用和管理？
7. 燃气管道工程施工阶段的质量控制点有哪些？
8. 燃气管道的日常运行应注意哪些方面？

参 考 文 献

[1] 戴路. 燃气供应与安全管理 [M]. 北京：中国建筑工业出版社，2008.

[2] 花景新. 燃气场站安全管理 [M]. 北京：化学工业出版社，2007.

[3] 梁平. 天然气操作技术与安全管理 [M]. 北京：化学工业出版社，2010.

[4] 郭揆常. 液化天然气（LNG）应用与安全 [M]. 北京：中国石化出版社，2008.

[5] 敬加强，梁光川，蒋宏业. 液化天然气技术问答 [M]. 北京：中国建筑工业出版

社，2007.

［6］中国城市燃气协会．城镇燃气设施运行、维护和抢修安全技术规程实施指南［M］．北京：中国建筑工业出版社，2007.

［7］白世武．城市燃气实用手册［M］．北京：石油工业出版社，2008.

［8］城市建设研究院．CJJ33—2005 城镇燃气输配工程施工及验收规范［S］．北京：中国建筑工业出版社，2005.

［9］北京市煤气热力工程设计院有限公司．CJJ94—2009 城镇燃气室内工程施工与质量验收规范［S］．北京：中国建筑工业出版社，2009.

6 燃气安全检查、检修与抢修

【本章摘要】

本章介绍了针对燃气生产过程中可能存在的危险因素，通过检查、检修、抢修等方法，消除隐患，以确保生产安全；针对燃气的安全生产检查，从检查的基础内容、基本形式、方法、程序等方面进行了介绍，并提供了安全检查表范本；针对燃气的安全检修，从检修的安全管理、检修作业、装置的安全停开车、管道技改等方面进行了介绍；针对燃气的抢修，介绍了从成立突发事故处理小组、制定救援预案及预案的实施和演练等，同时介绍了管道、场站各装置发生事故时的抢修处理方案。

【关键词】

安全检查，安全检修，安全抢修，应急预案，抢修作业。

【章节重点】

本章应重点掌握燃气场站的安全检查方法和程序，并能够制定城镇燃气设施抢修应急预案；掌握燃气事故抢修作业的注意事项。

6.1 安全检查

安全生产检查是指对生产过程及安全生产管理中可能存在的隐患、危险因素及缺陷等进行查证，以确定隐患、危险因素、缺陷的存在状态及它们转化为事故的条件，进而制定整改措施，消除隐患、危险因素，确保生产安全。

6.1.1 安全生产检查的目的与作用

安全生产的核心是防止事故，事故的原因可归结为人的不安全行为，物（包括生产设备、工具、物料、场所等）的不安全状态和管理上的缺陷三方面因素。预防事故就是从防止人的不安全行为、防止物的不安全状态和完善安全生产管理三方面因素着手。生产是一个动态的过程，正常运行的设备可能会出现故障，人的操作受其自身条件（安全意识、安全知识与技能、经验、健康与心理状况等）的影响，可能会出差错，管理也可能有失误，如果不能及时发现这些问题并加以解决，就可能导致事故，所以必须及时了解生产中人和物以及管理的实际状况，以便及时纠正人的不安全行为、物的不安全状态和管理上的失误。安全生产检查的目的就是为了及时地发现这些事故隐患，及时采取相应的措施消除这些事故隐患，从而保障生产安全进行。

6.1.2　安全生产检查的基本内容

安全生产检查主要是针对事故原因三方面因素进行，具体查思想、查管理、查隐患、查整改、查事故处理。

6.1.2.1　查人的行为是否安全

检查是否有违章指挥、违章操作、违反安全生产规章制度的行为。重点检查危险性大的生产岗位是否严格按操作规程作业，危险作业是否执行审批程序等。

6.1.2.2　查物的状况是否安全

主要检查生产设备、工具、安全设施、个人防护用品、生产作业场所以及危险品运输工具等是否符合安全要求。例如，检查生产装置运行时工艺参数是否控制在限额范围内；检查建（构）筑物和设备是否完好，是否符合防火防爆要求；检查监测、传感、紧急切断、通风、防晒、调温、防火、灭火、防爆、防毒、防潮、防雷、防静电、防腐、防泄漏、防护围堤和隔离操作等安全设施是否符合安全运行要求；检查通信和报警装置是否处于正常状态；检查生产装置与储存设备的周边防护距离是否符合规范规定；检查应急救援设施与器材是否齐全、完好等。

6.1.2.3　查安全管理是否完善

检查安全生产规章制度是否建立、健全，安全生产责任制是否落实，安全生产管理机构是否健全，相关管理人员是否配备齐全；检查安全生产目标和计划是否落实到各部门、各岗位，安全教育和培训是否经常开展，安全检查是否制度化、规范化；检查发现的事故隐患是否及时整改，实施安全技术与措施计划的经费是否落实，事故处理是否坚持"四不放过"原则等方面的管理工作。重点检查的内容有：是否按规定取得燃气充装资格证（或生产经营许可证），特种设备和气瓶是否按规定进行注册登记，压力容器、压力管道及各种安全附件定期检验是否合格且在检验有效期限以内；特种作业人员是否经过专门培训并考试合格，取得上岗证；防雷与防静电设施是否齐全、完好并检验合格、有效；防火、灭火器材及消防设施是否齐全、完好且检验合格；是否制定了事故应急救援预案并定期组织救援人员进行演练。

6.1.3　安全生产检查的基本形式

6.1.3.1　经常性安全检查

经常性检查是采取个别的、日常的巡视方式来实现的。在生产过程中进行经常性的预防检查，从而发现安全隐患并及时消除，以保证生产正常进行。

6.1.3.2　定期安全检查

定期安全检查一般是通过有计划、有组织、有目的的形式来实现，如次/周、次/月、次/季、次/年等。检查周期根据各单位的实际情况确定。定期检查涉及面广，有深度，能及时发现并解决问题。

6.1.3.3　季节性、节假日前安全检查

根据季节变化，按事故发生的规律，对易发的潜在危险，突出重点进行检查。如冬、春季防冻保温，夏季防暑降温、防台风、防雷电，秋季防旱、防火等检查。由于节假日（特别是重大节日，如元旦、春节、劳动节、国庆节）前后容易发生事故且影响重大，因此也应进行有针对性的安全检查。

6.1.3.4　专项（业）安全检查

专项安全检查是针对某个专项问题或在生产中存在的普遍性安全问题进行的单项定期检查，如针对燃气生产的在用设备设施、作业场所环境条件的管理或监督性定期检测检验，属专业性安全检查。专项检查具有较强的针对性和专业性要求，可用于检查难度较大的项目。通过检查发现潜在问题，研究整改对策，及时消除隐患。

6.1.3.5　综合性安全检查

一般由主管部门对下属各生产单位进行全面的综合性检查，必要时可组织进行系统安全性评价。

6.1.3.6　不定期的职工代表巡视安全检查

由企业工会负责人组织有关专业技术特长的职工代表进行不定期巡视安全检查。重点检查国家安全生产方针、法规的贯彻执行情况；检查单位领导及各岗位生产责任制的执行情况；检查职工安全生产权利的执行情况；检查事故原因、隐患整改情况，对事故责任者提出处理意见等。

6.1.4　安全生产检查方法

6.1.4.1　常规检查法

常规检查是一般由安全管理人员作为检查工作的主体，到作业场所的现场，通过"眼看、耳听、鼻闻、手摸"的方法或借助一些简单工具、仪表等，对作业人员的行为、作业场所的环境条件、生产设备设施等进行的定性检查。安全检

查人员通过这一手段及时发现现场存在的不安全因素或隐患，采取措施予以消除，纠正施工人员的不安全行为。

6.1.4.2　安全检查表法

安全检查表（简称 SCL）是为了系统地找出生产过程中的不安全因素，事先把系统加以剖析，列出各层次的不安全因素，确定检查项目。把检查项目按系统的组成顺序编制成表，以便进行检查或评审，这种表称为安全检查表。

安全检查表应列举需查明的所有会导致事故的不安全因素，并应注明检查时间、检查者、直接责任人等，以便分清责任。安全检查表的设计应做到系统全面，检查项目应明确。安全检查表相关内容详见 6.1.6 节。

6.1.4.3　仪器检查法

设备内部的缺陷及作业环境条件的真实信息或定量数据，只能通过仪器检查法进行定量化的检验与测量，才能发现安全隐患，从而为后续整改提供信息。因此必要时需实施仪器检查。由于被检查对象不同，检查所用的仪器和手段也各不相同。

6.1.5　安全生产检查的程序

6.1.5.1　安全检查准备

安全生产检查准备工作包括以下主要内容：

（1）确定检查对象、目的和任务；

（2）查阅、掌握有关法规、标准、规程的要求；

（3）了解检查对象的工艺流程、生产情况、可能出现危险（危害）的情况；

（4）制定检查计划，安排检查内容、方法和步骤；

（5）编写安全检查表或检查提纲；

（6）准备必要的检测工具、仪器、书写表格或记录本；

（7）精心挑选和训练检查人员，并进行必要的分工等。

6.1.5.2　实施安全检查

实施安全检查一般通过访谈、查阅文件和记录、现场检查、仪器测量等方式获取信息。

（1）通过与有关人员谈话来了解相关部门、岗位执行规章制度的情况。

（2）检查设计文件、作业规程安全措施、责任制度、操作规程等是否齐全、有效，查阅相应记录，判断上述文件是否被执行。

（3）到作业现场查找不安全因素、事故隐患、事故征兆等。

（4）利用规定的检测检验仪器设备，对在用的设备设施、器材状况及作业环境条件等进行测量，以发现安全隐患。

6.1.5.3 通过分析作出判断

掌握情况之后，要进行分析、判断和检验。可凭经验、技能进行分析、判断，必要时可以通过仪器检验得出正确结论。

6.1.5.4 及时作出规定并进行处理

作出判断后，应针对存在的问题作出采取相应措施的决定，即通过下达隐患整改意见和要求，包括要求进行信息的反馈。

6.1.5.5 实现安全检查工作闭环

通过复查整改，落实情况，获得整改效果的信息，以实现安全检查工作的闭环。

6.1.6 安全检查表

6.1.6.1 安全检查表的分类

A 按检查的内容分类

（1）安全管理状况检查表。其内容包括各项安全制度建设、检查安全制度建设、安全管理组织机构、资质证照管理、安全教育、事故管理等。主要检查安全生产法规、标准、规定的贯彻执行情况，检查管理的现状、管理的措施和成效，及时发现安全管理方面的缺陷。

（2）安全技术防护状况检查表。其内容包括各专业的安全检查，如建筑、机械设备（包括特种设备）、管道、电气、消防、运输、环境保护、安全防护及职业危害等。主要检查生产设备、作业场所、物料储存是否符合安全要求；管道运输与道路运输是否符合安全要求；电气设施是否符合防爆、防雷、防静电技术要求；消防设施是否符合安全要求；环境保护措施是否达到安全排放要求；安全防护设施是否运转正常；职业安全卫生标准执行情况等。

安全检查表可将安全管理、安全技术防护以及事故管理等内容综合编制。

B 按检查范围分类

按检查范围可分为全厂（公司或生产经营单位）安全检查表和车间、班组、岗位安全检查表。

C 按检查周期分类

按检查周期可分为日常安全检查表和定期安全检查表。

6.1.6.2 安全检查表的编制依据

编制安全检查表的主要依据有：

（1）安全生产法律法规、技术标准与规程以及管理规定；

（2）职业安全卫生标准、劳动保护措施及危险状况识别与判断方法；

（3）生产工艺系统分析、风险评价与危险因素、防范措施；

（4）国内外事故案例及本单位在安全管理方面的有关经验教训；

（5）新技术、新材料、新方法、新法规和新标准等。

6.1.6.3 安全检查表范本

表6-1是根据燃气行业生产特点编制的安全检查表，仅供参考。

表6-1 安全检查表

序号	检查项目	要 求	检查结果	备注
一、保证性项目				
（一）资质证照管理				
1	企业经营资质	营业执照、税务登记、法人代码登记等证照齐全有效		
2	专业经营资质	气体充装、危险品经营、道路运输许可等资质证照齐全有效		
3	特种设备登记	压力容器、压力管道使用登记证齐全有效		
4	气瓶登记	气瓶使用登记取证，建立数据库，资料齐全		
5	防雷设施	防爆、防雷、防静电设施齐全、完好、有效		
6	上岗证	职业资格证、特种作业证持证率达标		
（二）管理组织与制度				
7	组织机构	建立安全生产委员会及各级安全管理组织网络		
8	人员配备	按规定和相应的任职条件配备齐全各级管理人员		
9	管理制度	建立健全各项安全管理制度、岗位责任制和操作规程		
10	应急救援	制定应急救援预案，人员、装备配备齐全		
11	义务消防	建立义务消防队，人员、装备配备齐全		
（三）用工管理				
12	用工管理	全员签订劳动合同		
13	劳动保险	劳动保险、意外伤害保险参保率达标		
二、动态管理检查项目				
（四）工作计划与安全责任				
14	工作计划	制定年、季、月和阶段性安全工作计划与目标		
15	总结交流	定期进行工作总结，召开安全工作会议		
16	责任落实	层层签署安全责任书且保证动态管理有效		
（五）安全教育与宣传				
17	入职教育	查对新入职职工"三级安全教育"记录		

序号	检查项目	要求	检查结果	备注
18	在岗教育	班前教育、班后讲评、定期学习与培训、岗位练兵活动记录		
19	安全日活动	查每周一次活动记录		
20	宣传	定期出墙报、简报及开展义务咨询宣传活动		
（六）安全操作				
21	现场操作	查各岗位现场操作是否符合安全技术操作规程		
22	现场管理	查生产作业现场设备、物料等管理情况		
23	工艺控制	查实际运行工艺参数、物料流向与标识等		
（七）生产装置管理				
24	机器设备	查各种机泵设备完好率及现场管理情况		
25	特种设备	查压力容器、管道定期检验及现场管理情况		
26	安全附件	查各种安全附件定期检验及现场管理情况		
27	充装设施	查充装设备及辅助设施的完好情况		
28	计量器具	查定期检验及现场管理情况		
29	运输工具	查危险品运输车辆的各种证照和车况		
30	电气设施管理	查防爆、防雷、防静电设备设施的完好情况		
（八）消防设备设施管理				
31	消防水源	查消防水池水位及水源补充是否符合要求		
32	消防设施	查消防泵、管道、喷淋、水枪等设施完好，运行及试运行情况		
33	灭火器材	查灭火器数量、放置位置及定期检验情况		
34	消防通道	查消防通道是否畅通无阻		
（九）辅助设施管理				
35	备用电源	查备用发电机完好及试运行情况		
36	配电设施	查配电设备及线路是否完好		
37	安全照明	查照明设施是否符合防爆及安全要求		
38	建构筑物	查建（构）筑物完好情况		
（十）安全记录				
39	会议记录	查各种安全会议记录		
40	学习记录	查各种学习、培训记录		
41	巡查记录	查日常巡线、巡查记录		
42	运行记录	查各种设备（包括危运车辆）运行记录		
43	值班记录	查交接班记录		
44	工作日志	查值班领导工作日志		

续表6-1

序号	检查项目	要　求	检查结果	备注
45	出入登记记录	查门卫出入登记记录		
46	装卸记录	查罐车装卸、气瓶灌装记录		
47	灌装检验记录	查灌装前、后检验记录		
48	检修维修记录	查检修资料及各种设备维护保养记录		
49	奖惩记录	查表彰奖励先进、惩罚违章行为记录		
50	安全活动记录	查各种安全活动、预案演练活动记录		
51	安全检查记录	查班组、气站定期自查记录		
52	安全档案	查各种记录及资料归档情况		
（十一）安全防护措施				
53	安全储存	查储存液位、压力、温度等工艺参数是否处在限值范围内		
54	监测与报警	查可视监测与可燃气体报警系统是否完好		
55	防护装备	查安全防护及熄火设施是否齐全完好		
56	应急装备	查应急堵漏及防爆工器具是否齐全完好		
57	安全警示	查禁火、禁止操作等各种警示标牌、标识		
（十二）劳动防护措施				
58	劳保用品	查劳保用品的管理、发放及现场穿戴情况		
59	公共用品	查防毒、绝缘防护等公用防护品的管理情况		
60	常备药品	查现场急救药品、防暑降温药品等储备情况		
（十三）场坪安全与环境管理				
61	安全堤管理	查安全堤、水封井、下水道是否符合安全要求		
62	场坪管理	查场坪功能划分与现场管理情况		
63	环境卫生	查场站内物品堆放、环境卫生		
64	周边环境	查场站内外是否有易燃物及其他不安全因素		
三、事故管理				
65	安全事故	当期安全事故发生情况		
66	事故处理	查事故处理"四不放过"原则执行情况		

综合评定：

整改意见：

受检单位负责人	安全监督管理部门负责人		考评人

注：1. 保证性项目其中一项不合格或不达标，则安全检查综合评定为不合格；2. 当期发生严重以上安全事故的，安全检查综合评定为不合格；3. 检查结果可定性评定为：优良、合格、不合格，也可采用百分制加权计算评定。

6.2 安全检修

6.2.1 检修的安全管理

6.2.1.1 燃气生产装置检修的特点

燃气生产装置在运行过程中，长期在高压、高温（或深冷）及其他一些荷载的工艺条件下工作，有的还易于受到腐蚀介质的腐蚀或磨损。因此，燃气设备、管道、阀件、仪表等难以避免地会产生各式各样的缺陷。有些是在运行中产生的，有些是在原材料或制造中的微型缺陷发展而成的，如果不能及早发现并采取一定的技术措施加以消除，任其发展扩大，必将在继续使用的过程中发生变形、断裂、穿孔等破坏，从而导致严重的事故。为了保证正常生产，防范安全事故的发生，必须加强对燃气生产装置的检测、保养和维修。

燃气生产装置的检修分日常维修、计划检修和计划外检修三类。日常维修是生产装置在运行过程中，通过备用设备的更替来实现对故障设备的维修。计划检修是根据设备的管理、使用的经验和生产规律，按计划进行的检修。根据计划检修的内容、周期和要求的不同，计划检修可分为小修、中修和大修。计划外检修是指在生产过程中，设备突然发生故障或事故而必须进行的检修。这种检修事先难以预测，无法安排检修计划，要求检修时间短、检修质量高，检修环境和工况条件复杂，其难度相当大。计划外检修虽然随日常维修、检测管理技术和预测技术的不断完善和发展会日趋减少，但是在目前燃气生产装置运行中仍然不可避免。

燃气生产装置检修具有频繁、复杂、危险性大等特点。计划检修和计划外检修的次数多，燃气生产、储存、运输和使用过程中使用的燃气设备、管道、阀件、仪表等，种类多，数量大，结构和性能各异，要求从事检修的人员具有丰富的知识、技术和经验，熟悉和掌握不同设备的结构、性能和特点。检修中由于受环境、气候、场地的限制，多数要在露天作业，有的要在设备内作业，有的要在地坑或井下作业，有时还要上、中、下立体交叉作业，因此，燃气设备和管道系统可能发生故障和事故几率大，从而也决定了检修的危险性。此外，燃气具有闪点低、易燃易爆等危险性，燃气设备和管道中充满着燃气介质，而在检修中又离不开动火、入罐作业，稍有疏忽就可能发生火灾爆炸等事故。

综上所述，不难看出燃气生产装置检修本身的重要性。实现燃气生产装置检修不仅要确保检修时装置的安全，防止各种事故的发生，保护员工的安全和健康，而且还要确保检修工作质量，为安全生产创造良好的条件。

6.2.1.2 安全检修的管理

日常维修是在生产装置不停车的情况下，由设备操作人员或维修工来完成的，它属于日常安全生产管理的内容。因此，下面讨论安全检修时主要是针对计划检修和计划外检修两类检修内容。

无论是大修还是小修，计划检修和计划外检修，都必须严格遵守检修安全技术规程及各项安全管理制度，办理各种安全检修许可证（如动火证、动土证等）的申请、审核和批准手续。这是燃气生产装置检修的重要管理工作。

A　生产装置检修组织管理

燃气生产装置检修时应成立检修组织指挥机构，负责检修计划、调度和管理，合理安排人力、物力、运输和安全工作，在各级检修组织机构中要设立安全监督机构（或安全监督员）。检修各级安全负责人及安全监督员应与单位安全生产组织构成安全联络网。检修安全监督机构负责对安全规章制度的宣传教育、监督检查，办理动火、动土和检修许可证等。

燃气生产装置检修的安全管理工作要贯穿检修的全过程，包括检修前的准备、装置的停车、置换、检修、检查验收，直至开车。

B　检修计划的制订

在燃气生产过程中，各个生产装置之间是一个有机的整体，相互关联、紧密联系。一个装置的开、停车必然要影响到其他装置的运行，因此装置的检修必须要有一个全盘的计划。在检修计划中，根据生产工艺过程及公用工程之间的相互关联，规定各装置先后停车的顺序；停气、停电、停水的具体时间；何时排空（或点火炬）；还要明确规定各个装置的检修时间和检修项目的进度，以及开车顺序。一般要制定检修方案并绘出检修计划图，在计划图中标明检修期间的作业内容，便于对检修工作的管理。

C　检修前的安全教育

检修前的安全教育不但要操作人员参加，还要有全体检修人员参加，包括对本单位参加检修人员的教育以及对其他单位参加检修人员的教育。安全教育的内容包括检修安全制度和检修现场必须遵守的有关规定等。

检修安全管理有关规定包括：停车检修规定、进入限制空间作业规定、动火作业规定、动土作业规定、文明施工的有关规定及检修后开车的有关规定等。

检修现场的十大禁令包括：（1）不戴安全帽、不穿工作服和劳保鞋、不佩戴工作牌者，禁止进入现场；（2）穿拖鞋、凉鞋和高跟鞋者禁止进入现场；（3）饮酒者禁止进入现场；（4）在作业中禁止打闹或其他有碍作业的行为；（5）检修现场禁止吸烟；（6）禁止用汽油或其他化工溶剂清洗设备、机具和衣物；（7）现场器材禁止为私活所用；（8）禁止随意泼洒油品、化学危险品；（9）禁止堵塞消防通道、挪用或损坏消防器材与设备；（10）未办理作业许可证者，禁止进入现场施工。

对各类参加检修人员都必须进行安全教育，并经考试合格后，方可参加检修作业。

D 检修过程的安全检查

检修项目，特别是重要的检修项目，在制定检修方案时，必须针对检修项目内容制定安全技术措施。因此，安全监督管理人员在检修开工前，应按经批准的检修方案，逐项检查项目安全技术措施的落实情况。

检修所用的机具、设备及材料，如起重机具、电焊设备、检测设备、手持电动工具和检修所用的关键材料等，都要进行安全技术检查。检查合格后，由质量主管部门审查并发放合格证，合格标签应贴在机具设备及物料的醒目处以便安全检查人员现场查验。

在检修过程中，要组织安全检查人员到现场巡回检查，检查各施工现场是否认真执行安全检修各项规章制度、规定和安全操作规程，检查现场检修人员是否持证上岗以及检查检修现场科学文明施工情况等。发现问题要及时解决，如发现有严重违章行为，安全检查人员有权令其停止作业。

6.2.2 检修作业

凡涉及燃气工艺装置的检修作业（包括工程施工）都必须实行作业许可制度。作业许可是指在危险区域进行检修时，必须按规定办理作业许可证，检修队伍与生产单位（或建设方和承包方）双方负责人要在作业许可证上履行签字手续，检修时必须执行作业许可程序。其范围包括工艺管道与设备的检修、进塔入罐、电气作业、动火与动土作业、高处作业等。

6.2.2.1 工作许可

在燃气生产装置区，凡涉及工艺管道及附属设施、设备、仪表等检修作业（通常指不涉及动火、动土、高处作业和进入限制空间作业的检修工作）应办理工作许可证。工作许可证样本见表6-2，工作许可证包含的基本内容有检修作业项目、地点和部位、起止时间、检修方法、作业危险性质、安全措施、检修单位与现场负责人、安全监护人及作业人员等。

6.2.2.2 动火作业

在燃气生产装置区，凡动用明火或存在可能产生火种作业的区域都属于动火范围，如存在焊接、切割、打磨、喷灯加热、凿水泥基础、打墙眼、电气设备耐压试验、金属器具的碰撞等热工作业的区域。凡在燃气生产禁火区从事上述高温或易产生火花的热工作业，都应办理动火证手续，落实安全动火措施。

A 禁火区与动火区

在生产正常或不正常情况下有可能形成爆炸性混合物的场所和存在易燃、可燃物质的场所为禁火区，如燃气储罐区、装卸作业区、燃气机泵房与调压站等。根据发生火灾、爆炸危险性的大小，所在场所的重要性以及一旦发生火灾爆炸事故可能造成的危害大小，可将禁火区划分为一般危险区和危险区两类。

表 6-2　工作许可证

检修单位		现场负责人	
作业地点和部位		安全监护人	
作业人员			
作业起止时间	从　　年　　月　　日　　时起至　　年　　月　　日　　时止		
作业危险性质		危险级别	
项目内容			
检修方法			
安全措施			
备注			
检修单位： 申请人：　　　　　年　月　日 安全责任人：　　　　年　月　日 单位负责人：　　　　年　月　日		生产单位： 经办人：　　　　　年　月　日 安全责任人：　　　　年　月　日 单位负责人：　　　　年　月　日	

在燃气输配的门站、储配站等场站内，为了满足正常的设备检修需要，可在禁火区外符合安全条件的区域设立固定动火区进行动火作业。设立固定动火区的条件是动火区距燃气禁火区的安全间距必须符合现行《城镇燃气设计规范》（GB 50028）规定。在任何气象条件下，固定动火区域的可燃气体含量应在允许范围以内。生产装置正常运行时，燃气不应扩散到动火区。一旦出现异常情况且可能危及动火区时，应立即通知动火区停止一切动火作业。

动火区若设在室内，应与防爆区隔开，不准有门窗串通。允许开的窗、门都应向外开，各种通道必须畅通无阻。

动火区周围不得存放易燃易爆及其他可燃物质，检修所需的氧气、乙炔等在采取可靠安全措施后可以存放。动火区应配备适用的、足够数量的灭火器材。动火区要有明显的标志。

B　动火制度

在动火区动火作业，检修单位在动火前应办理动火证申请，明确动火地点、时间、作业内容、安全技术措施、现场负责人、动火人及监火人等。

动火作业许可证（样本见表6-3）必须由相应级别的审批人审批后才有效。动火审批事关重大，直接关系到设备和人身安危，动火时的环境和条件千差万别，要求审批人必须熟悉生产现场情况并具有丰富的安全技术知识和实践经验，有强烈的责任感。审批人必须对每一处动火现场的情况深入了解，审时度势，考虑周全。审批动火证时，要认真考虑以下因素：对动火设备本身必须吹扫、置换、清洗干净，进行可靠的隔离；管道设备内的可燃气体分析及进罐作业的氧含量分析应合格；检查周围环境无泄漏点，地沟、下水井应进行有效的封挡；清除动火点附近的可燃物，环境空间要进行测爆分析；有风天气要采取措施，防止火星被风吹散；高空作业时要防止火花四处飞溅；室内动火时应将门窗打开，注意通风；动火现场要有明显标志，并备足适用的消防器材；检查动火作业人员的安全教育及持证上岗情况。

表6-3　动火作业许可证

年第（　）号

动火作业单位		现场负责人	
作业地点和部位		监火人	
动火作业人员			
动火作业起止时间	从　　年　　月　　日　　时起至　　年　　月　　日　　时止		
动火作业危险性质		危险级别	
动火作业项目			
安全措施和防火器材			
备注			

动火作业单位：	生产单位：
申请人：　　　　　　　　　年　月　日	经办人：　　　　　　　　　年　月　日
安全责任人：　　　　　　　年　月　日	安全责任人：　　　　　　　年　月　日
单位负责人：　　　　　　　年　月　日	单位负责人：　　　　　　　年　月　日

注：实际动火作业从　　　　　　　　起至　　　　　　　　止。

动火人签字：　　　　　　　　监火人签字：

动火人和监火人应持证动火和监火，并在动火前做到"三不"：没有动火证不动火，防火措施不落实不动火，监火人不在现场不动火；动火中做到"四要"：动火作业过程始终要有监火人在现场，动火时一旦发现不安全苗头时要立即停止动火，动火作业人员要严格执行安全操作规程，动火作业要严格控制动火期限（过期的动火证不能继续使用，需重新办理）；动火后做到"一清"：动火作业完毕应彻底清理现场，灭绝火种。动火作业时，动火人员要与监火人协调配合，在动火中遇有异常情况，如生产装置紧急排放或设备、管道突然破裂、燃气外泄时，监火人应立即下令停止动火。待恢复正常、重新分析合格并经原批准动火单位同意后，方可动火。

动火分析（对动火现场周围环境及动火设备的可燃气体进行分析）不宜过早，一般应在动火前半小时内进行，若动火间断半小时以上，应重新分析。

高空作业动火时，应注意防止火花四处飞溅，对重点设备及危险部位应采取有效措施。

6.2.2.3　动土作业

在燃气门站、储配站等场站内，地下各种管道纵横交错，有很多地下设施（如阀井），往往还埋有动力、通信和仪表等不同规格的电缆。在检修时若要动土作业（如挖土、打桩），可能会影响到地下设施的安全。如果没有一套完整的管理办法，在不清楚地下设施的情况下随意作业，势必会挖断地下管道、刨穿电缆，或造成地下设施塌方毁坏等事故，不仅会造成停产，还可能造成人身伤亡或火灾爆炸事故。

凡是在门站、储配站等场站内进行动土作业（包括重型物资的堆放和运输），检修单位（或施工单位）在作业前应持检修项目批准书和检修图纸等资料，到相关主管部门申办动土证。动土证上应写明检修（或施工）项目、时间、地点、联系人等。动土作业许可证样本见表6-4。

检修中如需开挖站区道路，除动土主管部门签署意见外，还要请安全部门、保卫部门等单位会签，并应通知消防部门，以免在执行消防任务时因道路施工而延误时间。

检修单位应按经批准的动土证，在规定的时间、地点按检修方案进行作业。作业时必须明确安全注意事项。检修完毕后应将完工资料交与管理部门，以保持燃气企业隐蔽工程资料的完整和准确。

动土作业在接近地下电缆、管道以及埋设物的附近施工时，不准使用大型机械挖土，手工作业时也要小心，以免损坏地下设施。当地下设施情况复杂时，应与有关单位联系，协调配合作业。在挖掘时发现事先未预料到的地下设施或出现异常情况时，应立即停止施工，报告有关部门处理。检修单位不得任意改变动土证上批准的各项内容及检修施工方案。如需变更，需按变更后的方案或图纸重新申办动土证。

表6-4 动土作业许可证

年第（ ）号

动土作业单位		现场负责人	
动土地点		监护人	
动土作业人员			
动土作业起止时间	从 年 月 日 时起至 年 月 日 时止		
动土作业项目			
安全措施			
备注			

动土作业单位：	生产单位：
申请人： 年 月 日	经办人： 年 月 日
施工负责人： 年 月 日	主管部门负责人： 年 月 日
单位负责人： 年 月 日	相关部门负责人： 年 月 日

在禁火区或生产危险性较大的区域内动土时，生产部门应派人监护。生产出现异常情况时，检修施工人员应听从监护人员的指挥。开挖没有边坡的沟、坑、池时，必须根据挖掘深度的需要设置支撑，并注意排水。如发现土壤有坍塌可能或滑动裂缝时，应及时撤离人员，在采取措施妥善处理后，方可继续施工。挖掘沟、坑、池及开挖道路时，应设置围栏和标志，夜间设红灯（危险区要采用防爆灯），防止行人或车辆坠落。

6.2.2.4 高处作业

在离地面垂直距离2m以上位置的作业或虽在2m以下，但在作业地段存在坡度大于45°的斜坡，或附近有坑、井，有风雪、机械振动的地方以及转动机构，或有堆放易伤人的物资地段作业，均属高处作业，都应按照高处作业规定执行。

高处作业人员需经体检合格上岗，身体患有高（或低）血压、心脏病、贫血病、癫痫病、精神病、习惯性抽筋等疾病和身体不适、精神不振的人员都不应从事登高作业。严禁酒后登高作业。大雾、大雨、雪及五级以上大风气候条件下，不准进行登高作业。

高处作业应在固定的平台上进行，固定平台应有固定扶手或人行道。否则，必须使用安全带等防坠落保护装置。高处作业用的脚手架、吊篮、手动葫芦必须按有关规定架设，严禁用吊装机载人。高处作业用的工具、材料等物品禁止抛掷，应摆放稳妥，防止坠落，高处作业的下方不准站人。高处作业时，一般不应垂直交叉作业。若因工序原因必须上下同时作业时，则应相互错开位置，上方人员应注意下方人员安全。

高处作业必须严格遵守高处作业操作规程，并落实警戒和监护措施。夜间作业时需有安全照明。

6.2.2.5　进入限制空间作业

A　进入限制空间作业的范围与内容

凡是进入塔、釜、槽、罐、炉、器、烟囱、料仓、地坑、窨井或其他闭塞场所内（以下简称设备或设施）进行作业均属于限制空间作业。

燃气生产装置检修时，进入限制空间的作业很多，如进入储罐、阀井检修和检验等，其危险性也很大。因为这类设备或设施内可能存在易燃易爆、有毒有害或令人窒息的物质，在检修或检验时可能发生着火、爆炸、中毒和窒息事故。此外，有些设备或设施内还有各种传动装置和电气照明系统，如果检修前没有彻底分离和切断电源或者由于电气系统的误操作，就可能会发生触电、碰伤事故。因此，进入上述设备或设施内作业，应实行特殊的安全管理措施，以防止意外事故的发生。

B　进入限制空间作业证制度

进入限制空间作业前，必须办理进入限制空间作业证，样本见表6-5。作业证由生产单位主要负责人签署。

表 6-5　进入限制空间作业证

年第（　　）号

检修作业单位		现场负责人	
限制空间作业地点		监护人	
设备名称		设备编号	
检修作业人员			
作业起止时间	从　　年　　月　　日　　时起至　　年　　月　　日　　时止		
检修作业项目			
安全措施			
备注			

检修作业单位：　　　　　　　　　　　　　　生产单位：
申请人：　　　　　　　　年　月　日　　　　经办人：　　　　　　　年　月　日
安全部门负责人：　　　　年　月　日　　　　安全部门负责人：　　　年　月　日
单位负责人：　　　　　　年　月　日　　　　单位负责人：　　　　　年　月　日

生产单位在对设备（设施）进行置换、清洗并进行可靠的隔离后，还应对设备内进行可燃气体分析和氧含量分析。有电动和照明的设备必须切断电源并挂上"有人检修、禁止合闸"的警示牌。检修人员凭经签发的进入限制空间作业证，才能进入设备内作业，并按作业证上规定的工作项目及检修方案进行作业。检修作业期间，生产单位和检修单位应有专人进行监护和救护，在该检修设备外部明显部位挂上"设备（设施）内有人作业"的警示牌。

C 进入限制空间作业安全注意事项

受检设备必须与运行装置进行可靠的隔离，绝不允许运行装置中的介质进入受检设备中。不但要对可燃气体等物料系统进行可靠的隔离，而且还要对水、蒸汽、压缩空气等系统施行可靠的隔离，以防止发生烫伤、中毒、水淹或窒息事故。

应对设备内进行可燃气体分析和氧含量分析。燃气设备内气体分析应包括三个部分：可燃气体的爆炸极限分析、氧含量分析和有毒气体分析。气体分析必须达到安全标准，并在作业过程中不断地取样分析，发现异常情况，应立即停止作业。

检修人员进入设备前，应开展安全教育，明确安全注意事项，进行技术交底。检修人员应清理随身携带的物品，禁止将与作业无关的物品带入设备内。所携带的工具、材料等物品要进行登记，作业结束后应将工具、材料等杂物清理干净，以防止遗漏在设备内。经检修单位和生产单位安检人员共同检查，确认设备内无人员和杂物后，方可安装法兰封闭设备。

设备内有人作业时，必须指派两名以上的监护人。监护人应了解设备的生产情况及介质的理化性质，发现异常应立即令作业人员停止作业，并应立即召集救护人员，设法将设备内的人员救出，进行抢救。

进入设备内作业人员，一次作业的时间不宜过长，应规定作业时间，组织轮换，以防作业人员体力消耗过大而发生危险。对密封性好，通风条件差的容器设备，应采取强制通风措施，防止容器内缺氧而发生窒息事故。

设备内使用的照明及电动工具必须符合安全电压标准，在干燥设备内作业使用的电压在 36V 以下，在潮湿设备内作业使用的电压在 12V 以下，若有可燃物存在，使用的机具、照明设施应符合防爆要求。在设备内进行电焊作业时，施焊人员要在绝缘板上作业。

6.2.3 装置的安全停、开车

6.2.3.1 装置的安全停车

燃气生产装置在检修或定期检验前要进行安全停车。在停车过程中，要进行降压、倒空或排空、吹扫、置换等工作。由于装置中各系统关联密切，各工序和各岗位环环相扣，如果考虑不周、组织不好、指挥不当、操作失误，很容易发生安全事故。因此，装置停车工作进行得好坏直接关系到装置的安全检修。

A　停车前的准备工作

装置停车应结合检修的特点和要求，制定停车方案。其主要内容应包括：停车时间、步骤、设备管线倒空、吹扫、置换流程、抽堵盲板系统图。此外，还要根据具体情况制定防堵、防冻措施，对每一步骤都要有时间和应达到的指标要求，并有专人负责。停车方案应经生产单位技术负责人或总工程师签署生效。

根据检修工作内容和检修方案的要求，合理调配人员，做到分工明确，责任落实到人。在检修期间，生产单位除派专人配合检修单位作业外，中控室及各生产岗位都要有人坚守岗位。

在停车检修前要进行检修动员和技术交底，使每一个职工都明确检修任务、进度和要求，熟悉停、开车方案，保证检修工作顺利进行。

B　停车操作

停车应按照停车方案确定的时间、步骤、工艺参数变化的幅度有秩序地进行。在停车过程中降温、降压速度不宜过快，尤其是在高压、高温或深冷条件下，压力、温度的骤变会引起设备和管道的变形、破裂或泄漏，从而引起火灾爆炸事故。开关阀门的操作一般要缓慢进行，尤其是在开阀门时，开启阀杆的头两扣后要暂停片刻使物料少量通过，观察物料畅通情况，然后再逐渐开大，直至达到要求为止。装置停车时，设备及管道中的气、液相介质应尽量倒空或吹扫干净，对残存燃气的排放，应采取相应的安全技术措施，不得随意排空或排入下水道中。

C　抽堵盲板

燃气生产装置（特别是大型的燃气门站、储配站）之间都有管道相连通。停车受检的设备必须与运行系统或有物料系统进行隔离，这种隔离只靠关闭阀门是不安全的，因为阀门经过长期的介质冲刷、腐蚀、结垢等影响，难以保证其严密性。一旦发生内漏，燃气或其他有害介质会窜入受检设备中导致意外事故。安全可靠的办法是将受检设备与运行设备相连通的管道用盲板进行隔离。装置开车前再将盲板抽掉。根据管道的口径、系统压力及介质的特性，选择有足够强度的盲板。盲板应留有手柄，便于抽堵和检查。加盲板的位置，应在有物料来源的阀门后部法兰处，盲板两侧均应有垫片，用螺栓紧固，保证其严密性。

抽堵盲板工作既存在危险性，技术上又较为复杂，必须由熟悉生产工艺的人员严加管理，根据装置的检修计划，制定抽堵盲板流程图，对需要抽堵的盲板统一编号，注明抽堵盲板的部位和盲板的规格，并指定专人负责作业和现场监护。对抽堵盲板的操作人和监护人要进行安全教育，交代安全防范措施。

抽堵盲板时，高处作业要搭设脚手架，操作人员要系安全带，作业点周围不得动火，使用的照明灯必须选用防爆型且电压要小于 36V，使用的工具必须为防爆型，防止作业时产生火花。拆卸法兰螺栓时要小心操作，防止系统介质喷出伤人。

抽堵盲板的检查记录应对抽堵盲板逐一登记，并对照抽堵盲板的流程图进行检查核实，防止漏堵或漏抽。

D 置换、吹扫和清洗

为了保证检修动火和罐内作业的安全，检修前应对设备内的可燃气体进行倒空，对管道内的液相介质进行抽空或扫线，然后用惰性气体或水进行置换。对积附在器壁上的残渣、污垢要进行刮铲和清洗。

a 置换

受检设备及管道中的燃气置换，大多采用氮气等惰性气体作为置换介质，也可以采用注水排气法将可燃气体排出。对用惰性气体置换过的设备，若需进罐作业还必须用空气将惰性气体置换掉以防窒息。根据置换和被置换介质相对密度的不同，选择确定置换和被置换介质的进出口和取样部位，若置换介质的相对密度大于被置换介质的相对密度，应由设备或管道的最低点输入置换介质，由最高点排出被置换介质，反之，则应改变其方向以免置换不彻底。取样点宜设置在顶部及易产生死角的部位。用注水排气法置换气体时，一定要保证设备内充满水以确保将被置换气体全部排出。置换出的可燃气体应排至火炬或安全场所。置换后应对设备内的气体进行分析，检测可燃气体浓度和氧含量。要求可燃气体浓度小于 0.2%，氧含量为 19.5% ~ 23.5%，有毒气体浓度在国家卫生标准允许范围内。

b 吹扫

由于受检设备和管道内的可燃气体不可能完全抽空倒净，一般可采用蒸汽或惰性气体进行吹扫来清除，这种方法称为扫线，也是置换的一种方法，特别适用于管道的吹扫。扫线作业应根据停车方案中规定的扫线流程图，按管段号和设备号逐一进行，并填写登记表。登记表上应注明管段号、设备号、吹扫压力、进气点、排气点、操作人及监护人等。扫线结束时，应先关闭物料阀后再停气，以防止管路系统介质倒流。设备管道吹扫完毕并分析合格后，应及时加盲板与运行系统隔离。

c 清洗

对置换和吹扫都无法清除的油垢和沉积物可用蒸汽、热水、溶剂、洗涤剂或酸、碱溶液来蒸煮或清洗，有些还需人工铲除。因为油垢和沉积物如果铲除不彻底，即使在动火前分析设备内可燃气体浓度合格，动火时由于油垢、残渣受热分解出易燃气体，也可能导致着火爆炸。蒸煮或清洗时，应根据沉积物的性质选择不同的方法，如水溶性物质可用水洗或热水蒸煮；黏稠性物料可先用蒸汽吹扫，再用热水煮洗；对那些不溶于水或在安全上有特殊要求的沉积物，可用化学清洗的方法除去，如积附氧化铁、硫化铁类沉积物的设备、管线等。化学清洗时，应注意采取措施防止可能产生的硫化氢等有毒气体危害人体。常用的清洗方法是将设备内灌满水，浸渍一段时间，然后再人工清洗。如有搅拌或循环泵更好，这样可使水在设备内流动，这样既节省时间，又能清洗彻底。

E　其他配套措施

按停车方案在完成装置停车、倒空物料、置换、吹扫、清洗和可靠的隔离等工作后，装置停车即告完成。因为下水道与场站内各装置是相通的，其他系统中仍存在易燃易爆物质，所以，在装置检修之前还应对地面、明沟内的油污进行清理，封闭作业场地内全部的下水井盖和地漏，防止下水道系统有可燃气体外逸，也防止检修中火花落入下水道中。对于有传动装置的设备或其他有电源的设备，检修前必须切断一切电源，并在开关处挂上标志牌。

对要实施检修的区域或重要部位应设置安全界标或围栏并有专人监护，非检修人员不得入内。操作人员与检修人员要做好交接和配合，设备停车并经操作人员进行物料倒空、吹扫等处理，经分析合格后可交检修人员进行检修作业。在检修过程中动火、动土及进入限制空间作业等均应按制度规定进行，操作人员要积极配合。

6.2.3.2　试车验收

在检修项目全部完成和设备及管线复位后，要组织生产人员和检修人员共同参加试车和验收工作，根据规定分别进行耐压强度试验、气密性试验、置换、试运转、调试、负荷试车和验收。在试车和验收前应做好以下工作：盲板要按检修方案要求进行抽堵，并做好核实工作；各种阀门要正确就位，开关动作要灵活，并核实是否在正确的开关状态；检查各管件、仪表、孔板是否齐全，是否正确复位；检查电机及传动装置是否按原样接线，冷却及润滑系统是否恢复正常，安全装置是否齐全，报警系统是否完好。各项检查无误后方可试车。试车合格后，按规定办理验收手续，并有齐全的验收资料，其中包括：安装及检修记录、缺陷记录、试验记录（强度、气密性、空载、负荷试验等）、主要部件的探伤报告及更换件清单等。

试车合格、验收完毕，在正式投产前应拆除临时电源及检修用的各种临时性设施，撤除排水沟、井的封盖物。

6.2.3.3　装置开车

装置开车必须严格执行开车操作规程。在接受物料之前，设备和管道必须进行气体置换，置换合格后方可接受进料。接受进料应缓慢进行，防止设备和管道受到冲击、震动。开车正常后检修人员才能撤离。最后，生产单位要组织生产和检修人员进行全面验收，整理资料，归档备查。

6.2.4　管道技术改造

燃气管道技术改造一般具有以下几方面：较大数量的更换原有的管线；改变原有管线的公称直径，公称直径的改变将导致燃气介质的流速、流量、管道的应力与应变等一系列技术参数发生变化；埋地燃气管道的防腐系统改变；提高工作压力，有时工作压力的提高会使管道的管理级别发生变化；改变输送燃气的化学成分，输送燃气化学成分的变化会使得原有管道系统的环境因素发生变化；管道控制系统变化等。

燃气管道改造前要制定改造施工方案并经技术负责人批准，重要的技术改造方案必须经燃气主管部门总工程师审核批准。改造方案应包括施工平面布置图、施工组织、施工方法、施工进度、安全技术措施等内容。燃气管道改造工程施工应符合现行规范《城镇燃气输配工程施工及验收规范》（CJJ 33）的规定。燃气管道改造工程施工质量必须经过自检、互检、工序交换检查和专业检验。凡不符合质量技术标准要求的必须按要求进行整改，直至检验合格。改造完工的管道应按管道安装竣工资料的内容要求，交接验收资料。

改造工程质量验收一般由使用单位组织，管道验收后应办理签字交接手续。燃气管道改造工程投运应按管道运行管理的相关要求进行。

6.3　燃气抢修

为了控制燃气事故并将事故损失减小到最小，城镇燃气供应单位应制定事故抢修制度和事故上报程序，确保燃气供应单位能在事故发生的第一时间内获知事故情况，并能做到准确判断事故的原因，立即组织有效的抢修。

6.3.1　抢修的一般要求

（1）制定应急预案的目的是一旦发生突发性事故时能及时应对，尽可能控制事态的发展。考虑到事故的偶然性和人员的动态性，必须对应急预案涉及的有关人员和资料进行定期审核、完善和调整。

（2）调整完善应急预案有关资料周期，见表6-6。

（3）电话接听员要十分清楚所有抢修人员的工作时间和非工作时间的联系方式。

（4）员工应熟悉掌握应急预案的内容，公众假期期间，主管级以上人员必须事先报告去向与联系方式，并办理请假手续。

表6-6　应急预案有关资料周期

序号	资料名称	负责职能部门	调整周期
1	抢修抢险人员姓名及住址	维修抢险部/人力资源部	6个月
2	抢修抢险人员手机及住宅电话	维修抢险部/人力资源部	6个月
3	抢修抢险人员日常工作和作息时间	维修抢险部/人力资源部	6个月
4	客户户内燃气器具资料信息	客户服务部	12个月
5	应急预案的重新审核和完善	维修抢险部	12个月

注：1. 调整周期如有需要可以缩短，凡足以严重影响应急预案的重要变更，应将有关资料尽快更新；
　　2. 对于关键岗位应提供指定人员，以便随时替补其工作；3. 应急预案及有关文件需存放于公司指定的紧急控制中心内。

（5）在突发性事故信息发出后，所有接到指令的人员必须无条件服从，如15min内没有回应，应马上召集其他人员。

（6）任何人员未经单位授权，不得向外界发布任何与突发性事故相关的消息，以免造成不良影响。

（7）发生严重事故时，本部门人员不足以应付抢险时，应及时与其他部门联系，请求人员支援以共同开展抢险。

（8）在抢险的同时，如安全条件允许，可通过技术处理，尽可能减少损失，降低影响。

（9）所有应急抢险车辆、工具、材料必须完备无损并每天进行一次检查，做好记录。应准备常用抢险材料，如各种口径和材质的管材、零配件、快速接头、防腐胶带、黄油、生料带等。准备常用抢险工具、设备，包括汽车、照相机、管钳、钢钎、扳手、钢锯、空气呼吸器、防毒面具、灭火器、手锤、水桶、对讲机、警示灯、警示牌（带）、照明灯具、检漏仪、绞丝机，还有工作服、布手套、安全帽、长筒雨鞋、防护眼镜等。

6.3.2　突发性事故处理小组

不同级别的事故发生时，需要有不同的处理办法，因此，各公司、各部门均应设立突发性事故处理小组，成员包括：组长（部门经理）、组员（基层管理人员，如组别经理或主任）和现场抢修抢险人员（相关岗位员工）。组长在得到突发性事故报告后，应立即组织小组成员到达现场，对事故进行处理。

6.3.2.1　组长的职责

当出现严重事故时，组长应立即到事故现场，与抢修抢险人员保持密切联系，下达事故处理意见和指示，全权控制处理该突发性事故，并将事故处理进展情况向上级主管和总经理汇报，同时加强与其他部门的协调。其主要职责如下：

（1）对事故及可能的后果做出全面的评估并立即决定相应警报的级别，指挥处理事故。

（2）确定为严重突发性事故后，确保所需的外界应急抢险人员在接到通知后迅速到达现场，并视情况通知附近居民进行安全撤离和切断气源。在受影响地点，根据以下次序指挥抢救工作：

1）保障公众及现场人员的安全；

2）减低对设施财物及环境的损害；

3）减低物料的损失。

（3）在发生人员伤亡后，可通知客户中心组提供客户信息资料或人力资源部提供员工资料，以联系其亲友，确保得到妥善处理。

（4）确保现场抢险人员的数量与应到场人员的数目（记录数）相同。

（5）加强与现场公安消防抢险人员的联系。

（6）安排记录整个事故的发展及处理过程。

（7）在预计突发性事故处理时间需要 4h 以上时，需安排换班作业及提供膳食。

（8）对不能在短时间内解决的事故，应向气象部门获取气候变化状况，以寻求相关对策。

（9）当险情或事故处理完毕后，要尽快恢复受影响地区的正常供气。

（10）向上级主管及有关领导汇报，确定宣布突发性事故的完全解决。

（11）尽可能妥善保存证物，以便将来调查事件起因及发生的情况。

（12）现场指挥或在现场工作时，应穿上印有现场指挥字样及公司标志的反光服装。

6.3.2.2 组员职责

组员是事故现场的组织者和实施者，接到突发性事故发生的通知后，应立即赶到现场做出有效控制并与部门主管保持密切联系，如因特殊情况不能到达现场，应指定其他人员代替。其主要职责如下：

（1）评估突发性事故的情况及决定是否为严重事故，并提出是否立即启动执行相应级别预案的意见。

（2）在受影响地点，根据先救人后救物和控制泄漏源的原则组织实施抢险，尽可能降低人员伤亡和财产损失。

（3）在公安消防部门到达前，组织实施抢救和灭火工作。

（4）确保事故现场非抢险人员均已疏散撤离到安全场所，并积极在事故现场搜索抢救伤亡者。

（5）加强与客户服务热线电话的联系，多渠道了解最新事故损失信息。

（6）在部门主管未到之前，代其行使工作职能，确保已经召集的突发性事故抢险人员到场。

（7）向部门主管汇报所有已开展的工作情况，并提供下一步处理意见和相关资料。

（8）妥善收集、保存现场物证和原始依据，以便对事故起因进行调查。

（9）对事故处理后的工作有深刻的认识并负责事故处理后的调查与事故总结报告。

由于每次突发性事故的性质和程度各不相同，对不同事故的现场指挥，可参照表6-7处理。

表6-7　事故现场指挥表

事 故 性 质	第一联络人	现场组织指挥
户内管及户外管轻微泄漏	安装维修组	班组长
户内管及户外管泄漏，但未造成人员伤害	安装维修组主任	班组长
户内管及户外管泄漏发生燃烧，爆炸，甚至导致人员受伤	安装维修组主任	高级主任
用气场所发生燃烧、爆炸，甚至导致人身伤亡	安装维修组主任	部门经理
用气场所发生燃烧、爆炸，停止供气影响超过500户的情况	安装维修组主任	部门经理
用气场所发生燃烧、爆炸，停止供气影响超过1000户或其他影响安全供气的情况，如自然灾害、自杀性事件等	安装维修组主任	部门经理

6.3.2.3　现场抢修抢险人员职责

现场抢修人员是现场抢险工作的主要力量之一，其职能如下：

（1）接受现场指挥的合理安排并积极参与抢修抢险工作。

（2）介绍并提供现场基本资料，协助现场指挥控制现场局面。

（3）查找并确定燃气事故源，并在可能的情况下，采取临时措施进行处理，降低事故风险。

（4）如确定要进行长时间抢险，需严格遵照安全规范制定并实施抢险计划，同时获取现场指挥批准。

（5）与现场指挥保持联系，随时汇报工作进度。

（6）向现场指挥汇报，请求人力或者技术支援。

（7）取得部门主管同意，积极恢复供气。

（8）积极协助做好事故的调查处理工作。

6.3.3　抢修应急救援预案

城镇燃气设施抢修应制定应急预案，并应根据具体情况对应急预案及时进行调整和修订。应急预案应报有关部门备案，并定期进行演习，每年不得少于一次。

6.3.3.1 制定应急救援预案的必要性

实践经验证明，制定事故应急救援预案是控制事故扩大、降低损失的最有效的方法之一。有关统计表明，有效的应急预案系统可将事故损失降低到无应急预案事故损失的6%。制定应急救援预案的必要性，归纳起来有三个方面。

A 燃气固有危险特性和可能造成事故的危害性

燃气具有闪点低、热值高、易扩散等特性，在其生产、储存、运输和使用过程中极易发生具有严重破坏性的泄漏、火灾、爆炸等重大事故，给人民生命财产造成严重的威胁。为了有效防止重大安全事故发生，降低事故人员伤亡和财产损失，必须建立重大危险源控制系统和事故应急救援系统。

B 国家安全生产法规强制性规定

事故应急救援预案（或称应急计划）是重大危险源控制系统的重要组成部分，对于减少事故造成的人员伤亡和财产损失具有重要意义。《中华人民共和国安全生产法》明确规定："生产经营单位主要负责人有组织制定并实施本单位生产安全事故应急救援预案的职责"，"生产经营单位对重大危险源应当登记建档，进行定期检测、评估、监控，并制定应急预案，告知从业人员和相关人员在紧急情况下应当采取的应急措施"，"县级以上地方各级人民政府应当组织有关部门制定本行政区域内特大生产安全事故应急救援预案，建立应急救援体系"。《中华人民共和国突发事件应对法》第十一条规定："公民、法人和其他组织有义务参与突发事件应对工作。"

C 企业落实安全生产主体责任的需要

企业通过生产安全应急救援预案的制定，可以总结本企业生产工作的经验和教训，明确安全生产工作的重大问题和工作重点，提高预防事故的思路和办法，是贯彻"安全第一、预防为主"安全生产方针的需要。在生产安全事故发生后，事故应急救援体系能保证事故应急救援组织及时出动，并有针对性地采取救援措施，这对防止事故的进一步扩大，减少人员伤亡意义重大。专业化的应急救援组织是保证及时进行专业救援的前提条件，会有效地避免事故施救过程的盲目性，减少事故救援过程中的伤亡和损失，降低生产安全事故的救援成本。

总之，应急救援预案是安全管理的重要内容。结合企业的具体情况，实事求是地对企业存在的危险因素进行辨识、分析和评估，科学、系统地制定适合燃气企业自身特点的应急预案，可以在紧急事故发生时有针对性地实施救援，使应急救援队伍能够按照事先制定的程序，有条不紊地进行现场协同抢救。它除了在事故中起指导作用外，还可以在编制和演练的过程中发现事故预防方面的不足，以便及时、有针对性地采取响应的预防对策，从而真正达到安全科学管理和预防事故发生的目的。

6.3.3.2 应急救援的基本任务

（1）抢救受害人员是首要任务。接到事故报警后，应立即组织营救受害人员，组织撤离或者采取其他措施保护危害区域内的其他人员。

（2）迅速控制危险源，并进行监测是重要任务。及时有效地控制气源，防止事故继续扩大。在控制气源的同时，对事故造成的危害进行分析、检测、监测，确定事故的危害区域、危害性质及危害程度。特别是对于发生在城市或人口稠密地区的燃气泄漏事故，应尽快组织抢险队与技术人员一起及时控制事故继续扩展。

（3）做好现场处理，消除危害后果。针对事故对燃气设施及周围造成的实际危害和可能的危害，迅速采取警戒、封闭等措施。

（4）查清事故原因，评估危害程度。事故发生后应及时调查事故发生的原因和事故性质，评估出事故的危害范围和危险程度。

6.3.3.3 编制应急预案的基本要素与步骤

应急救援预案是根据预测危险源、危险目标、可能发生事故类别、危害程度而制定的，预案要充分考虑现有物质、人员及危险源的具体条件，以便及时、有效地统筹指导事故应急救援行动。通常企业编制事故应急预案可遵循六大步骤。

A 成立预案编制小组

预案编制工作是一项涉及面广、专业性强的工作，是一项非常复杂的系统工程，需要安全、工程技术、组织管理、医疗急救等各方面的知识，要求编制人员要由各方面的专业人员或专家组成，熟悉所负责的各项内容。

企业管理层应有人担任预案编制小组的负责人，确定预案编制小组的成员，小组成员应是预案制定和实施过程起重要作用或在紧急事件中可能受影响的人员。小组成员应来自企业管理、安全、设备、生产操作、抢修、物资、保卫、卫生、环境等应急救援相关部门。

此外，小组成员也可包括来自地方政府应急救援机构的代表（例如，消防、公安、医疗、交通和政府管理机构等），这样可消除企业应急预案与地方应急预案的不一致性，也可明确当事故影响到企业外部时涉及的单位和职责。

B 收集资料并进行初始评估

在编制预案前需进行全面、详细的资料搜集、整理和分析。企业需要收集、调查的资料主要包括燃气设施周围环境条件，地质、地形、周围环境、气象条件（风向、气温）、交通条件、燃气管网、场站布局和用户分布以及生产设备状况等。

C 危险辨识与风险评价

编制应急预案首先要了解在城镇燃气供应中所有潜在的危险因素，其发生事故可能性有多大，可能造成的最大事故后果如何。目前，用于生产过程或设施的危险辨识与风险评价方法已达到几十种。常用的危险辨识与风险评价有故障类型与影响分析（FMEA）、危险性与可操作性研究（HAZOP）、事故分析树（FTA）、事件分析树（ETA）等。企业可以根据各自的实际情况选用合适的危险辨识与风险评价方法。

在应急预案编制过程中，危险辨识与风险评价应包括如下内容：气源的种类、压力级别及特性、场站种类及分布、气体运输路线分布、可能发生事故的类型和性质、可能造成的事故后果及事故可能的影响区域。

D 应急资源与能力评估

依据危险辨识与风险评价的结果，对已有的应急资源和应急能力进行评估，明确应急救援的需求和不足。制定应急预案时，应在评价与潜在危险相适应的应急资源和能力的基础上，选择最现实、最有效的应急策略。

应急资源与能力评估应包括如下内容：企业内部应急力量的组成、各自的应急能力及分布情况，各种重要应急设施（备）、物资的准备、布置情况，当地政府救援机构或相邻企业可用的应急资源。

E 应急预案的编制

应急预案的编制必须基于危险辨识与风险评价的结果、应急资源的需求和现状以及有关法律、法规的要求。此外，还应按事故的分类、分级制定预案内容，上一级预案的编制应以下一级预案为基础，并与其他相关应急预案协调一致。

应急预案编制工作流程如图 6-1 所示。

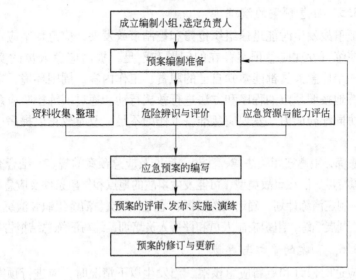

图 6-1 应急预案编制工作流程

预案编制小组在编制应急预案时应考虑如下因素：

（1）合理组织。应合理地组织预案的章节，以便每个不同的使用者能快速地找到各自所需的信息，避免从一堆不相关的信息中去查找。

（2）连续性。应急预案每个章节及其组成部分在内容上应相互衔接，避免出现明显的位置不当。

（3）一致性。应急预案的每个部分都应采用相似的逻辑结构来组织内容。

（4）兼容性。应急预案的格式应尽量采取范例的格式，以便各级应急预案能更好地协调和对应。

F　应急预案的评审与发布

为了确保应急预案的科学性、合理性以及与实际情况的符合性，预案编制单位或管理部门应依据国家有关应急的方针、政策、法律、法规、规章、标准及其他有关应急预案编制的指南性文件与评审检查表，组织开展应急预案评审工作。

应急预案评审通过后，应由企业最高管理者签署发布，并报送备案。

6.3.3.4　应急预案的实施

应急预案签署发布后，企业应广泛宣传应急预案，积极组织应急预案培训工作，使各类应急人员了解、熟悉或掌握应急预案中与其承担职责和任务相关的工作程序和标准内容。

企业应急管理部门应根据应急预案的需求，定期检查落实本企业应急人员、设施、设备、物资的准备状况，识别额外的应急资源需求，保持所有应急资源的可用状态。

6.3.3.5　应急预案的演练

为保证事故发生时能迅速组织抢修和控制事故发展，应急预案应定期进行演练。通过演练可发现应急预案存在的问题和不足，提高应急人员的实际救援能力，使每一个应急人员都能熟知自己的职责、工作内容、周围环境，在事故发生时能够熟练地按照预定的程序和方法进行救援行动。通过演练检验应急过程中组织指挥和协同配合能力，发现应急准备工作的不足，及时改正以提高应急救援的实战水平。

应急演练必须遵守相关法律、法规、标准及应急预案的规定，结合企业可能发生的危险源特点、潜在事故类型、可能发生事故的地点和气象条件及应急准备工作的实际情况，制定演练计划，确定演练目标、范围和频次、演练组织和演练类型，设计演练情景，开展演练，组织控制人员和评价人员培训，编写演练总结报告等。

6.3.3.6　预案的修订与更新

企业应适时修订和更新应急预案。当发生以下情况时，应进行预案的修订工作：危险源和危险目标发生变化；预案演练过程中发现问题；组织机构和人员发生变化；救援技术得到改进。

6.3.3.7 报警、通信联络方式

A 报警

报警是实施应急救援的第一步。企业应建立24小时有效的报警制度和系统，任何员工都应及时报警以利于尽早地预警可能出现的异常情况。如果有充分的事前准备，任何企业员工或操作人员都会知道，在这种情况下应首先采取什么行动。报警之后，应急行动会按预案实施，热线操作人员将通知应急救援指挥机构，以确定应急级别并根据应急行动级别启动相应的应急预案。

报警的首要任务是让企业内人员知道发生紧急情况。报警的目的是动员应急人员并提醒其他人员采取防护行动。

B 通知外部机构

向外部机构通报应该包括以下信息：

(1) 已发生事故或泄漏的企业名称和地址；

(2) 通报人的姓名和电话号码；

(3) 危险源名称和危险特性；

(4) 泄漏时间或预期持续时间；

(5) 实际泄漏量或估算泄漏量，是否会产生企业外影响；

(6) 人员受伤情况；

(7) 泄漏事故应该采取什么预防措施；

(8) 为获取其他信息，需联系人的姓名和电话号码；

(9) 气象条件，包括风向、风速和预期企业外效应；

(10) 应急行动级别。

C 建立和保持与外部组织的通信联络

建立24小时有效的外部通信联络方式。一旦应急预案启动，企业应急总指挥应该在应急指挥中心进行应急指挥与协调，与外部机构保持联络，现场操作负责人直接与应急中心联系。

D 向公众通报应急情况

在事故影响到社区居民的情况下，无论采取什么行动，必须让社区居民和公众及时得到应急通知。通知的信息内容应尽可能简明，告知公众该如何采取行动。如果决定疏散，应该通知居民避难所位置和疏散路线。公众防护行动的决定权一般由当地政府主管部门掌握。

E 向媒体通报应急信息

在紧急情况下，媒体很可能获悉事故消息，报纸、电视和电台的记者会到事故现场甚至企业采集有关新闻消息。应确保非允许不得入内，尤其是无关人员不

能进入应急指挥中心或应急救援现场，以避免影响应急行动。要防止媒体错误报道信息，应急组织中要有专门负责处理公共信息的部门。

企业应配合政府相关部门举办新闻发布会，提供准确信息，避免错误报道。当没有进一步信息时，应该让人们知道事态正在调查之中，将在下次新闻发布会通知媒体。

6.3.3.8 　参考资料、文件

(1)《中华人民共和国安全生产法》(中华人民共和国主席令第 70 号)；

(2)《中华人民共和国消防法》(中华人民共和国主席令第 6 号)；

(3)《危险化学品安全管理条例》(国务院令第 591 号)；

(4)《特种设备安全监察条例》(国务院令第 549 号)；

(5)《建筑设计防火规范》(GB 50016)；

(6)《石油化工企业设计防火规范》(GB 50160)；

(7)《原油和天然气工程设计防火规范》(GB 50183)；

(8)《常用化学危险品贮存通则》(GB 15603)；

(9)《重大危险源辨识》(GB 18218)。

6.3.4 　抢修作业

6.3.4.1 　抢修现场安全管理

作业现场安全监护包括对现场周围环境的监控、对作业人员的保护等，在抢修现场应特别注意下列问题：

(1)抢修人员应佩戴职责标志，到达作业现场后，应根据燃气泄漏程度确定警戒区，在警戒区内严禁明火，应管制交通，严禁无关人员入内。警戒区的设定一般根据泄漏燃气的种类、压力、泄漏程度、风向及环境等因素确定，同时应随时监测燃气浓度变化、一氧化碳含量变化、压力变化。

(2)警戒区设置一般可以布置警戒绳、隔离墩、警示灯、告示牌等。在警戒区内禁止火种、管制交通，除抢修人员、消防人员、救护人员以外，其他人员未经许可严禁进入。警戒区内严禁使用非防爆型的机电设备及仪器、仪表，如录像机、对讲机、电子照相机、碘钨灯等。

(3)抢修人员到达作业现场后，对中毒和烧伤人员必须及时救护，迅速将中毒和受伤人员转移到安全地区或送医院治疗。进入抢修作业区的人员应按规定穿防静电服、带防护用具，包括衬衣、裤均应是防静电的，而且不应在作业区内穿、脱防护用具(包括防护面罩及防静电服、鞋)，以免在穿、脱防护用具时产生火花。作业现场操作人员还应互相监护。

(4)燃气泄漏后有可能窜入地下建(构)筑物等不易察觉的地方，因此，事故抢修完成后，应在事故所涉及的范围内做全面检查，避免留下隐患。如果有

燃气泄漏点且又一时没有找到漏点时，作为接报检查，抢修人员一定不得撤离现场，应扩大寻找范围，直至找到根源，处理之后才可撤离现场。

6.3.4.2 管道泄漏抢修作业

抢修人员进入泄漏现场，应立即控制气源，驱散积聚燃气。严禁启闭电器开关，在室内应开启门窗加强通风。地下管泄漏时可挖坑或钻孔，散发聚积在地下的燃气，必要时可采取强制通风。抢修宜在降低燃气压力或切断气源后进行。液化石油气管泄漏抢修时，必须测试管道电位，并应有接地装置，接地电阻值应小于或等于100Ω。液化石油气泄漏抢修时，应备有干粉灭火器等有效的消防器材，并应根据现场情况采取有效的方法消除泄漏，当泄出的液化石油气不易控制时，可用消防水枪喷冲稀释泄出的液化石油气。液化石油气泄漏区必须采取有效措施，防止液化石油气聚积在低洼处或其他地下设施内。

A 泄漏点开挖要求

抢修人员应查阅管道资料，确定开挖点，当漏出的燃气已渗入周围建（构）筑物时，应及时清除；开挖深度超过1.5m时，应根据地质设置支撑，并设专人监护操作人员；深度超过2.0m时，应设便于上下的梯子或坡道；开挖修漏作业应配置防护面罩、消防器材。

B 管道泄漏抢修

管道泄漏抢修作业应注意以下几点：

（1）管道切割点两端安装阻气球时，应对阻气球作好保护，避免其损坏。

（2）管道带气开孔时，宜用黏土或其他填料嵌填切割线缝，以减少燃气泄出。

（3）拆、装盲板时，应在降压或停气后进行，操作人员应戴防护面具，系安全带，并有专人监护。

（4）聚乙烯管抢修必须进行有效的静电接地。燃气放散管应使用金属管道，严禁使用PE管。管道连接时，管内严禁有压力。电熔管件应完整无损，无变形及变色。

C 用户室内燃气泄漏抢修作业

接到用户泄漏报修后应立即派人检修。进入室内后应打开门窗通风、切断气源，在安全的地方切断电源，检查用户设施及用气设备，准确判断泄漏点，严禁明火查漏。

漏气修理时，应避免由于检修造成其他部位泄漏，应采取防爆措施，严禁使用可产生火花的铁器等工具进行敲击作业。

6.3.4.3 场站泄漏抢修作业

A 低压储气罐泄漏抢修

低压湿式气罐泄漏点多发生在壁板、挂圈等处。检查和抢修人员采用燃气浓度检测仪或采用肥皂液、嗅觉、听觉来判断泄漏点。当发生大量泄漏造成罐体快速下降时，应立即打开进口阀门、关闭出口阀门，用补充气量的方法减缓下降速度。根据泄漏部位及泄漏量采用相应方法堵漏，壁板修漏常用方法有粘接和焊接两种方法。

粘接方便、快捷，但胶粘剂时效较短，一般2年左右粘接失效且不适于裂缝和孔洞较大的修补。

焊接（带气外贴焊补）经济、快捷、有效。步骤如下：清除漏点周围的油漆和锈斑；准备补焊材料（形状与修补部位吻合；尺寸大小每边放大50mm，壁厚不超过原壁板厚度的50%；材质与罐体材质相同）；焊补前先用黄泥或油灰临时堵漏，用胶粘剂或粘带贴牢或在裂缝周围敷上湿的石棉泥，而后贴上预制好的钢板，利用支架将其顶牢点固；焊接采用间断焊法，焊好一段冷却后再焊另一段。焊接时预留出气孔，有火苗蹿出属正常现象，待封焊时先行将火灭掉，用石棉泥堵住后快速焊拢即可。

焊接注意事项：配备适量的消防器材；始终保持储气罐内压力为正压，压力以各塔节相对稳定的自然压力为宜；燃气中氧含量小于1.0%，动火点周围滞留空间的可燃气体含量小于爆炸下限的20%为合格；作业区域应保持空气流通；施工现场严禁将工具、施工用料等掉入水槽内。

B　液化石油气设施的抢修

液化石油气设施的抢修还应符合下列规定：站内出现大量泄漏时，应迅速切断站内气源、电源、火源，设置安全警戒线，采取有效措施，控制和消除泄漏点，防止事故扩大。因泄漏造成火灾后，除采取上述措施外，还应对未着火的其他设备和容器进行隔火、降温处理。

C　调压站、调压箱泄漏抢修

调压站、调压箱发生泄漏时，应立即关闭泄漏点前后阀门，打开门窗或开启风机加强通风，故障排除后方可恢复供气。

调压站、调压箱由于调压设备、安全切断设施失灵等原因造成出口超压时，应立即关闭调压器进、出口阀门，并放散降压和排除故障。处理完毕后应检查超压程度是否超过下游燃气设施的设计压力，如已超过就有可能对燃气设施造成不同程度的损坏。例如，超压送气有可能把用户的燃气表冲坏发生大面积的漏气，此时恢复供气是很危险的。所以，应对超压影响区内燃气设施进行全面检查，排除一切危险隐患后，方可恢复供气。

D　压缩机房、气泵房燃气泄漏抢修

压缩机房、气泵房燃气泄漏时，应立即切断气源、电源，开启室内防爆风机排气通风，故障排除后方可恢复供气。

6.3.4.4　压缩天然气站内设施抢修

压缩天然气站内引起泄漏，造成火灾的原因很多，例如，调压间膨胀节破裂、压缩机间设备及高压管线泄漏、加气岛管道泄漏等，首先需要切断电源、气源。一般根据不同的事故类型采用不同的抢险程序，但都要有事故应急预案，例如《事故应急抢险组织机构》、《事故类型及抢险程序》、《抢险注意事项》、《应急抢险流程图》等，下面列举相关流程和程序，以供参考。

A　抢险流程

抢险流程如图6-2所示。

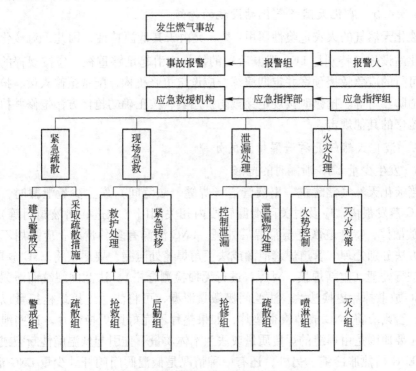

图6-2　压缩天然气站事故抢险流程

B　压缩机间设备及高压管线泄漏抢修程序

(1) 当发现机房内管线或压缩机及其附属设备发生泄漏时，发现人要立即就近按下紧急停钮（每个压缩机组面板、值班室控制柜上），停止加气。关闭最靠近泄漏点的上、下游阀门。迅速通知值班人员或相关人员做好火灾预防准备工作，防止意外事故的发生。

(2) 当发现压缩机组或其附属设备的安全阀因超压而泄漏时，应立即停止加气，按紧急停钮停机检查，关闭上、下游阀门，打开放空阀，通知值班人员或相关人员迅速做好火灾预防准备。

（3）迅速准备以下物品：灭火器、防爆工具 1 套，防静电服 2 套，安全帽 2 个，防毒面具 2 个，防爆应急灯 1 盏，试漏水、高压生料带 2 盒，所需管材、管件、安全阀。

（4）当控制室内燃气泄漏报警器显示燃气浓度达到爆炸下限 20% 以下时，值班人员才可进入现场进行检查，查明原因及时向上级汇报后，进行抢修。

C　汽车载运气瓶组或拖挂气瓶车的事故抢修

对于汽车载运气瓶组或拖挂气瓶车出现泄漏或着火事故的情况，运营单位应有应急预案，空旷地区应预先指定，且应经常演练。

6.3.4.5　液化天然气气化站设施的抢修

液化天然气的火灾危险性属甲$_A$类，又由于其低温特性，因此，对液化天然气气化站设施（特别是 LNG 泄漏后）的抢修应引起足够重视。应按规程的要求制定可行的应急救援预案并定期演练，应设定抢修机构，配备抢修人员、抢修设备和消防器材等。抢修时按规定穿戴防护用具，按正确的抢修方法抢修并执行规程中抢修的其他规定。

A　液化天然气几种泄漏情况的处理

a　发生少量 LNG 泄漏时的抢修

当液化天然气储罐进、出液管道（焊缝、法兰间）发生少量泄漏时，溢出的 LNG 蒸发很快，应及时关闭泄漏管段内相关阀门（如进、出液阀门等），将 LNG 放散掉，待管道恢复至常温后处理。LNG 泄漏有多种情况，应采用不同的抢修方法分别处理。管道焊缝泄漏或法兰角焊缝处泄漏，要尽快将 LNG 放散掉，然后进行处理（重新焊接，对焊口进行无损检测合格）。法兰因裂纹而泄漏，应将 LNG 放散掉后更换法兰。法兰间极微量泄漏，可将法兰连接螺栓拧紧以消除泄漏，否则应将 LNG 放掉检查垫片，如果垫片不完好则更换垫片。这些泄漏发生的主要原因是由焊缝的焊接质量或法兰本体质量不佳引起低温脆性断裂或管道接触 LNG 后热胀冷缩。另外，还有一种情况是低温阀门阀杆处少量 LNG 泄漏，应视情况对阀杆的压紧螺母紧固或关闭上游气源，待 LNG 放散掉后，对阀门进行检修。

抢修完毕后，应及时对重新焊接的焊口进行外观检查及无损探伤检测，合格后应向泄漏管段内充入干氮气（99.99% ~ 99.999%）试压，按规定要求进行强度及气密性试验，经检查不泄漏后，利用 LNG 气相将干氮气进行置换，然后输入 LNG 液相，观察无异常情况后方可投入运行。这是为保证该管段今后安全运行所采取的必要安全措施。

值得注意的是，抢修时操作处理 LNG 一定要穿戴防护用具，使用防爆工具，否则可能引发二次事故。对于管道、法兰等处焊缝的焊接，应由有相应资质的单位和人员按相关规程及适宜的焊接工艺要求来操作，最好由原安装单位来实施管道焊接。

　　b　发生大量 LNG 泄漏时的抢修

　　当发现大量液化天然气泄漏（如 LNG 液相管道、LNG 气化设备等破损出现大量泄漏）时，应保持镇定，按正确的抢修程序进行抢修。

　　液化天然气气化站内设置事故切断系统，事故发生时，应切断或关闭液化天然气或可燃气体米源，还应关闭正在运行的可能使事故扩大的设备。液化天然气气化站内设置的事故切断系统应具有手动、自动或手动自动同时启动的性能，手动启动器应设置在事故发生时方便到达的地方，并与所保护设备的间距不小于15m。手动启动器应具有明显的功能标志。

　　由于 LNG 气化站在消防设计时，就已设置了 LNG 泄漏后低温液体的导流设施，故应使泄漏的 LNG 尽快通过导流沟（槽）导流，对其集中收集，尽量避免LNG 接触不耐低温的物质。禁止将液化天然气排入封闭的排水沟内。

　　泄漏结束后，视现场的情况，采取相应抢修措施。

　　B　液化天然气泄漏着火后采取的措施

　　液化天然气站 LNG 泄漏着火后，应视着火的地点（部位）使用干粉灭火设备等进行灭火，也可使用高倍数泡沫灭火系统降低其热辐射量。一般 LNG 站使用的干粉灭火设备有手提式干粉灭火器和车推式干粉灭火器，较大型的 LNG 站应设置大容量固定式干粉灭火装置。

　　LNG 站宜采用发泡倍数为 1：500 的高倍数泡沫灭火系统。一般小型气化站可设移动式高倍数泡沫灭火系统，大中型气化站可设固定式全淹没高倍数泡沫灭火系统。高倍数泡沫材料或泡沫玻璃块可用于覆盖 LNG 池火并能极大地降低其辐射作用，液化天然气场站应配有移动式高倍数泡沫灭火系统。液化天然气储罐总容量大于或等于 3000m³ 的场站，集液池应配固定式全淹没高倍数泡沫灭火系统，并应与低温探测报警装置连锁。

　　如果系统或设备发生 LNG 泄漏溢出，LNG 蒸发速度非常快，并形成大量的蒸气云，蒸气云将向四面扩散。如果风速比较大时，能很快驱散 LNG 蒸气云团；如果风速小或无风时，该云团主要聚集在溢出地附近，该区域内的部分混合气体处于燃烧范围之内，遇到火源便发生火灾。最危险的情况是由于燃烧产生强烈的空气对流，从而对设备造成进一步的损害，扩大事故。因此，在考虑系统设施的安全性时，应考虑两方面的问题：一是设备本身具有限制 LNG 扩散的措施（如设围堰、集液池等）；二是采取措施抑制溢出的 LNG 的气化速率及影响的范围。液化天然气泄漏或着火，采用高倍数泡沫可以减少和防止蒸气云形成，降低LNG 的蒸发速率，减少 LNG 的气化范围。着火时，采用高倍数泡沫虽不能扑灭火，但可以降低热辐射量。

　　LNG 和水接触后，LNG 会发生快速相变，造成 LNG 大量蒸发气化，诱发二次事故。在液化天然气气化站内消防水有着与其他消防系统不同的用途，水不能控制液化天然气液池火势，水在液化天然气中只会加速液化天然气的气化，进而加快其燃烧速度，对火势的控制只会产生相反的结果。因此，严禁用水灭火。另外，天然气是一种窒息剂，氧气通常占空气体积的 21%，大气中的氧气含量低于 18%，就超出人类呼吸的安全限度。在空气中含高浓度的天然气时，由于缺氧会导致恶心和头晕。在用水灭火时，LNG 会大量气化，抢险人员很容易窒息，十分危险。

　　在用干粉或泡沫设备灭火的同时，还应分清着火的地点（部位），启动消防喷淋系统，对虽未着火但存在危险的储罐、设备（如气化器等）和管道进行隔热、降温保护，最大限度地降低事故损失。在液化天然气气化站内，消防水大量用于冷却受到火灾热辐射的储罐和设备或可能以其他方式加剧液化天然气火灾的任何被火灾吞没的结构，以减少火灾升级和降低设备的危险。

　　C　抢修注意事项

　　（1）抢修用的设备、设施平时要加强维护保养，确保完好有效。

　　（2）无论是 LNG 泄漏，还是 LNG 泄漏着火，通常应在切断泄漏源后才能处理或灭火。

　　（3）在实施抢修的过程中，抢修人员一定要按规定穿戴防护用具。

　　（4）要按抢修方案及抢修规程抢修，不可盲目抢修。

　　对液化天然气气化站其他设备、设施的抢修，应按照规程的要求及相关规定执行。

思　考　题

1. 保证燃气运行的安全生产检查有哪些基本内容？
2. 燃气安全生产检查的基本形式有哪些？
3. 燃气安全生产检查的方法是什么？
4. 燃气安全生产检查的程序如何进行？
5. 燃气安全检修是如何进行的？
6. 如何制定城镇燃气设施抢修应急预案？
7. 如何保证燃气事故应急预案的实施？
8. 燃气事故抢修作业应注意什么？

参 考 文 献

[1] 戴路. 燃气供应与安全管理［M］. 北京：中国建筑工业出版社，2008.

[2] 中国城市燃气协会. CJJ51—2006 城镇燃气设施运行、维护和抢修安全技术规程［S］. 北京：中国建筑工业出版社，2007.

［3］中国城市燃气协会．城镇燃气设施运行、维护和抢修安全技术规程实施指南［M］．北京：中国建筑工业出版社，2007．

［4］花景新．燃气场站安全管理［M］．北京：化学工业出版社，2007．

［5］梁平．天然气操作技术与安全管理［M］．北京：化学工业出版社，2010．

［6］郭揆常．液化天然气（LNG）应用与安全［M］．北京：中国石化出版社，2008．

［7］白世武．城市燃气实用手册［M］．北京：石油工业出版社，2008．

冶金工业出版社部分图书推荐

书　名	作　者	定价（元）
燃气输配工程（本科教材）	谭洪艳	36.00
安全系统工程（本科教材）	谢振华	26.00
安全评价（本科教材）	刘双跃	36.00
安全学原理（本科教材）	金龙哲	27.00
化工安全（本科教材）	邵　辉	35.00
噪声与振动控制（本科教材）	张恩惠	30.00
防火与防爆工程（本科教材）	解立峰	45.00
重大危险源辨识与控制（本科教材）	刘诗飞	32.00
冶金企业环境保护（本科教材）	马红周	23.00
系统安全评价与预测（第2版）（本科国规教材）	陈宝智	26.00
物理化学（第4版）（本科国规教材）	王淑兰	45.00
矿山安全工程（国规教材）	陈宝智	30.00
冶金煤气安全实用知识（职业技能培训教材）	袁乃收	29.00
炼钢厂生产安全知识（职业技能培训教材）	邵明天	29.00
凿岩爆破技术（职业技能培训教材）	刘念苏	45.00
矿山通风与环保（职业技能培训教材）	陈国山	28.00
安全管理基本理论与技术	常占利	46.00
煤矿安全生产400问	姜　威	43.00
产品安全与风险评估	黄国忠	18.00
冶金资源高效利用	郭培民	56.00
现代生物质能源技术丛书		
生物质生化转化技术	陈洪章	49.00
生物柴油科学与技术	舒　庆	38.00
生物柴油检测技术	苏有勇	22.00
沼气发酵检测技术	王　华	18.00